职业教育建筑类专业“互联网+”创新教材

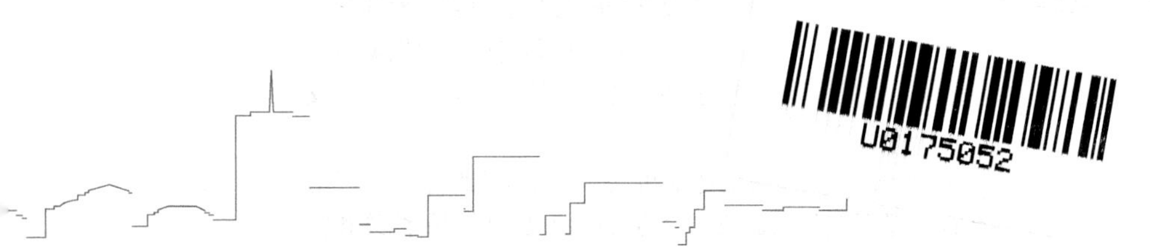

建筑工程测量

主　编　杨　莹
副主编　韩　杰　单楷淳
参　编　韩芮伊　马多燕
主　审　吴　宇

机 械 工 业 出 版 社

本书按照中等职业学校土木建筑大类“建筑工程测量”课程大纲编写而成，遵循中等职业教育注重培养学生专业技能的原则，将多年的教学经验与当前中职学生的学习情况相结合，以此为基础，广泛征求了同行和建筑企业专家的意见和建议，并根据当今测绘技术快速发展的势头，以项目教学的形式，介绍了基本的测量技术和方法、测量仪器，以及建筑工程中常遇到的测量工作。

本书共 10 个项目，主要有：学习建筑工程测量基本知识、学习水准测量、学习角度测量、学习距离测量与直线定向、学习定位与放线、学习大比例尺地形图的测绘和应用、学习小地区控制测量、学习全站仪的应用、了解三维激光扫描仪和拓展训练。

本书的主要特色是：以项目教学、任务驱动的教学方式，将“建筑工程测量”课程教学要求中的所有知识点全面覆盖，知识面广；根据中职学生的学习特点，在每个学习任务的内容前翻转式地以“想一想”的方式提出相关问题，注重知识介绍的深入浅出，内容通俗易懂，注重实践，同时还设置“知识回忆”，来巩固已学内容；将行业专家的观点融入编写的过程中，使内容贴近实际，更加符合建筑企业对于测量人才的需求。

本书认真贯彻落实职业教育战略方针，将思政元素融入专业课堂教学，同时结合中职学生学习特点，积极使用信息化教学手段，利用二维码将微课视频融入教材，使教材活起来，动起来。

本书可以作为中等职业学校土木建筑类建筑工程施工专业的教材，也可以作为其他相关专业以及工程技术人员的学习参考用书。

为方便教学，本书配有电子课件及习题答案，凡使用本书作为教材的教师可登录机械工业出版社教育服务网 www.cmpedu.com 注册、下载。

图书在版编目（CIP）数据

建筑工程测量 / 杨莹主编. —北京:机械工业出版社, 2021.12（2024.2重印）
职业教育建筑类专业“互联网+”创新教材
ISBN 978-7-111-70039-5

Ⅰ.①建… Ⅱ.①杨… Ⅲ.①建筑测量—中等专业学校—教材 Ⅳ.①TU198

中国版本图书馆CIP数据核字（2022）第007136号

机械工业出版社（北京市百万庄大街22号 邮政编码100037）
策划编辑：王莹莹　　责任编辑：王莹莹
责任校对：郑　婕　刘雅娜　封面设计：马精明
责任印制：刘　媛
涿州市般润文化传播有限公司印刷
2024年2月第1版第2次印刷
184mm×260mm · 15印张 · 254千字
标准书号：ISBN 978-7-111-70039-5
定价：45.00元

电话服务　　网络服务
客服电话：010-88361066　机　工　官　网：www.cmpbook.com
010-88379833　机　工　官　博：weibo.com/cmp1952
010-68326294　金　书　网：www.golden-book.com

机工教育服务网：www.cmpedu.com

前言

本书按照中等职业学校土木建筑大类“建筑工程测量”课程大纲编写而成。编者将多年的教学经验与当前中职学生的学习情况相结合，以此为基础，广泛征求了同行和建筑企业专家的意见和建议，并根据当今测绘技术快速发展的势头，以项目教学的形式，介绍了基本的测量技术和方法、测量仪器，以及建筑工程中常遇到的测量工作。

本书的主要特色是：以项目教学、任务驱动的教学方式，将“建筑工程测量”课程教学要求中的所有知识点全面覆盖，知识面广；根据中职学生的学习特点，在每个学习任务的内容前翻转式地以“想一想”的方式提出相关问题，注重知识介绍的深入浅出，内容通俗易懂，注重实践，同时还设置“知识回忆”，来巩固已学内容；将行业专家的观点融入编写的过程中，使内容贴近实际，更加符合建筑企业对于测量人才的需求。

职业教育中，在重视专业技能学习的同时，更要注重对学生的思想政治教育，用心启发他们的大国工匠精神和团队意识，教育学生不能自私，不能见利忘义，更不能丧失职业精神。

因此首先要明确我们着力培养什么样的人，工程测量人员是工程建设的先行者，将决定工程建设的成败，同时也是后续工程项目的奠基者，然而，测量工作枯燥且艰苦，这使得“建筑工程测量”作为一门专业课程，必须培养学生吃苦耐劳、爱岗敬业的精神，让学生养成良好的职业素养。在测量工作中，没有一项工作是一个人可以完成的，必须团队合作，这就要求学生要具备良好的人际沟通和团队协作能力，一个人在某个环节中的误差将会直接影响到最后的观测精度，因此团队的每个成员都必须具备较强的自我管理与约束能力，努力提升个人素养；此外，“建筑工程测量”是建筑工程施工专业及建筑工程测量专业的一门核心课程，应着重培养学生的专业道路自信及大国工匠精神，让学生切身体会到建筑工程测量工作的魅力及成就感，激发学生学习的内在驱动力，磨炼其专业素养。注重引导学生将个人发展与社会发展、国家发展结合起来，提高学生服务国家、服务人民的社会责任感，将学生培养成品德高尚、专业过硬、体魄强健、审美高雅、热爱劳动的新时代好青年。在本书编写过程中，我们认真贯彻落实职业教育战略方针，将思政元素融入专业课堂教学，同时结合中职学生学习特点，积极使用信息化教学手段，利用二维码将微课视频融入教材，使教材活起来，动起来。

本书学时安排如下表：

内容	建议学时	
	理论学时	实践学时
项目一　学习建筑工程测量基本知识	4	
项目二　学习水准测量	8	10
项目三　学习角度测量	8	10
项目四　学习距离测量与直线定向	4	2
项目五　学习定位与放线	6	2
项目六　学习大比例尺地形图的测绘和应用	6	2
项目七　学习小地区控制测量	6	4
项目八　学习全站仪的应用	2	6
项目九　了解三维激光扫描仪	2	2
项目十　拓展训练		实习周 1 周

本书由天津市建筑工程学校杨莹担任主编，天津市建筑工程学校韩杰、单楷淳担任副主编，天津市建筑工程学校韩芮伊、天津市市政工程学校马多燕参与编写。其中，项目一由杨莹编写，项目二由杨莹、韩杰、韩芮伊编写，项目三由杨莹、单楷淳、韩芮伊编写，项目四、项目五、项目六、项目七、项目十由杨莹编写，项目八由杨莹、马多燕编写，项目九由韩杰编写。本书由天津市第六建筑工程有限公司吴宇担任主审，在本书的编写过程中，吴宇提出了很多宝贵的建议，在此表示感谢，也感谢参考文献的作者。

由于编者水平有限，书中不足之处在所难免，恳请读者提出宝贵意见。

编　者

二维码清单

名称	图形	名称	图形
建筑工程测量基本知识		角度交会法	
测量仪器和工具思维导图		距离交会法	
水准仪的使用		地形图	
水准仪使用的正确与错误		等高线的形成	
经纬仪的使用		图纸准备	
建筑物的定位和放线		全站仪的应用	
极坐标法			

目 录

建筑工程测量基本知识

项目一　学习建筑工程测量基本知识

项目概述

本项目主要介绍建筑工程测量的目的，重点介绍确定地面点位的方法以及高程、高差等基本概念，介绍了测量的工作任务及基本原则等。

思政目标

测绘是什么——测天绘地，延伸到建筑工程测量在各个领域的广泛应用和发展前景；引导学生了解建筑工程测量中的新技术，激发学生的专业自豪感和专业道路自信，弘扬中国北斗精神，托起祖国强国梦。

任务一　学习建筑工程测量的目的

想一想：

1. 建筑施工相关专业的同学为什么要学习测量课程？
2. 测量学是研究什么的学科？其主要包括哪些内容？
3. 测量在我们今后的工作中有哪些应用？

一、了解测量学的概念

测量学是研究地球形状和大小以及确定地面点位的学科。根据测量学研究的对象和范围的不同，将测量学分为以下几个分支学科：

1. 普通测量学

普通测量学是研究地球表面局部区域内测绘工作的基本理论、仪器和方法的学科，是测量学的一个基础部分。局部区域指在该区域内进行测量、计算和制图时，可以不顾及地球的曲率，把该区域的地面简单地当作平面处理，而不致影响测量的精度。

2. 大地测量学

大地测量学是一门量测和描绘地球表面的学科，也就是研究和测定地球形状、大小以及测定地面点几何位置的学科。另外，大地测量学也包括确定地球重力场和海底地形，是测量学的一个分支。

3. 摄影测量与遥感学

摄影测量与遥感学是一门测量的艺术学科，同时也是先进的测量技术，通过使用无人操作的成像和其他传感器系统对需要测量的对象进行记录和测量，然后对数据进行分析和表示，从而获得关于地球及其环境和其他自然物体和过程的可靠信息。

4. 工程测量学

工程测量学是研究地球空间（地面、地下、水下、空中）中具体几何实体的测量描绘和抽象几何实体的测设实现的理论方法和技术的一门应用型学科。主要以建筑工程、机器和设备为研究服务对象。

5. 海洋测绘学

海洋测绘学是研究以海洋水体和海底为对象所进行的测量和海图编制理论与方法的学科。海洋测绘学主要包括海道测量、海洋大地测量、海底地形测量、海洋专题测量，以及航海图、海底地形图、各种海洋专题图和海洋图集的编制等。

6. 地图制图学

地图制图学是研究地图及其编制和应用的一门学科，反映自然界和人类社会各种现象的空间分布、相互联系及其动态变化，具有区域性学科和技术性学科的两重性。地图制图学也称为地图学。

二、了解建筑工程测量的工作任务

建筑工程测量是测量学的一个组成部分。它的主要任务是：

1. 测绘大比例尺地形图（测定）

测绘大比例尺地形图是指用各种测量仪器和工具测定出工程建设地的地物及地貌状态的具体数据，再按照规定的比例尺及各种图例符号绘成图，作为工程建设和规划的资料。

2. 建筑物的施工放样（测设）

建筑物的施工放样是指将图纸上已设计好的建筑物和构筑物，按设计要求在施工现场标定出来，作为施工的依据。另外，在建筑施工的各个阶段，都需要进行各种测量工作，方可保证施工质量。

3. 建筑物的沉降变形观测

建筑物的沉降变形观测是指对于一些重要的建筑物，在施工过程中和使用期间，定期对其进行的沉降变形观测工作，以便于掌握其沉降、位移、倾斜、裂缝等变形情况，及时采取相应的技术措施，达到确保安全的目的。

由此可见，建筑工程测量是建筑施工的一个重要组成部分，工程建设的每一个阶段都必须以测量工作为先行工序，对按图施工、保证工程质量起着重要作用。因此，任何从事工程建设的技术人员，都必须掌握必要的测量知识和技术。

三、了解测量工作的基本原则

测量工作必须遵循“先整体后局部，先控制后碎部，由高级到低级”的原则来组织实施。首先在测区范围内全盘考虑，布设若干个有利于碎部测量的点，然后再以这些点为依据进行碎部地区的测量工作，这样可以减小误差的积累，使测区内精度均匀。

测量工作无论是外业测量还是内业计算，都必须遵循边工作边校核的原则，以防止错误发生。

任务二　确定地面点位

想一想：

1. 在测量工作中，确定一个地面点的位置大多情况下是平面位置还是空间位置？

2. 若要准确描述一个地面点的空间位置，需要知道该点的哪几个要素？

知识回忆：

1. 测量学的含义。
2. 测量学的几个分支学科。
3. 建筑工程测量的工作任务。
4. 测量工作的基本原则。

测量工作的基本问题是确定地面点的位置。为了确定地面点位，必须有一个与它相对照的基准面，这个基准面就是大地水准面。

一、了解相关名词概念

1. 水准面

地球表面是一个错综复杂的不规则的曲面，有高山，有深谷，有平原和海洋。其中，最高的珠穆朗玛峰高达8848.86m，最深的马里亚纳海沟最深处达11034m。地球表面海洋面积约占71%，陆地面积仅占29%。因此，可以把地球表面假想成以一个静止不动的海水面延伸至陆地形成的一个闭合曲面包裹了整个地球，这个闭合曲面就叫作水准面。

2. 大地水准面

由于地球内部质量分布不均，导致地球表面各处重力不相等。世界各地海水面的高度也不尽相同，也就是说，水准面有无数个，那么，在无数个水准面中，与平均海水面吻合的水准面称为大地水准面。大地水准面是测量工作中的基准面。

3. 水平面

与水准面相切的平面称为水平面。

4. 铅垂线

物体重心与地球重心的连线称为铅垂线（用圆锥形铅锤测得）。铅垂线多用于建筑测量。用一条细绳一端系重物，在相对于地面静止时，这条绳所在直线就是铅垂线，又称为重垂线，即地球重力场中的重力方向线。它与水准面正交，是野外观测的基准线。悬挂重物而自由下垂时的方向，即为此线方向。包含它的平面则称为铅垂面。

5. 大地体

由大地水准面所包围的地球形体称为大地体。测量学中用大地体表示地球形体。

它是地球的物理模型，接近于一个椭圆绕其短轴旋转而成的旋转椭球体。因此在几何大地测量中，采用旋转椭球体逼近大地体，而作为地球的几何形体，如图 1-1 所示。

二、确定地面点位置

如图 1-2 所示，地面点 *A*、*B*、*C*、*D*、*E* 与大地水准面的相对位置，需要用三个量来确定，即空间坐标系 *x*、*y*、*z*，其中 *z* 为地面点到大地水准面的铅垂距离（称为高程），*x*、*y* 为地面点的平面位置。将空间点 *A*、*B*、*C*、*D*、*E* 沿铅垂方向投影到地球面或水平面上，即可得出点的平面位置 *a*、*b*、*c*、*d*、*e*。表示地面点位置的方法有地理坐标、高斯平面直角坐标和独立平面直角坐标三种。

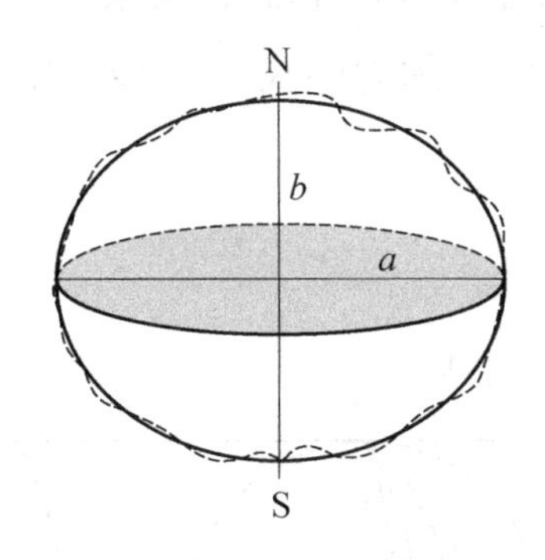

图 1-1　大地体

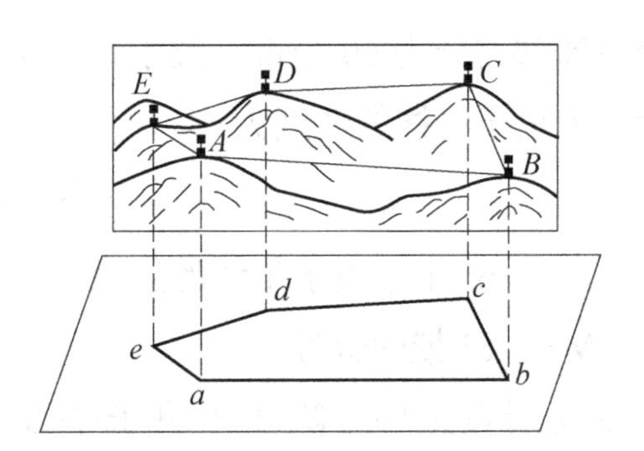

图 1-2　确定地面点位置的方法

1. 地理坐标

地理坐标是指用经度和纬度表示地面点位置的球面坐标。经度是从本初子午线起算，分为东经（向东 0°~180°）和西经（向西 0°~180°）。纬度是从赤道开始起算，分为北纬（向北 0°~90°）和南纬（向南 0°~90°）。例如，北京地区某点的地理坐标为东经 116°28′、北纬 39°54′。地理坐标常用于大地问题的解算，研究地球形状和大小，编制地图，火箭和卫星发射及军事方面的定位及运算等。

2. 高斯平面直角坐标

（1）高斯投影法　高斯是德国杰出的数学家、测量学家。他提出的横椭圆柱投影是一种正投影。方法是：先将地球按 6° 的经度差分为 60 个带，从本初子午线起自西向东编号，东经 0°~6° 为第一带，东经 6°~12° 为第二带，以此类推，如图 1-3a 所示。然后将一个横椭圆柱套在地球椭球上，如图 1-3a 所示。椭球中心 *O* 在椭圆柱中心轴上，椭球体南北极与椭圆柱相切，并使某一子午线与椭圆柱相切，此子午线称为中央子午线。然后将椭球体表面上的点、线按正投影法投影到椭圆柱上，再沿椭圆柱面南、北极线剪开，并展开成平面，此平面就称为高斯投影平面。

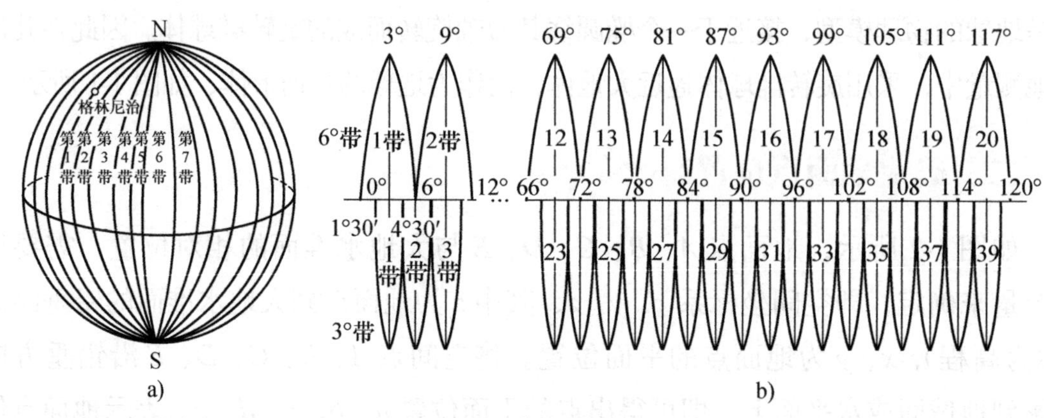

图 1-3　高斯投影法

（2）中央子午线经度计算　如图 1-3a 所示，将地球每隔经度 6° 划分为一带，整个地球共划分为 60 个带，位于每一带中央的子午线，称为中央子午线。则任意一带的中央子午线的经度为

$$L=6°N-3° \tag{1-1}$$

式中　L——6° 带中央子午线的经度；

N——6° 带的带号。

在高斯投影中，除了中央子午线以外，球面上其余的曲线投影后都会发生长度变形。离中央子午线越远，长度变形越大，因此，当要求投影变形更小时，则应采用 3° 带。3° 带是从东经 1°30′ 起，每隔经度 3° 划分为一带，整个地球共划分为 120 个带，如图 1-3b 所示。则 3° 带任意一带的中央子午线的经度为

$$L'=3n \tag{1-2}$$

式中　L'——3° 带中央子午线的经度；

n——3° 带的带号。

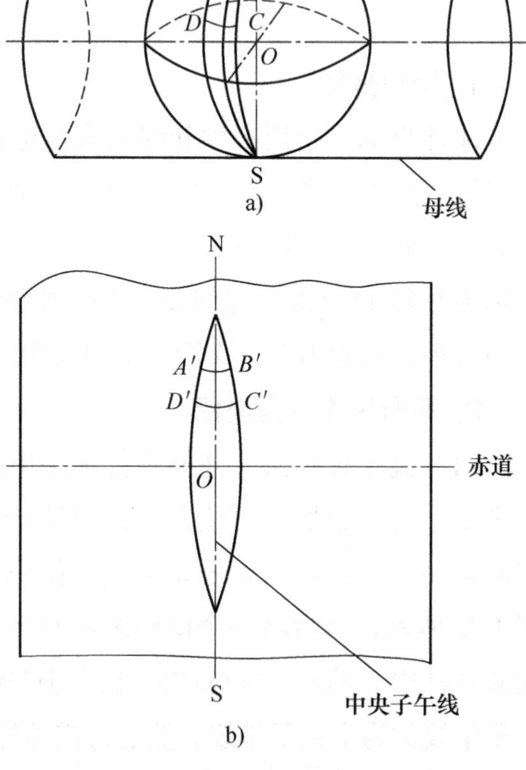

图 1-4　高斯平面直角坐标系的建立

（3）高斯平面直角坐标系的建立　如图 1-4 所示，中央子午线与赤道的投影经展开成平面后为相互垂直的直线，其他子午线和纬线为曲线。以中央子午线

和赤道的交点为原点，中央子午线的投影线为 x 轴，北方向为正。赤道的投影线为 y 轴，东方向为正。象限按顺时针排列，组成高斯平面直角坐标系。

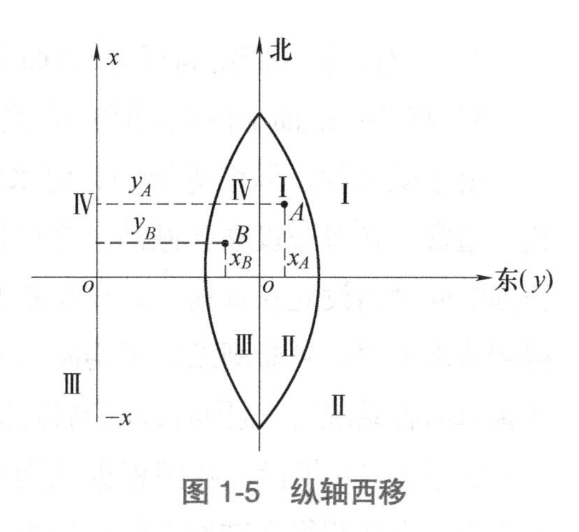

图 1-5　纵轴西移

我国位于北半球，x 轴坐标为正值，y 轴坐标正负值均有。为了测量计算方便，使 y 轴坐标均为正值，将纵轴向西移动 500km，并在坐标前面标注上带号，如图 1-5 所示。

例如，纵坐标向西移动之前

$$y_A=+136780\text{m},\ y_B=-272440\text{m}$$

移轴之后

$$y_A=500000\text{m}+136780\text{m}=636780\text{m}$$

$$y_B=500000\text{m}+(-272440\text{m})=227560\text{m}$$

如 A、B 位于 20 带，则在其 y 轴坐标表示为 y_A=20　636780m，y_B=20　227560m。

3. 独立平面直角坐标

当测量区域较小时（如半径小于 10km 的范围），可以用测区中心点的水平面代替椭球面作为基准面。在水平面上建立独立平面直角坐标系，以南北方向为 x 轴，向北为正；以东西方向为 y 轴，向东为正。为避免坐标出现负值，通常将坐标原点选在测区的西南角。

测量工作中的平面直角坐标系与数学中的直角坐标系的区别：

1）坐标轴互换。

2）象限顺序相反。数学中的坐标逆时针划分为四个象限，测量平面直角坐标系相反。这样规定的好处是可以将数学中的公式直接应用到测量计算中而不需要转换。

三、学习地面点高程的概念

确定一个地面点的空间位置，除了要知道它的平面位置外，还要知道它在垂直方向上的位置。一般用高程来表示，如图 1-6 所示。

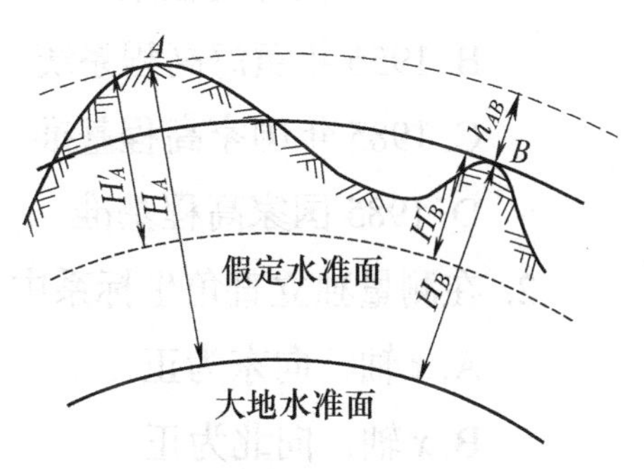

图 1-6　绝对高程、相对高程、高差

1）绝对高程（高程、海拔）：地面点到大地水准面的铅垂距离，用 H 表示。

2）相对高程（假定高程）：地面点到假定水准面的铅垂距离，用 H' 表示。

3）高差：地面上两点间的高程之差，用 h 表示。

由于受潮汐、风浪等影响，海水面是一个动态的曲面。它的高低时刻都在变化，通常是在海边设立验潮站，进行长期观测，取海水的平均高度作为高程零点。我国的验潮站设立在青岛，并在观象山建立了水准原点。1956 年经过多年观测后，得到从水准原点到验潮站的平均海水面高程为 72.289m。这个高程系统称为“1956 年黄海高程系统”，全国各地的高程都是以水准原点为基准得到的。

20 世纪 80 年代，我国根据验潮站多年的观测数据，又重新推算了新的平均海水面，由此测得水准原点的高程为 72.260m，称为“1985 年国家高程基准”。

思考与习题

测量仪器和工具思维导图

一、名词解释

1. 铅垂线：

2. 大地水准面：

3. 高程：

4. 高差：

二、填空题

1. 地面点到__________的铅垂距离称为该点的绝对高程；地面点到__________的铅垂距离称为该点的相对高程。

2. 地面两点间高程之差，称为该两点间的________，一般用 h 表示。A、B 两点之间的高差记为__________。

三、选择题

1. 我国目前使用的高程系统的标准名称是（　　）。

A. 1956 黄海高程系统

B. 1956 年黄海高程系统

C. 1985 年国家高程基准

D. 1985 国家高程基准

2. 在测量独立直角坐标系中，横轴（　　）。

A. x 轴，向东为正

B. x 轴，向北为正

C. y 轴，向东为正

D. y 轴，向北为正

四、简答题

1. 建筑工程测量的任务是什么？

2. 确定点的平面位置的方法有哪几种？

3. 测量工作的基本原则是什么？

4. 设地面某点的经度为东经 102°03′，试计算它所在的 6° 带和 3° 带的带号以及相应的 6° 带和 3° 带中央子午线的经度。

项目二　学习水准测量

项目概述

在施工测量中，需要将图纸上设计的建筑物的高程，按设计和施工要求放样到相应的地点，其依据就是水准测量的基本原理和方法。本项目主要是以水准测量为教学内容，以《工程测量标准》（GB 50026—2020）为标准，要求掌握水准测量原理、水准仪的使用以及水准测量成果的计算及校核。

思政目标

播放珠峰测量等纪录片，鼓励学生在寒冷、烈日等情况下不中断实践，锻炼意志，提高品质。通过实践训练来培养学生对制度的敬畏与自觉遵守，加强学生团队协作精神，养成客观、严谨、细致的测量习惯，引导学生发现与质疑，探索与创新。

任务一　学习水准测量的基本知识

想一想：

1. 什么是水准测量？

2. 在施工测量中，有一种测量的仪器叫作水准仪，它的应用相当广泛，例如利用水准仪将图纸上设计的建筑物高程放样到相应地点；利用水准仪按设计基坑深度进行开挖等，那么这些应用是将哪些关于水准测量的理论知识转化为实践操作技能的？

知识回忆：

1. 测量学的概念。
2. 建筑工程测量的任务。
3. 水准面和水平面。
4. 大地水准面。
5. 铅垂线。
6. 地理坐标。
7. 高斯平面直角坐标。
8. 独立平面直角坐标。

一、了解水准测量原理

水准测量是利用水准仪提供的水平视线，借助于带有分划的水准尺，直接测定地面上两点间的高差，然后根据已知点高程和测得的高差，推算出未知点高程。

如图 2-1 所示，A、B 两点间高差 h_{AB} 为

$$h_{AB}=a-b \tag{2-1}$$

设水准测量是由 A 向 B 进行的，则 A 点为后视点，A 点尺上的读数 a 称为后视读数；B 点为前视点，B 点尺上的读数 b 称为前视读数。因此，高差等于后视读数减去前视读数。

1. 高差法

测得 A、B 两点间高差 h_{AB} 后，如果已知 A 点的高程 H_A，则 B 点的高程 H_B 为

$$H_B=H_A+h_{AB} \tag{2-2}$$

这种直接利用高差计算未知点高程的方法，称为高差法。

2. 视线高法

如图 2-1 所示，B 点高程也可以通过水准仪的视线高程 H_i 来计算，即

$$H_i=H_A+a$$

$$H_B=H_i-b \tag{2-3}$$

这种利用仪器视线高程 H_i 计算未知点高程的方法，称为视线高法。在施工测量中，有时安置一次仪器，需测定多个地面点的高程，采用视线高法就比较简单方便。

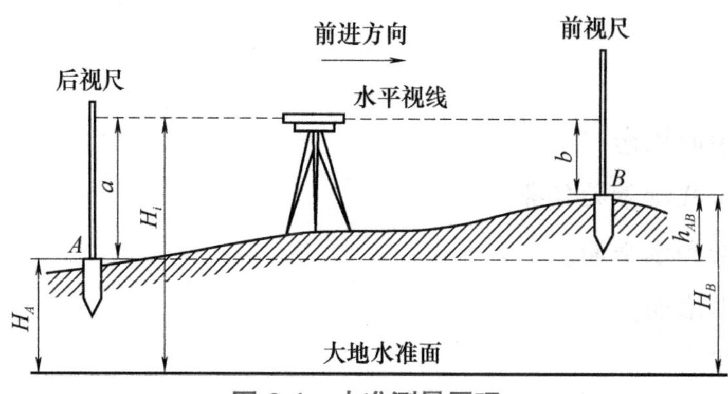

图 2-1　水准测量原理

二、学习水准测量的基本知识

1. 绝对高程、相对高程

绝对高程：地面点到大地水准面的铅垂距离称为该点的绝对高程或海拔，简称高程，用 H 表示，如图 2-2 所示，A、B 两点的绝对高程分别为 H_A、H_B。

相对高程：如果以一般水准面作为高程基准面，则某地面点到该水准面的铅垂距离为该点的相对高程，如图 2-2 所示，A、B 两点的相对高程分别为 H'_A、H'_B。

2. 高程基准

要求得地面点的高程，首先要确定大地水准面的位置，大地水准面是通过设立验潮站，进行长期观测和记录的资料来确定的。我国通过长期观测得到的黄海海水水面的高低变化数据，取其平均值作为大地水准面的位置（其高程是零），并在青岛建立了水准原点。目前，我国采用“1985 年国家高程基准”，青岛水准原点的高程为 72.260m，全国各地的高程测量都以此为基准进行测算。但 1987 年以前使用的是 1956 年黄海高程基准，其水准原点的高程值为 72.289m，地面同一点在这两种系统中的高程相差一个常数，利用旧的高程测量成果时，要注意高程基准的统一与换算。

3. 高差

两点高程之差称为高差。如图 2-2 所示，h_{AB} 为 A、B 两点间的高差，即

$$h_{AB}=H_B-H_A=H'_B-H'_A \tag{2-4}$$

因此，两点之间的高差与高程的起算面无关。但是需要注意，高差有方向性，如 A 到 B 的高差 $h_{AB}=H_B-H_A$，而 B 到 A 的高差则是 $h_{BA}=H_A-H_B$。高差值为正，表示该方向上地表是上坡；高差值为负则表示该方向上地表是下坡。

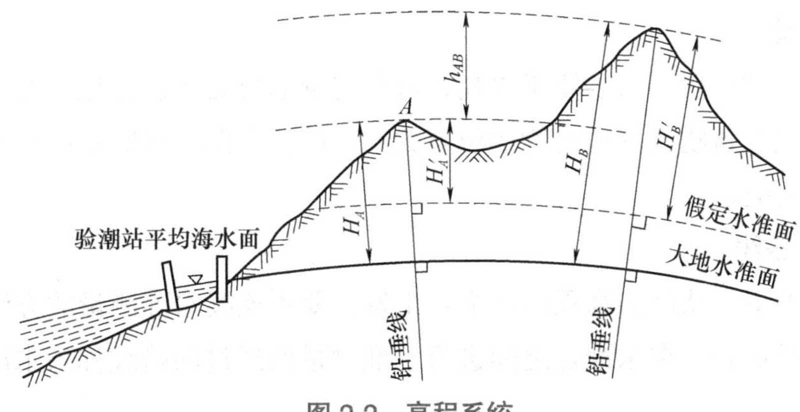

图 2-2　高程系统

4. 水准点

水准点是用水准测量方法求得其高程的地面标志点。为了将水准测量成果加以固定，必须在地面上设置水准点。水准点可根据需要设置成永久性水准点和临时性水准点。各等级水准点均应埋设永久性标石或标志，水准点的等级应注记在水准点标石或标记面上。水准点标石的类型可分为：基岩水准标石、基本水准标石、普通水准标石和墙脚水准标志四种，其中混凝土普通水准标石和墙脚水准标志的埋设要求如图 2-3 所示，临时水准点如图 2-4 所示。可用木桩打入地下，桩顶钉以半球形铁钉，水准点在地形图上的表示符号如图 2-5 所示。

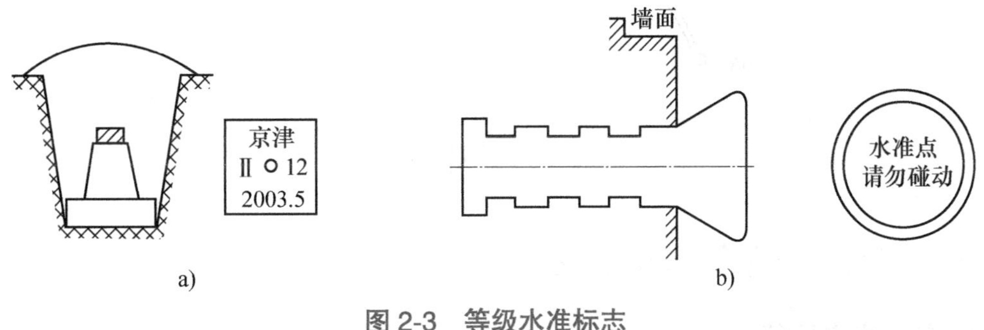

图 2-3　等级水准标志

a）混凝土普通水准标石　b）墙脚水准标志埋设

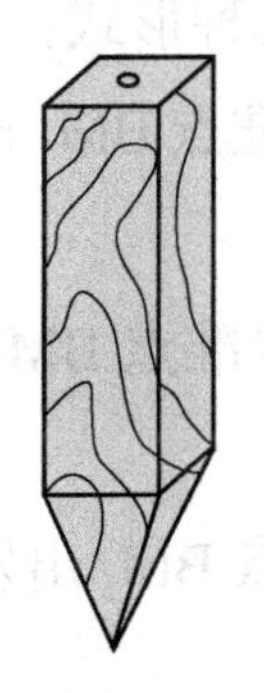

图 2-4　临时水准点标志

2.0 ⊗ $\frac{\text{Ⅱ京石5}}{32.804}$

图 2-5　水准点在地形图上的表示符号

5. 点之记

埋设好水准点后，为了便于寻找，可在周围醒目处予以标记，通常绘出水准点与附近固定建筑物或其他地物的位置关系草图，在图上写明水准点的编号和高程，称为点之记。

6. 水准路线

一般情况下，从已知高程的水准点出发，要用连续水准测量的方法才能测出待定水准点的高程，在水准点之间进行水准测量所经过的路线称为水准路线，如图 2-6 所示。

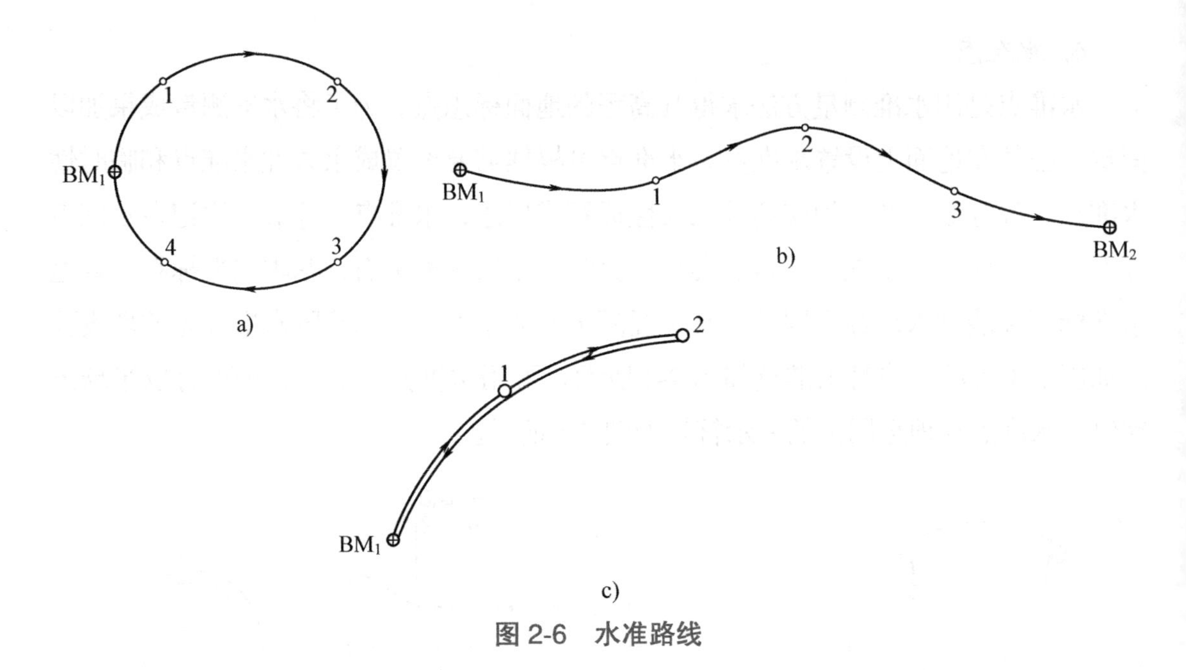

图 2-6　水准路线

三、了解水准路线布设形式

1. 单一水准路线

根据测区的情况不同，单一水准路线可布设成以下几种形式：

（1）闭合水准路线　如图 2-6a 所示，从一个已知水准点 BM_1 出发，经过待测点 1、2、3、4，最后闭合回到 BM_1 点。

（2）附合水准路线　如图 2-6b 所示，从一个已知水准点 BM_1 出发，经过待测点 1、2、3，到达另一个已知水准点 BM_2。

（3）支水准路线　如图 2-6c 所示，从一个已知水准点 BM_1 出发，经过待测点 1、2 后结束即不闭合也不附合。

理论上，闭合水准路线各段高差的总和应等于零，附合水准路线各段高差的总和应等于两端已知水准点间的高差，这可以作为水准测量正确与否的检验条件。支水准路线应进行往、返水准测量（或重复观测），往测高差总和与返测高差总和绝对值应相等，而符号相反。

2. 水准网

水准网由若干单一水准路线组成，相互连接的交点称为节点，如图 2-7 所示。

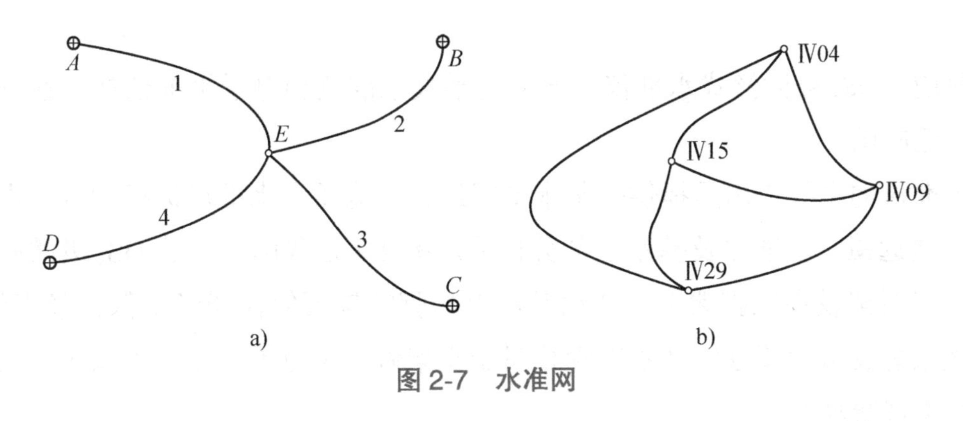

图 2-7　水准网

任务二　学习水准仪的构造与使用

想一想：

在建筑施工测量中，需要进行高程的放样，这就要求熟练掌握水准仪的操作方法，那么水准仪是由什么组成的？又如何使用呢？

知识回忆：

1. 绝对高程。
2. 相对高程。
3. 高差。
4. 水准点。
5. 水准路线。
6. 水准路线布设形式。
7. 水准网。

一、了解水准仪及水准尺

水准测量所使用的仪器为水准仪，配合使用的工具为尺垫和水准尺。水准仪按精度可分为$DS_{0.5}$、DS_1、DS_3、DS_{10}等不同等级（D、S分别为大地测量和水准仪的汉语拼音首字母，下标指仪器能达到的每千米往返测高差中数的中误差，单位mm）。水准仪按其构造可分为微倾式水准仪、自动安平式水准仪和电子水准仪等。

目前，DS_3级微倾式水准仪、自动安平式水准仪和电子水准仪在工程测量中得到广泛应用。

水准仪的主要作用是提供一条水平视线，并能照准水准尺进行读数。水准仪主要由望远镜、水准器及基座三部分构成。图2-8是我国生产的DS_3级微倾式水准仪。仪器架设在三脚架上，转动基座上的脚螺旋可使仪器竖轴保持竖直位置；转动微倾螺旋可使望远镜和水准管相对于支架做一定范围的上、下微倾，从而保证望远镜视线水平。

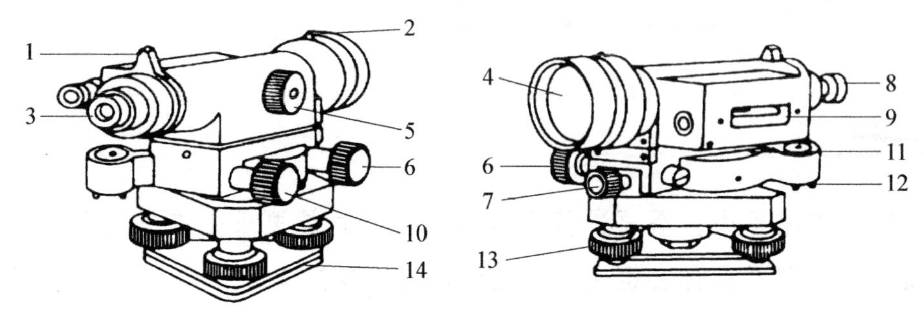

图2-8 DS_3级微倾式水准仪

1—照门 2—准星 3—目镜 4—物镜 5—物镜对光螺旋 6—微动螺旋 7—制动螺旋 8—附合水准器放大镜 9—水准管 10—微倾螺旋 11—圆水准器 12—圆水准器校正螺旋 13—脚螺旋 14—基座

1. 望远镜

如图2-9所示，水准仪的望远镜由物镜、目镜、调焦透镜、调焦螺旋和十字丝分划板等组成。物镜和目镜一般采用复合透镜组，十字丝分划板上刻有两条互相垂直的长线，长竖丝称为竖丝，长横丝称为横丝（中丝）。在横丝上、下刻有对称且互相平行的两根较短的横丝，这两根横丝用于测量仪器与水准尺之间的距离，称为视距丝，又称为上丝和下丝。

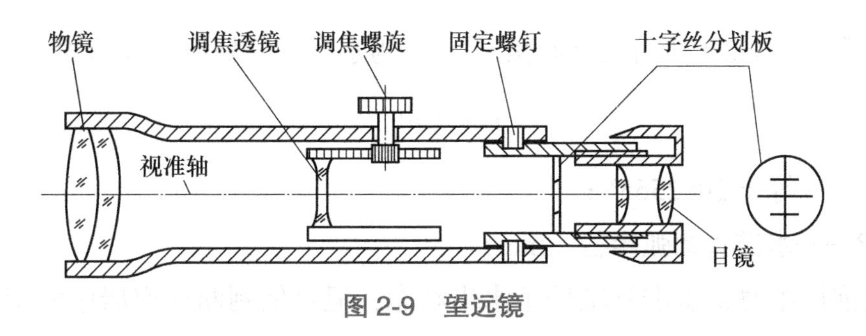

图 2-9　望远镜

十字丝交点与物镜光心的连线称为视准轴或视准线。在实际使用中，视准轴应保持水平，照准远处的水准尺；调节目镜调焦螺旋，可使十字丝清晰；旋转物镜调焦螺旋，使得水准尺放大（一般级水准尺放大倍数为 28 倍），且在十字丝分划板所在平面上清晰成像，此时用十字丝中丝截取目镜视野中的水准尺读数。如图 2-10 所示为水准仪望远镜成像原理。

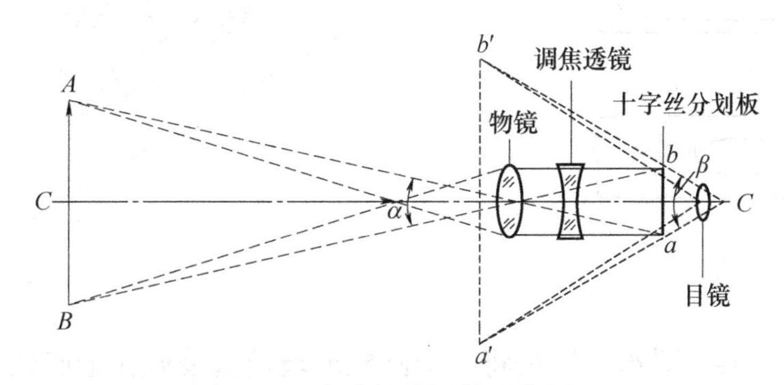

图 2-10　水准仪望远镜成像原理

2. 水准器

水准器是仪器整平操作的指示装置，水准器有管水准器和圆水准器两种，它们安装在水准仪上，并与仪器的某些轴线保持固定的平行或垂直关系，分别指示仪器视准轴是否水平，或仪器竖轴是否竖直。

（1）管水准器　管水准器又称为水准管，由玻璃圆管制成，其纵向内壁磨成一定半径的圆弧，管内装有酒精或乙醚混合液，加热封闭、冷却后，管内形成空隙即为水准气泡。由于气泡较轻，故恒处于管内最高位置。

在水准管表面刻有 2mm 间隔的分划线，如图 2-11 所示。分划线中点 O 与圆弧中点重合，O 点称为水准管的零点，过零点的圆弧纵向切线 LL，称为水准管轴。当气泡的中点与水准管的零点重合时，气泡居中，此时水准管轴 LL 处于水平状态。如果仪器制造时水准管轴设计成与视准轴保持平行的关系，则可以由气泡是否居中来判断视准轴是否处于水平状态。

水准管圆弧 2mm 所对的圆心角 τ''，称为水准管分划值，表示为

$$\tau''=\frac{2}{R}\rho'' \tag{2-5}$$

式中 ρ'' ——等于 2062565″；

R——水准管圆弧半径（mm）。

当气泡居中时，水准管轴处于水平状态，但目估判断气泡居中的精度往往不高，为了提高精度，在微倾式水准仪的水准管上方安装一组附合棱镜，如图 2-12 所示。若气泡居中，则气泡两端的半像吻合；若两端气泡的半像错开，则说明气泡未居中，此时应调节微倾螺旋，使气泡的半像吻合。

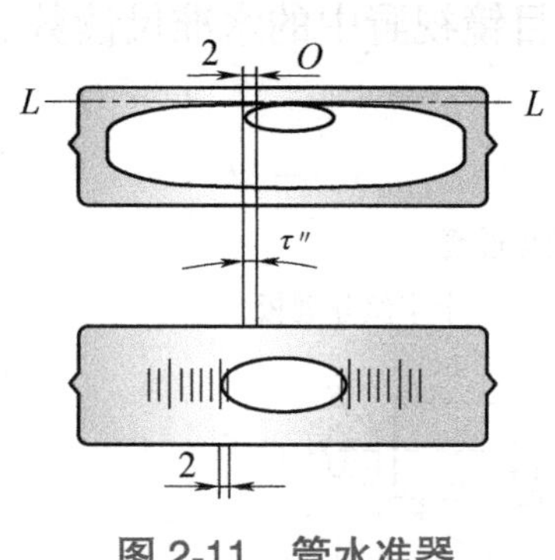

图 2-11 管水准器

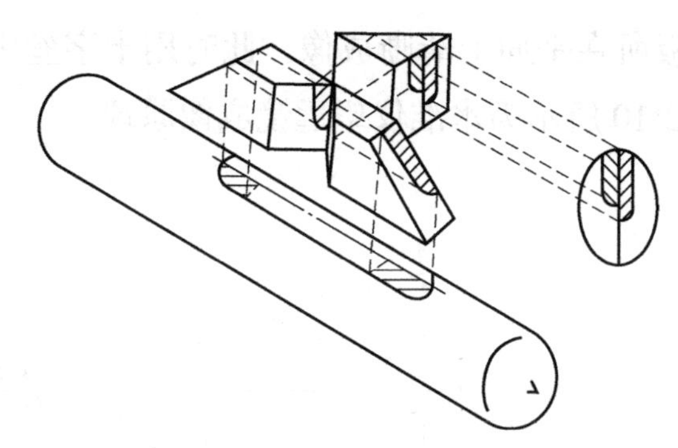

图 2-12 水准管的附合棱镜系统

（2）圆水准器 圆水准器是将一个圆柱形玻璃盒装嵌在金属框中，其玻璃盒顶面内壁磨成一定半径的球面，如图 2-13 所示。与水准管一样内装有酒精或乙醚混合液，制成后留有一个气泡。中央刻有圆分划圈，圆圈中心为水准器的零点。通过零点的球面法线为圆水准器轴线，当圆水准器气泡居中时，该轴线处于竖直状态。如果生产仪器时将此轴线设计成与仪器竖轴保持平行关系，则当气泡居中时，仪器竖轴也处于竖直位置。

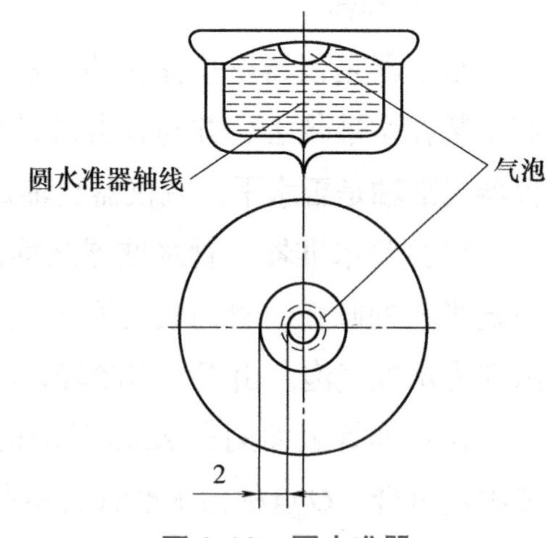

图 2-13 圆水准器

当气泡不居中，气泡中心偏离零点 2mm 时，轴线所倾斜的角值称为圆水准器的分划值，一般为 5′/(2mm) ~10′/(2mm)。圆水准器灵敏度较低，只用于粗略整平仪器，使水准仪的竖轴大致处于竖直位置，便于用微倾螺旋使水准管气泡精确居中。

（3）水准仪应满足的条件　根据水准测量原理，水准仪必须提供一条水平视线，才能正确地测出两点间的高差。为此，水准仪应满足以下条件（图 2-14）：

1）圆水准器轴 $L'L'$ 应平行于仪器的竖轴 VV。

2）十字丝的中丝（横丝）应垂直于仪器的竖轴。

3）水准管轴 LL 应平行于视准轴 CC。

通过仪器检验工作可以检查水准仪是否满足上述关系，通过校正工作调整校正螺钉可以使仪器满足上述关系。

3. 水准尺与尺垫

水准尺是进行水准测量时竖立在目标点上的标尺，一般用不易变形且干燥的木材制成。常用的水准尺有直尺、塔尺和折尺等几种，如图 2-15 所示。

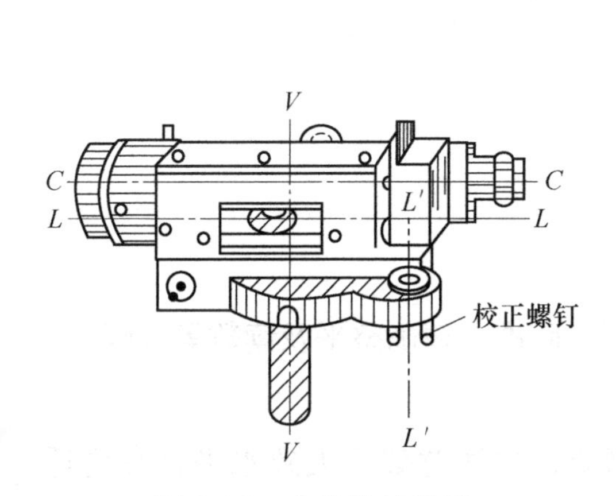

图 2-14　水准仪的轴线

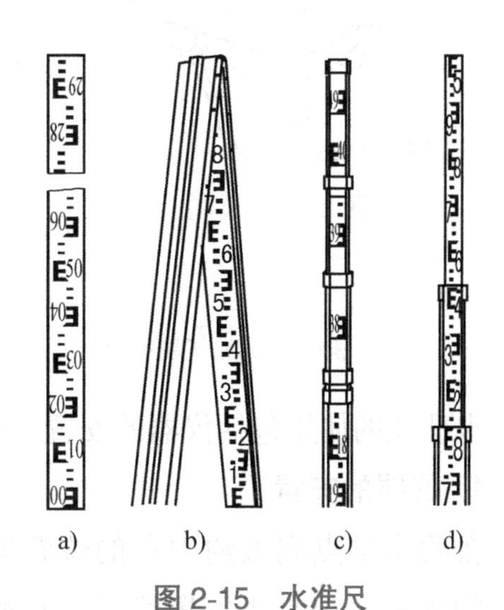

图 2-15　水准尺

a）直尺　b）折尺　c）铝合金塔尺　d）木质塔尺

双面水准尺（直尺）多用于三、四等水准测量，其长度一般为 3m，且两根尺为一对。每根尺的两面均有刻划，一面为红白相间称为红面，另一面为黑白相间称为黑面，两面刻划均为 1cm，并在分米处注记。两根尺的黑面均由零开始；而红面，一根尺由 4.687m 开始，另一根由 4.787m 开始。同一根尺的两面起始刻划不同，主要目的是当尺子两面读数时可以互相检验校核。

塔尺、折尺多用于等外水准测量，目前常用合金制成，用两节或三节套接在一起，携带方便。尺的底部为零点，尺上有相间的黑白格，每格宽度为 0.5cm 或 1cm，有的尺上还有线划注记。

尺垫由生铁制成，为三角形，如图 2-16 所示。尺垫上方有一个半球形凸起，用于竖立水准尺，下方有三个尖角用于插入地面固定尺垫。尺垫用在转点处放置水准尺以传递高程。

三脚架是水准仪的附件，用以安置水准仪，由木材或金属制成，三脚架一般可伸缩，便于携带及调整仪器高度，使用时用中心连接螺旋与仪器紧固，如图 2-17 所示。

图 2-16　尺垫

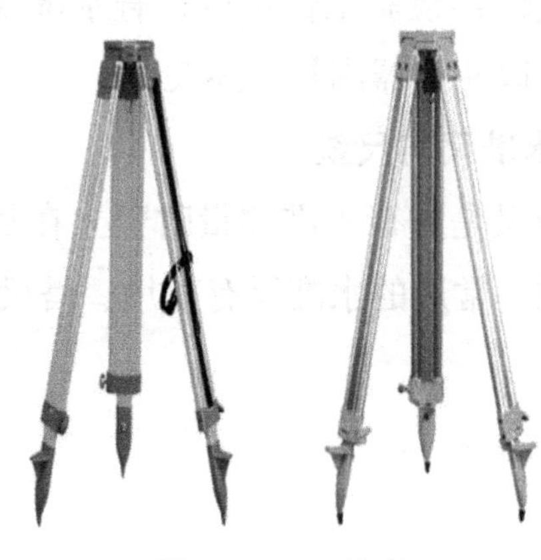

图 2-17　三脚架

二、学习水准仪的使用

水准仪的使用包括仪器的安置、粗略整平、瞄准、精确整平及读数等步骤。

1. 仪器的安置

在两水准点间大约中点的位置安置三脚架，并注意架头大致水平且高度适中。检查三脚架是否安置稳固，在松软地面要将腿架插入土中踩紧，同时检查三脚架伸缩螺旋是否拧紧。然后将水准仪置于三脚架架头上，并用连接螺旋固定仪器。

2. 粗略整平

粗略整平是调节水准仪基座上的脚螺旋，并借助圆水准器的指示，使仪器竖轴大致竖直，从而使视准轴大致水平。如图 2-18a 所示，仪器安置完成后，气泡一般不会处于圆水准器中心，若气泡处于 a 处，则先按图上箭头所指的方向，用双手相对同时转动脚螺旋①和②，使气泡移动到脚螺旋①和②连线的垂直平分线上，如图 2-18b 中 b 的位置，然后单手调节脚螺旋③，使气泡居中。在调节脚螺旋的过程中，气泡的移动方向始终与左手大拇指运动方向一致。

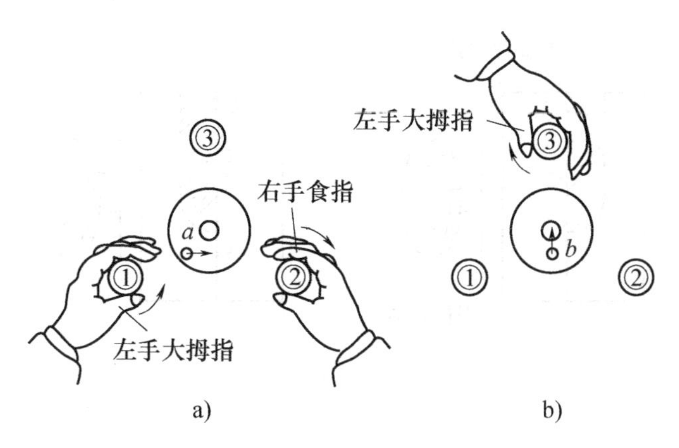

图 2-18　圆水准器整平方法

3. 瞄准

当仪器粗略整平后，首先进行目镜对光，即转动望远镜目镜调焦螺旋，使十字丝清晰；然后转动望远镜，利用望远镜上的准星瞄准目标水准尺，拧紧水平制动螺旋，转动望远镜的物镜调焦螺旋，使水准尺成像清晰，再调节水平微动螺旋，使竖丝对准水准尺。

当眼睛在目镜端上下（或左右）微微移动时，可能发现十字丝与目标像有相对运动，这种现象称为“视差”。视差产生的原因是目标成像平面不重合，如图 2-19 所示。有视差就不可能进行精确瞄准与读数，因此必须消除视差。消除视差的方法是：转动目镜调焦螺旋使十字丝清晰，再转动物镜调焦螺旋使目标清晰，反复调节上述两螺旋，直到十字丝和水准尺均成像清晰，眼睛上下移动，十字丝与目标不发生相对位移，十字丝横丝所截取的读数不变为止。

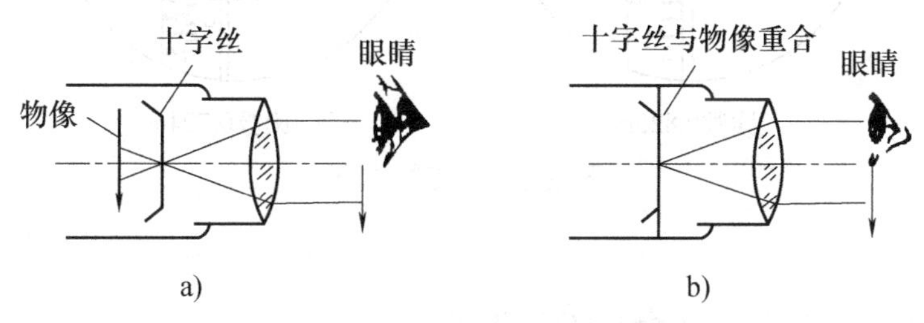

图 2-19　视差产生的原因

a）有视差现象　b）没有视差现象

4. 精确整平

精确整平简称精平。眼睛观察附合水准器气泡观察窗内的影像，用右手缓慢地转动微倾螺旋，使气泡两端的影像吻合。此时视线即为水平视线。微倾螺旋的转动方向与左侧半气泡影像的移动方向一致，如图 2-20 所示。

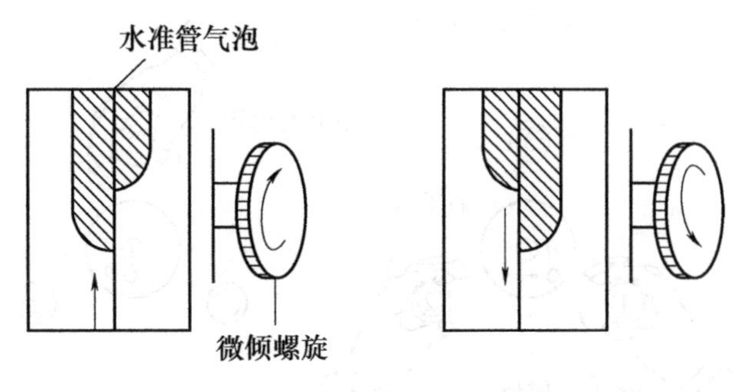

图 2-20　精确整平

5. 读数

观察位于目镜一侧的附合气泡观察窗口，转动微倾螺旋，使气泡两端成像吻合，此时，水准管轴水平，水准仪的视准轴精确水平，即可用十字丝的中丝在尺上读数，读数时应按标尺注记从小数读到大数。如图 2-21 所示，读数分别为 0.825m 和 0.704m。

精平和读数虽说是两项不同的操作步骤，但在水准测量的实施过程中，却把两项操作视为一个整体，即精平后再读数，读数后还要检查水准气泡是否完全符合，只有这样，才能获得正确的读数。

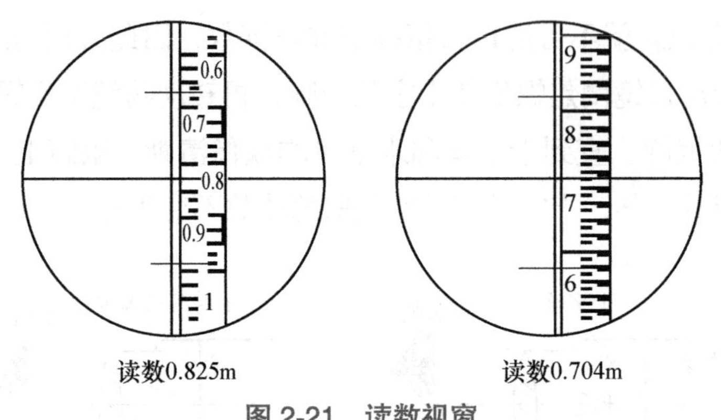

图 2-21　读数视窗

水准仪的使用

三、学习自动安平水准仪的使用

水准仪使用的正确与错误

1. 仪器简介

该仪器主要由带光学自动补偿器的望远镜组成。补偿器采用交叉吊丝结构和有效的空气阻尼，保证仪器工作可靠。

仪器上设有检查按钮，可检查补偿器工作状况，望远镜目镜是卡口式可拆卸结构，可卸下更换其他观测附件。

仪器采用摩擦制动。水平微动采用无限微动机构，安排在两侧的微动首轮分别供两只手操作。

在读取标尺读数前，按一下检查按钮，若标尺像上下稍微摆动，最后水平丝恢复到原来标尺位置上，则补偿器处于正常工作状态，视线水平。如果气泡偏离中心，当按下检查按钮时，标尺像不是正常摆动，而是急促短暂的跳动，表明补偿器超过工作范围碰到限位丝，必须将仪器整平，使气泡居中。

2. 部件名称

自动安平水准仪的构造如图 2-22 所示。

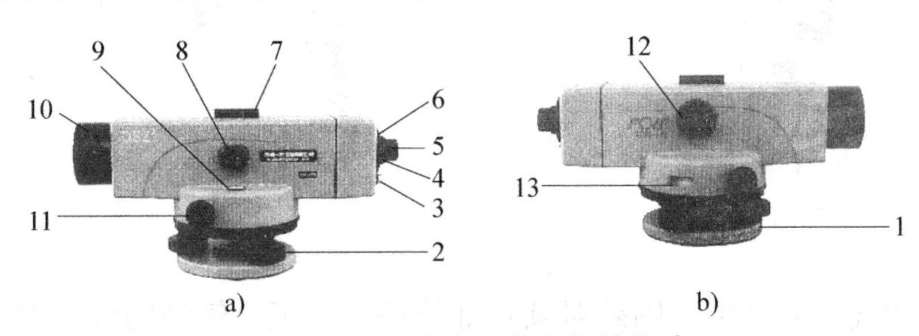

图 2-22　自动安平水准仪的构造

a）DSZ1 自动安平水准仪左侧　b）DSZ1 自动安平水准仪右侧

1—基座　2—安平手轮　3—检查按钮　4—目镜卡环　5—目镜　6—护盖　7—光学瞄准器　8—圆水准器观测棱镜　9—圆水准器　10—物镜　11—水平微动手轮　12—调焦手轮　13—内置度盘读数窗

3. 水准尺

由于自动安平水准仪望远镜成像是正像，所以应采用正像标尺，必须强调的是，水准精度也取决于水准尺的刻划精度，高精度水准测量必须采用优质的铟瓦尺，如图 2-23 所示。

4. 仪器的安装

1）将三脚架下部的皮带解开，松开制动螺旋。

2）分开三只脚，使其成正三角形。如图 2-24 所示，用脚踩脚踏，使三个脚尖稳固地插入地面，头部应尽可能水平，高度以观测时适宜为准，注意制动螺旋锁紧是否可靠，然后将仪器安置在三脚架平台，拧紧中心螺钉。

5. 仪器的整平

当仪器安置在三脚架上后，如气泡偏离圆水准器中心圆圈，则须通过旋转安平手轮将仪器安平，当圆水准器气泡居中后，应再将仪器主体旋转（已与三脚架固定连接的基座不动）180°，如果此时圆水准器气泡居中，仪器即安平，此时视线自动安置成水平状态。

图 2-23　铟瓦尺

图 2-24　三脚架

如果旋转气泡未居中，则须对圆水准器进行校正，气泡的调节方法同微倾式水准仪。

气泡可通过正像的圆水准器观测棱镜直接观察到，如图 2-25 所示。

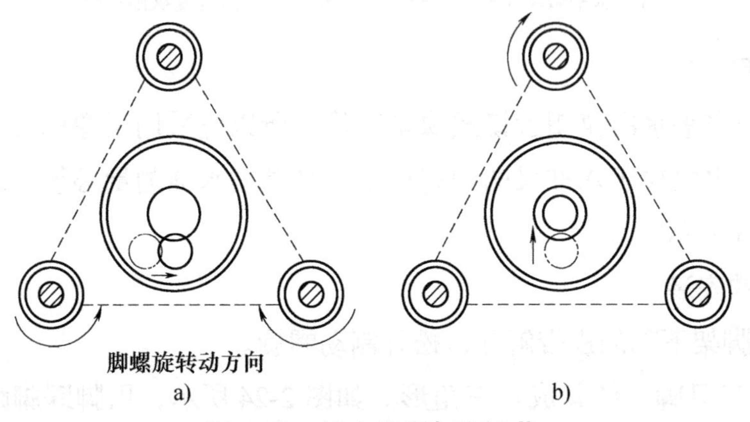

图 2-25　圆水准器气泡调节

6. 瞄准和调焦

将望远镜瞄向白纸或清晰的天空，旋转望远镜目镜，直至看清黑色分划板刻线，通过粗瞄观察，用手转动仪器使望远镜粗略地瞄准水准尺。旋转调焦手轮，直至标尺像无视差，清晰成像于分划板上。旋转微动手轮将分划板竖丝正确地置于标尺中间。

7. 标尺读数

瞄准标尺后，检查气泡是否居中，按一下检查按钮，检查补偿器是否处于工作状态。

读数水平十字丝在标尺上的位置，如图 2-26 所示，先读水平十字丝下面最小的厘米值（114cm），估读出水平十字丝在厘米间隔内对应的毫米值（3mm）。

因此，图 2-26 读数为 1.143m。

为了提高测量精度，用三丝法核校过失误差，分别读取横丝和两视距丝的读数，两视距丝的平均值用来检验横丝的读数。例如：

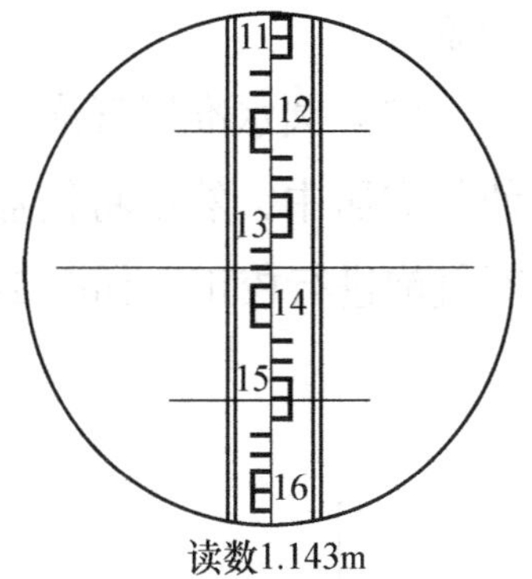

图 2-26　木质标尺成像情况

水平十字丝	1.143m
上丝 A_1	1.216m
下丝 A_2	1.068m
$(A_1+A_2)/2$	1.142m

当遇到强风或大地震动时，观测者应将手扶在三脚架中部以减小影响。

为求得水平距离，要读出上丝和下丝的读数，两读数之差乘上 100 就得到仪器中心到标尺之间的距离。

上下视距丝（短丝）夹住的标尺部分读数为 0.148m。

上丝 A_1	1.216m
下丝 A_2	1.068m
A_1-A_2	0.148m

所以水平距离就为：0.148m × 100=14.8m。

为了简化距离读数，也可旋转最近视线的安平手轮，使下丝完全压在分米刻划上，此时上丝读数与之相减很容易得到距离。

该次测量木质标尺成像情况：

高程读数为：1.143m。

水平距离为：14.8m。

8. 方位角观测

如图 2-27 所示，视距丝、竖丝瞄准目标 A，度盘指示角值为 α（刻划线所对应的读数），转动主体，瞄准目标 B，度盘指示角度值为 β，则 $\angle AOB=\alpha-\beta$。

9. 检测与校正

（1）三脚架　三脚架各零件之间应没有窜动，如有可用扳手调整螺钉的松紧。

（2）圆水准器气泡　三脚架稳固踩入地面后，装上仪器，旋转三只安平手轮，使气泡居中，然后将仪器旋转 180°，如果气泡变动，不再位于圆圈中心，就必须对气泡进行校正，如图 2-28 所示。

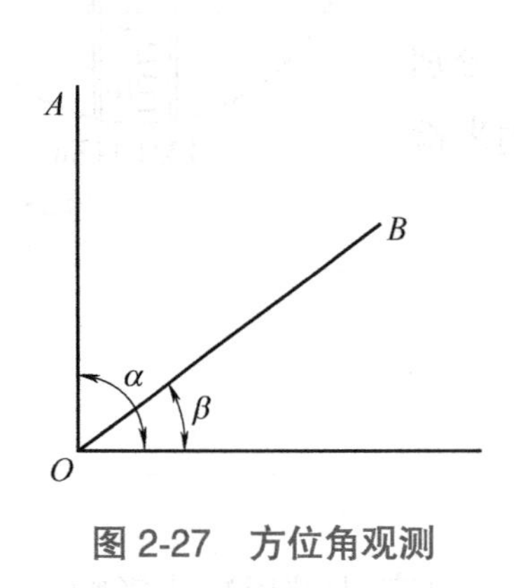

图 2-27　方位角观测

图 2-28　圆水准器气泡的校正

校正时，首先通过旋转安平手轮使偏移的水泡向圆圈中心位移一半，另一半偏移需利用校针插入圆水准器气泡上的校正螺钉校正归位。

校正螺钉拧紧时，气泡向拧紧的螺钉移动，螺钉放松时，气泡反向移动。

校正时，先校正最接近于气泡中心与圆圈中心连线的那一颗，校到气泡进入圆圈中心或借助另一颗螺钉，校正结束后再次检查气泡是否居中，如果还有偏移，则反复以上校正过程，校正到气泡居中为止。

当望远镜瞄准任何方向，气泡始终居中时，说明气泡已校正好，补偿器处于它的工作范围内。

（3）视线水平度　在平坦地区选择长为 45~60m 的路线，并将其分成三等分，长度为 d，标尺安置在尺垫上或者放在分点 B、C 处的木桩上（如果只有一根标尺，可根据需要将标尺从木桩 B 移到 C），仪器依次安放在 A、D 处。如图 2-29 所示。

仪器在 A 点（气泡居中和按一下按钮检查补偿器后）读取标尺，读数为 a_1' 和 a_2'；仪器在 D 点读取 a_3'（C 处）和 a_4'（B 处）的读数，如果视线绝对水平，这些读数的正确值应为 a_1、a_2、a_3、a_4。有如下关系式：$a_4-a_1=a_3-a_2$。过 a_3' 作 a_2'、a_1' 的平行线，那么必交于 B 处标尺的正确位置 a_4 处，如图 2-29 所示。从图中可看出

$$a_4-a_1'=a_3'-a_2'$$

故

$$a_4-a_1=a_3-a_2$$

如果实测值 a_4' 与计算值不符合，则要校正读数 a_4'，要求两者之差应小于 2mm/30mm，整个过程是重复进行的，计算出误差后进行校正。

仪器扔在 D 点，视线校正可通过分划板微量移动加以校正，旋开黑色校正孔盖，拿掉密封圈，用校正针调整校正螺钉，使水平十字丝位于计算出的 B 处标尺读数 a_4 为止。螺钉最后一圈应为顺时针方向旋转，装上密封圈，旋上护盖。然后按照上述方法重新检查。

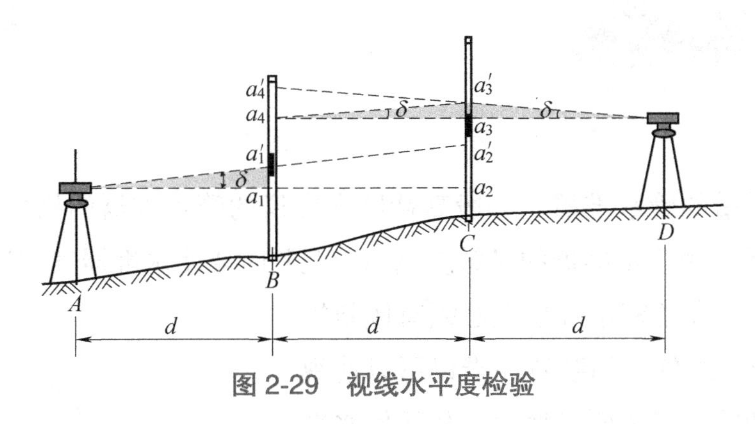

图 2-29 视线水平度检验

四、学习高精度水准仪的使用

1. 高精度水准仪的构造特点

对于高精度水准测量的精度而言，除一些外界因素的影响外，观测仪器——水准仪在结构上的精确性与可靠性是具有重要意义的。为此，对高精度水准仪必须具备的一些条件提出下列要求：

（1）高质量的望远镜光学系统　为了在望远镜中能获得水准尺上分划线的清晰影像，望远镜必须具有足够的放大倍率和较大的物镜孔径。一般高精度水准仪的放大倍率应大于 40 倍，物镜的孔径应大于 50mm。如图 2-30 所示为苏一光 DS_{03} 高精度水准仪，放大倍率为 42 倍，物镜口径为 50mm。

（2）坚固稳定的仪器结构　仪器的结构必须使视准轴与水准轴之间的联系相对稳定，不随外界条件的变化而改变它们之间的关系。一般高精度水准仪的主要构件均用特殊的合金钢制成，并在仪器上套有起隔热作用的防护罩。

（3）高精度的测微器装置　高精度水准仪必须有光学测微器装置，借以精密测定小于水准尺最小分划线格值的尾数，从而提高在水准尺上的读数精度。一般高精度水准仪的光学测微器可以读到0.1mm，估读到0.01mm。如图2-31所示为苏一光FS1平板测微器，最小格值为0.1mm，估读值为0.01mm。

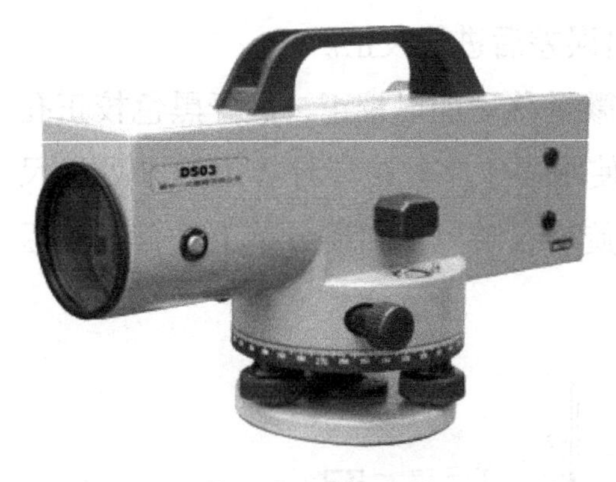

图2-30　苏一光 DS_{03} 高精度水准仪

图2-31　苏一光FS1平板测微器

（4）高灵敏的管水准器　一般高精度水准仪的管水准器的格值为10″/2mm，如图2-32所示。由于水准器的灵敏度越高，观测时要使水准器气泡迅速居中也就越困难，为此，在精密水准仪上必须有倾斜螺旋（又称为微倾螺旋）的装置，借以可以使视准轴与水准轴同时产生微量变化，从而使水准器气泡较为容易地精确居中以达到视准轴的精确整平。

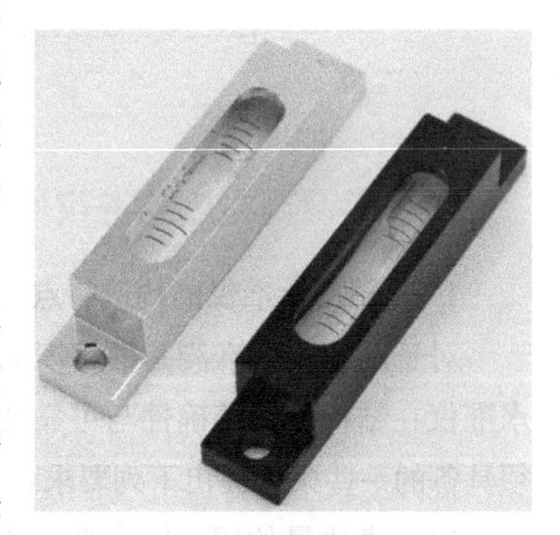

图2-32　高灵敏的管水准器

（5）高性能的补偿器装置　自动安平水准仪补偿元件的质量以及补偿器装置的精密度都可以影响补偿器性能的可靠性。如果补偿器不能给出正确的补偿量，或是补偿不足，或是补偿过量，都会影响精密水准测量观测成果的精度。

我国水准仪系列按精度分类有 S_{05} 型、S_1 型、S_3 型等。S是“水”字的汉语拼音第一个字母，S后面的数字表示每公里往返平均高差的偶然中误差的毫米数。

我国水准仪系列及基本技术参数列于表2-1。

2. 精密水准尺的构造特点

水准尺是测定高差的长度标准，如果水准尺的长度有误差，则会对精密水准测量的观测成果带来系统性质的误差影响，为此，对精密水准尺提出如下要求：

表 2-1　我国水准仪系列及基本技术参数

技术参数项目		水准仪系列型号		
		S_{05}	S_1	S_3
每公里往返平均高差中误差		≤ 0.5mm	≤ 1mm	≤ 3mm
望远镜放大倍率		≥ 40 倍	≥ 40 倍	≥ 30 倍
望远镜有效孔径		≥ 60mm	≥ 50mm	≥ 42mm
管水准器格值		10″/2mm	10″/2mm	20″/2mm
测微器有效量测范围		5mm	5mm	—
测微器最小分格值		0.1mm	0.1mm	—
自动安平水准仪补偿性能	补偿范围	± 8′	± 8′	± 8′
	安平精度	± 0.1″	± 0.2″	± 0.5″
	安平时间　≤	2s	2s	2s

（1）精密水准尺的分划　当空气的温度和湿度发生变化时，水准尺分划间的长度必须保持稳定，或仅有微小的变化。一般精密水准尺的分划是漆在铟瓦合金带上，铟瓦合金带则以一定的拉力引张在木质尺身的沟槽中，这样铟瓦合金带的长度不会受木质尺身伸缩变形影响。水准尺分划的数字注记在铟瓦合金带两旁的木质尺身上，如图 2-33 所示。

（2）精密水准尺分划的精度　水准尺的分划必须十分正确且精密，分划的偶然误差和系统误差都应很小。水准尺分划的偶然误差和系统误差的大小主要取决于分划刻度工艺的水平，当前高精度水准尺分划的偶然中误差一般在 8~11μm。由于高精度水准尺分划的系统误差可以通过水准尺的平均每米真长加以改正，所以分划的偶然误差代表水准尺分划的综合精度。

（3）精密水准尺的构造　水准尺在构造上应保证全长笔直，并且尺身不易发生长度和弯扭等变形。一般精密水准尺的木质尺身均应以经过特殊处理的优质木料制作。为了避免水准尺在使用中尺身底部磨损而改变尺身的长度，在水准尺的底面必须钉有坚固耐磨的金属底板。在精密水准测量作业时，水准尺应竖立于特制的具有一定质量的尺垫或尺桩上。尺垫和尺桩的形状如图 2-34 所示。

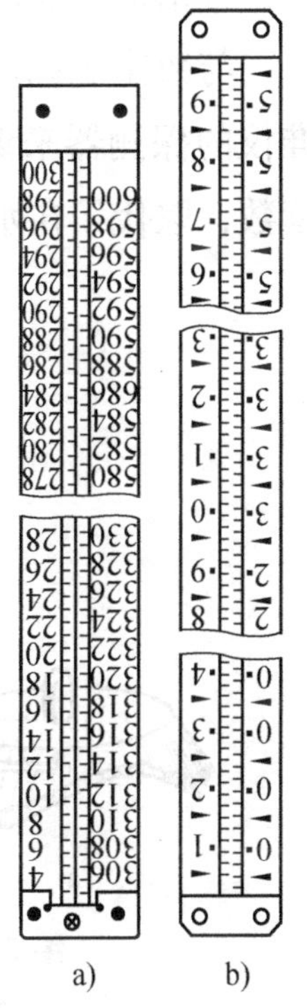

图 2-33　精密水准尺

（4）精密水准尺的使用　在精密水准尺的尺身上应附有圆水准器装置，作业时扶尺者借此使水准尺保持在垂直位置。在尺身上一般还应有扶尺环装置，以便扶尺者使水准尺稳定在垂直位置。

（5）精密水准尺分划颜色及规格　为了提高对水准尺分划的照准精度，水准尺分划的形式和颜色与水准尺的颜色相协调，一般精密水准尺都为黑色线条分划（图 2-33），和浅黄色的尺面相配合，有利于观测时对水准尺分划精确照准。

线条分划精密水准尺的分格值有 10mm 和 5mm 两种。分格值为 10mm 的精密水准尺如图 2-33a 所示，它有两排分划，尺面右边一排分划注记从 0~300cm，称为基本分划；左边一排分划注记从 300~600cm，称为辅助分划；同一高度的基本分划与辅助分划读数相差一个常数，称为基辅差，通常又称为尺常数，水准测量作业时可以用以检查读数的正确性。分格值为 5mm 的精密水准尺如图 2-33b 所示，它也有两排分划，但两排分划彼此错开 5mm，所以实际上左边是单数分划，右边是双数分划，也就是单数分划和双数分划各占一排，而没有辅助分划。木质尺面右边注记的是米数，左边注记的是分米数，整个注记为 0.1~5.9m，实际分格值为 5mm，分划注记比实际数值大了 1 倍，所以用这种水准尺所测得的高差值必须除以 2 才是实际的高差值。

分格值为 5mm 的精密水准尺，也有有辅助分划的。

与数字编码水准仪配套使用的条形码水准尺如图 2-35 所示。通过数字编码水准仪的探测器来识别水准尺上的条形码，再经过数字影像处理，给出水准尺上的读数，取代了在水准尺上的目视读数。

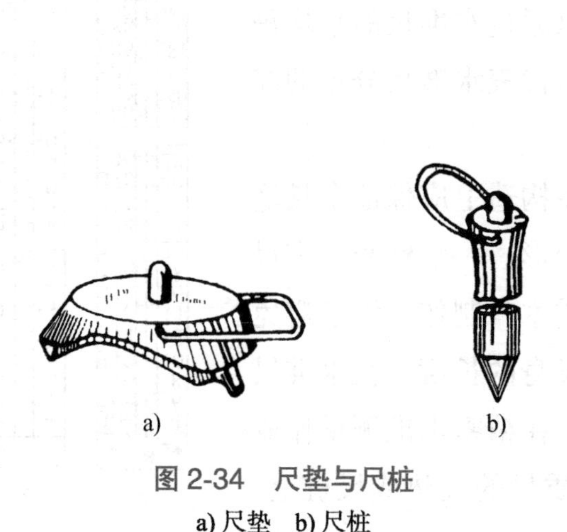

图 2-34　尺垫与尺桩

a) 尺垫　b) 尺桩

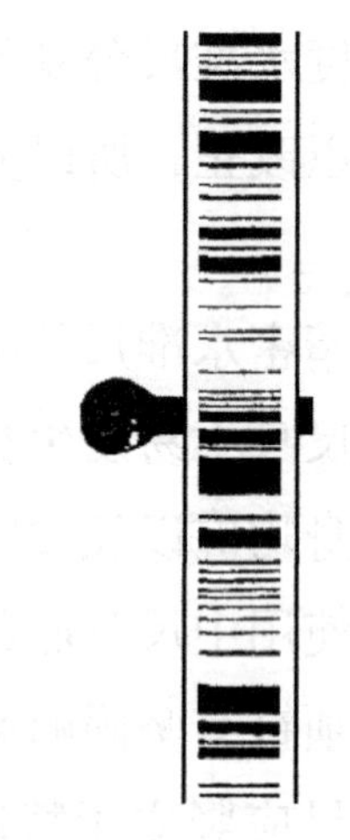

图 2-35　条形码水准尺

3. 德国 Zeiss Ni 004 精密水准仪

Zeiss Ni 004 精密水准仪的外形如图 2-36 所示。

这种仪器的主要特点是对热影响的感应较小，即当外界温度变化时，水准轴与视准轴之间的交角 i 的变化很小，这是因为望远镜、管水准器和平行玻璃板的倾斜设备等部件，都装在一个附有绝热层的金属套筒内，这样就保证了水准仪上这些部件的温度迅速达到平衡。仪器物镜的有效孔径为 56mm，望远镜放大倍率为 44 倍，望远镜目镜视场内有左右两组楔形丝（图 2-37），右边一组楔形丝的交角较小，在视距较远时使用，左边一组楔形丝的交角较大，在视距较近时使用，管水准器格值为 10″/2mm。转动测微螺旋可使水平视线在 10mm 范围内平移，测微器的分划鼓直接与测微螺旋相连（图 2-37），通过放大镜在测微鼓上进行读数，测微鼓上有 100 个分格，所以测微鼓最小格值为 0.1mm。从望远镜目镜视场中所看到的影像如图 2-37 所示，视场下部是水准器的附合气泡影像。

Zeiss Ni 004 精密水准仪与分格值为 5mm 的精密铟瓦水准尺配套使用。在图 2-37 中，使用测微螺旋使楔形丝夹准水准尺上 197 分划，在测微分划鼓上的读数为 340，即 3.40mm，水准尺上的全部读数为 197.340cm。

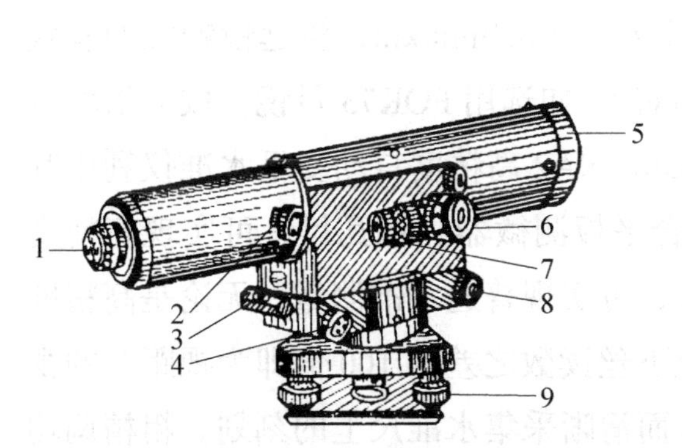

图 2-36　Zeiss Ni 004 精密水准仪

1—望远镜目镜　2—调焦螺旋　3—概略置平水准器
4—倾斜螺旋　5—望远镜物镜　6—测微螺旋
7—读数放大器　8—水平微动螺旋　9—脚螺旋

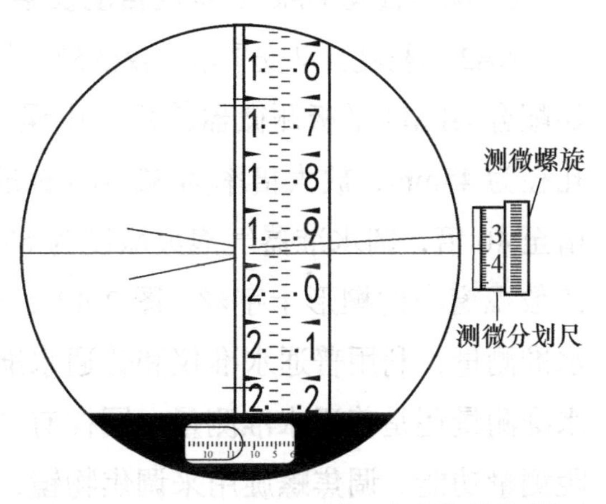

图 2-37　Zeiss Ni 004 精密水准仪读数视场

4. 国产 S_1 型精密水准仪

S_1 型精密水准仪是北京测绘仪器厂生产的，其外形如图 2-38 所示。仪器物镜的有效孔径为 50mm，望远镜放大倍率为 40 倍，管水准器格值为 10"/2mm。转动测微螺旋可使水平视线在 10mm 范围内平移，测微器分划尺有 100 个分格，故测微器分划尺最小格值为 0.1mm。望远镜目镜视场中所看到的影像如图 2-39 所示，视场左边是水准器的附合气泡影像，测微器读数显微镜在望远镜目镜的右下方。

国产 S_1 型精密水准仪与分格值为 5mm 的精密水准尺配套使用。

在图 2-39 中，使用测微螺旋使楔形丝夹准 198 分划，在测微器读数显微镜中的读数为 150，即 1.50mm，水准尺上的全部读数为 198.150cm。

图 2-38　S_1 型精密水准仪

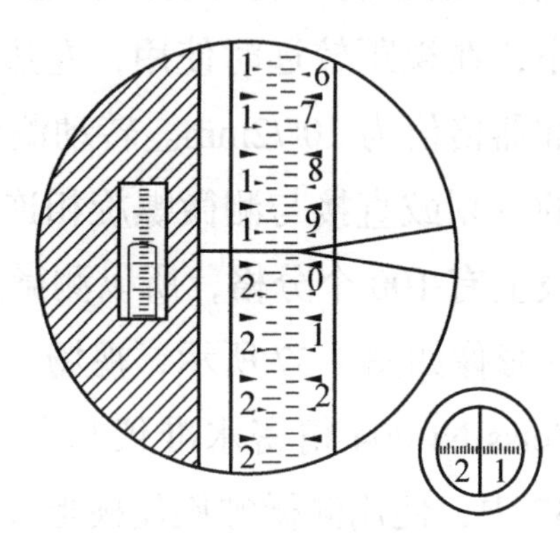

图 2-39　S_1 型精密水准仪读数视场

5. 徕卡公司 NA2 高精度自动安平水准仪

NA2 高精度自动安平水准仪的外形如图 2-40 所示，往返测中误差为 ±0.7mm/km，如配合 GPM3 平板测微器使用，中误差可达到 ±0.3mm/km，望远镜物镜的有效孔径为 45mm，放大倍率为 32 倍（标准目镜），如选用 FOK73 目镜，放大倍率可增至 40 倍，圆水准器气泡灵敏度为 8′/2mm。NA2 高精度自动安平水准仪利用其读数视窗中的楔形十字丝（图 2-40），配合平板测微器和铟瓦尺，可实现高精度水准测量；利用普通水准仪和普通水准尺，可实现普通水准测量；无论是高精度水准测量还是普通水准测量，同样有“上下丝读数之差的 100 倍即为视距”的视距测量功能。调焦螺旋用来调焦物镜，从而清晰采集水准尺上的刻划。粗精调均利用该调焦螺旋完成。NA2 高精度自动安平水准仪望远镜部分的水平转动依靠的是摩擦制动，通过调整水平方向无级微动螺旋，实现 360° 全方位的精确微调。为方便操作者的使用，在 NA2 高精度自动安平水准仪的左右两侧均有水平微动螺旋。

瞄准水准尺后，查看圆水准器气泡是否居中，按补偿器检查键检查补偿器是否处于补偿状态。确保以上无误后，通过十字丝的横丝（中丝）读出水准尺刻划。

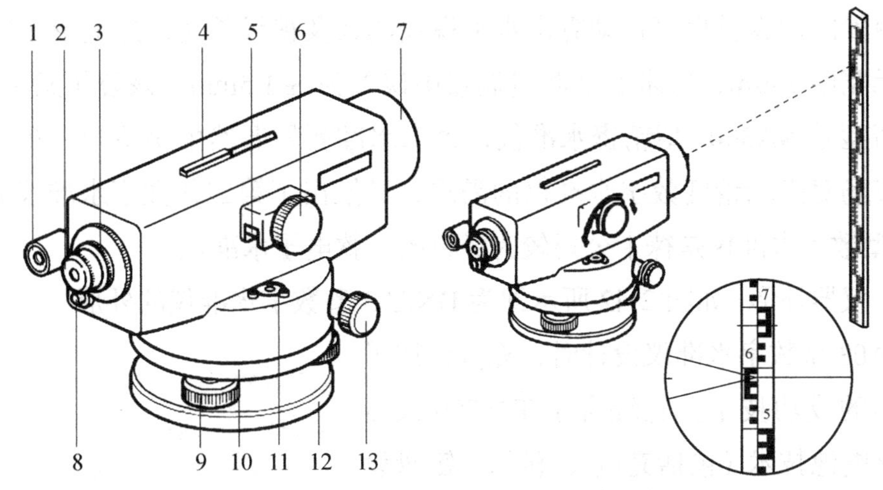

图 2-40　NA2 高精度自动安平水准仪

1—缩尺显微镜目镜（仅 NA2）　2—望远镜目镜　3—卡扣环将孔锁定到位　4—开阔视野　5—圆形水准仪观察棱镜　6—快速 / 精细对焦旋钮　7—物镜　8—补偿器控制按钮　9—脚螺旋　10—圆设置轮缘（仅 NA2）　11—圆水准器　12—基座　13—水平微动螺旋（两侧）

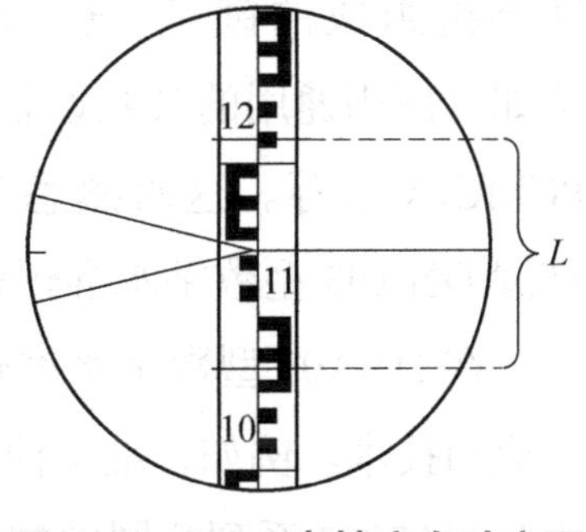

图 2-41　NA2 高精度自动安平水准仪视距测量读数视窗

由于仪器成正像，在水准仪的读数视窗中，水准尺的读数由下至上依次增加。如图 2-41 所示，由楔形十字丝所卡部位，读得水准尺刻划的整厘米数（114cm），然后通过楔形十字丝所卡部位估读水准尺刻划的毫米数（3mm）。图中所示水准尺读数应为 1.143m。使用同样方法也可读出非米制的水准尺。

为得到更高精度的读数，同时检查读数的质量，在对楔形十字丝进行读数的同时，也对上丝和下丝读数（三丝读数法）。上丝和下丝读数得到的数值可以检查中丝读数的准确性。例如：

中丝读数：1.143m

上丝读数 A_1：1.216m

下丝读数 A_2：1.068m

A_1+A_2：2.284m

$\frac{1}{2}(A_1+A_2)$：1.142m

6. 徕卡公司 DNA03 型数字水准仪

徕卡公司于 20 世纪 80 年代末推出了世界上第一台数字水准仪——NA2000 型工程水准仪，采用 CCD 线阵传感器识别水准尺上的条码分划，用影像相关技术，由内置的计算机程序自动算出水平视线读数及视线长度，并记录在数据模块中，像元宽度 25μm，每米水准测量偶然中误差为 ±1.5mm。该公司又于 1991 年推出了新型号 NA3000 型精密水准仪，每米水准测量偶然中误差为 ±0.3mm。为了满足市场对高端精度数字水准仪的需求，又推出了第二代数字水准仪 DNA03，DNA03 型数字水准仪是徕卡公司较为经典的一款电子水准仪。

（1）仪器外形　如图 2-42 所示即为 DNA03 型数字水准仪的外形。

DNA03 型数字水准仪设计时，充分使用了 TPS 系列的成功技术。它综合了 TPS700 仪器的一体化电池技术（包括充电）、显示、键盘设计技术和数据存储、数据格式等成功技术。例如，最显眼的部件是其面板，左面是一个 8 行的大屏幕液晶显示器，右面是由数字、字母及功能键组成的键盘，这与 TPS700 是一致的。又如，使用通用的公共设备电池及其充电设备、PCMCIA 卡等。这对熟悉 TPS700 仪器的用户掌握 DNA03 型数字水准仪是非常有利的。

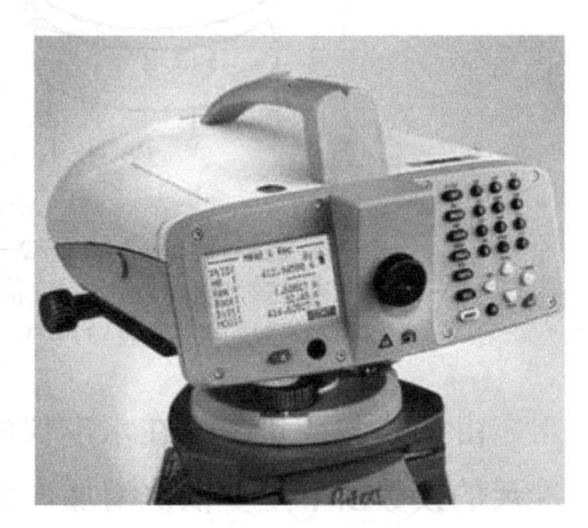

图 2-42　DNA03 型数字水准仪

在 DNA03 型数字水准仪设计中，尤其值得一提的是充分使用了 NA3003 系列的成功技术。例如，继续使用现行条形码，在光学、机械设计及相关处理信号上采用与 NA3003 系列相同的技术，测量方法及数据存储与处理也是相似的。这些对熟悉 NA3003 系列仪器的用户购买和使用 DNA03 型数字水准仪提供了足够的方便。

仪器的左侧有 PC 卡插槽。采用通用 RS232 接口，在仪器的两侧都设置有水平驱动螺旋。

仪器右侧的测量键设置在中部，这样在按测量键的时候可使仪器的晃动减少到最小。

圆水准器气泡也做了较大改进，把气泡支撑台移动到离望远镜筒底更近的地方，这样就确保了其在气温变化时的稳定性。

但 DNA03 型数字水准仪与 NA3003 系列相比，无论是在仪器的硬件方面还是在软件方面都采用了全新的设计方案。

DNA03 型数字水准仪技术依据：

双次水准测量每千米中误差标准差：应用铟瓦水准尺，0.3mm。

视场角：粗相关 2°/50m，精相关 1.1°。

这就是说，为了精确测量，在 1° 的视场角范围内不要有任何遮挡，而 1° 范围以外的遮挡不会影响测量精度。

水准尺量程：0~4.05m。

距离：1.8~110m。

距离测量标准差：5mm。

（2）仪器的内部结构　DNA03 型数字水准仪在仪器内部使用了磁阻补偿器，这样地球大磁体对非磁性的仪器补偿系统就没有任何影响。

在捕获标尺影像和电子数字读数方面，仪器采用了一种对可见光敏感的高性能 CCD 阵列感应器，从而大大提高了在微暗光线下进行测量的作业距离范围和测量灵敏性的稳定度。进入仪器的光线一部分用于光学测量（光路），另一部分用于电子测量（CCD），由于电子测量用到的光谱属可见光范围，因此，在黑暗的条件下进行测量时，白炽灯及卤灯等照明设备均可作为照亮标尺的光源。

当前数字水准仪采用三种不同的自动数字读数方法：

相关法：徕卡公司的 NA2000 型、NA3000 型及 DNA03 型数字水准仪应用这种方法读数。

几何法：蔡司的 DiNi10/20 型数字水准仪应用这种方法读数。

相位法：拓普康 DL-101C/102C 型数字水准仪应用这种方法读数。

（3）键盘　键盘的结构与 TPS700 系列相似，如图 2-43 所示。

定位键和确认键占据主要地位；功能键位于键盘的左侧；程序（MENU）和用户（FNC）键的作用和 TPS700 系列一样；和 TPS700 系列不同之处有：<ESC> 键被单列，便于快速退出；<DATA> 键被单列，便于快速进入数据管理模块。

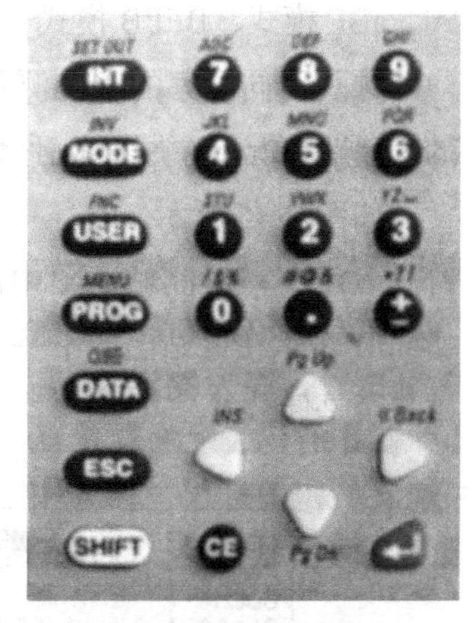

图 2-43　键盘结构

（4）测量模式　DNA03 型和 NA3000 型数字水准仪有同样的测量模式，即单一测量模式、平均测量模式、中间测量模式和预设标准差的平均测量模式。另外还增加了重复单一测量模式，这种测量模式与跟踪测量相比，不同之处是其每一次测量都是一个完整的单一测量。在使用这种测量模式时，用户可以随时发现和研究测量环境的变化趋势，当测量环境稳定即可停止测量，同时把最后一次测量结果存储下来。

单一测量的时间由三部分组成：

1）等待：1s 的等待时间是让补偿器稳定下来。

2）感光：感光时间需持续 0.5s（正常条件）到 1s（较差条件）左右。在这段时间内，仪器可完成 36 次扫描。

3）粗相关和精相关：粗相关和精相关一般需要 1.5s。

单一测量进行一次一般需要 3s，重复测量模式下，在第一次测量以后的每次测量时间会减少 1s，因为不再需要等待补偿器稳定下来。

（5）显示窗　DNA03 型数字水准仪作为第一部使用大屏幕显示的数字水准仪，它的操作面板上有一个每行 24 个字符，一共 8 行的显示窗，其显示方法与 TPS700 系列相同。为了使徕卡系列仪器的操作保持一致性，DNA03 型数字水准仪的作业风格尽量与 TPS700 系列保持一致，但也兼顾水准测量的特性。显示窗如图 2-44 所示。所有的相关信息如测量次数、标尺实际读数、单一测量的标准差和平均测量的标准差以及重复测量的离散值等都显示在该显示窗。

（6）机载应用软件

1）测量的记录程序。和 TPS 仪器一样，DNA03 型数字水准仪也配有测量的记录程序。开机以后，仪器立刻进入后视测量或简单测量中对标尺重复读数状态。由于仪器的显示屏足够显示所有必需的测量信息，因此不再需要翻屏显示其他信息。

2）线路测量模式程序。DNA03 型数字水准仪有四种线路测量模式，即 BF 模式、aBF 模式、BFFB 模式、aBFFB 模式。

顾及不同国家的水准测量规范，在大多数情况下这些测量模式都是自动进行的。一般情况下，用户几乎不需要按任何键，系统会自动更新显示测量结果。

如图 2-45 所示，在第一行用符号（如 BF）表示线路测量模式，同时还用该符号表示了一对测站。图中箭头指向第二个 BF 表示当前的测站是偶数站，箭头指向 B 表示在该站上的下一个观测方向。测站指示的好处是自动显示测段的最后站是否是偶数站。

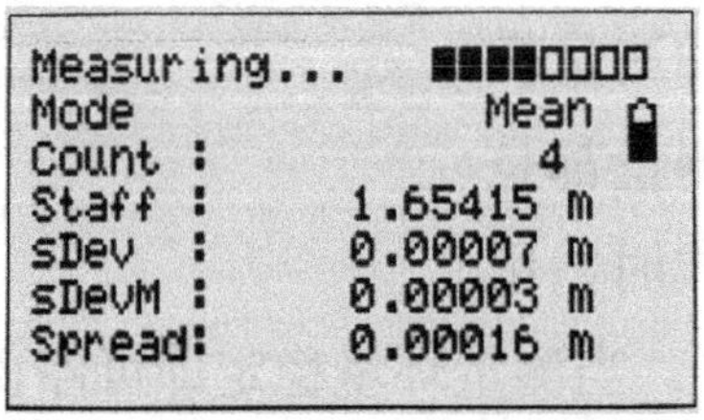

Measuring...
Mode Mean
Count : 4
Staff : 1.65415 m
sDev : 0.00007 m
sDevM : 0.00003 m
Spread: 0.00016 m

图 2-44　DNA03 型数字水准仪的显示窗

LINE LEV
BF BF
PtID: 14
Rem : ------
DBal: -2.89 m
DTot: 439.25 m
<QUIT>
<LAST>

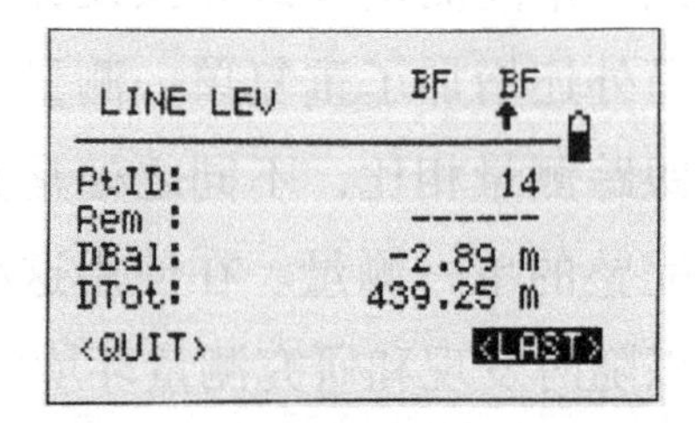

图 2-45　线路测量模式显示窗

距离差值表示前后距离差的累计值。

3）编码选择程序。DNA03 型数字水准仪提供了三种编码存储方式。第一种是自由码方式，这种方式可在测量前也可在测量后存储编码；第二种是简码（快速编码），这种编码可于测量前或测量后存储，但一般是和测量工作同时进行的，每完成一次测量，用户必须在键盘上输入一个两位的数；第三种是在开始测量之前，在注记栏存储一个点码作为标识。

（7）数据存储　和 TPS700 系列一样，测量数据会自动以二进制的格式存储在仪器的内存中，内存的存储量大约是 6000 次测量成果或 1650 站的测量成果（后一前测量模式）。DNA03 型数字水准仪可存储的信息包括工作、线路、测量模式、校正、开始点、测量结果、目标点、测站结果等。一个测量数据块由 16 种以上的数据组成，这其中包括精相关的相关程度，从而为测量质量提供提示。

仪器可以将数据转换成多种格式，其中将 XML、GSI-8 和 GSI-16 作为标准格式。另外还允许输入三种用户自定义格式。用户自定义格式对于输出数据有较大的灵活性，即使像外业记录簿的格式也能直接从仪器产生。

存储在仪器内存中的测量数据还可以拷贝到 PC 卡中。当把数据拷贝到 PC 卡中时，用户可根据需要将二进制格式转换成可读的 XML 或 ASCII 格式。测量数据不能直接存储到 PC 卡中。把测量数据拷贝到 PC 卡的好处是便于将测量成果保存到个人存储设备中或将测量成果发送到数据处理中心。

若不用测量存储卡，用户可以借助徕卡测量办公软件通过 RS-232 标准串行口将数据直接传输到 PC 中，传输时用户同样可以选择存储格式。当把 PC 卡插入仪器时，用户可通过徕卡测量办公软件把数据文件从仪器内存下载到 PC 卡，同时还可以将数据文件从 PC 卡拷贝到仪器内存中。

利用 PC 卡还可以存储控制点和放样点的坐标以及编码表，需要时可将这些文件内的数据传输给仪器。仪器还可以同时使用 Flash 和 SRAM 存储设备，其容量不超过 32M。

（8）数据传输　LevelPak-Pro 是数据处理软件，其功能包括输入、处理、报告和输出等。LevelPak-Pro 能用 XML 格式从 DNA03 型数字水准仪输入数据，还支持徕卡公司的上一代数字水准仪所使用的 GSI 数据格式，这些数据输入后都被存放在功能强大的数据库中。一旦入库，用户就可以自由查看、编辑观测数据和查看工作详细资料，按相应键系统就会按距离或测站对水准线路进行平差处理。

在处理结果的基础上，用户可以利用 LevelPak-Pro 软件生成和输出结果报告，生成的报告可以是水准路线的，也可以是关于水准点的。系统产生的汇总报告包括所有处理参数和高程成果。用 PC 卡可以将处理结果传输给 DNA03 型数字水准仪，以便使用。

总之，徕卡 DNA03 型数字水准仪开创了水准测量的新纪元，尤其表现在测量过程方面。独一无二的大屏幕显示和机载处理功能都使用户使用起来非常方便，仪器提供的多种数据格式为生成不同的数据结构奠定了基础，LevelPak-Pro 保证了野外测量数据到高程结果的快速和便捷传输。

7. 徕卡公司 LS15 数字水准仪

LS15 数字水准仪是用于测量、计算和采集数据的仪器，适合单高程测量、线路测量作业、点高程或放样高程平差等测量任务，并配备了一套标准应用程序来完成这些任务，所有标准应用程序已在仪器上安装。标准应用程序包括测量、线路测量、线路平差、碎部测量、放样和其他工具。仪器可以通过数据传输电缆、USB 存储卡、USB 电缆或蓝牙进行仪器和计算机之间的数据传输。

（1）仪器外形　如图 2-46 所示为 LS15 数字水准仪的外形。

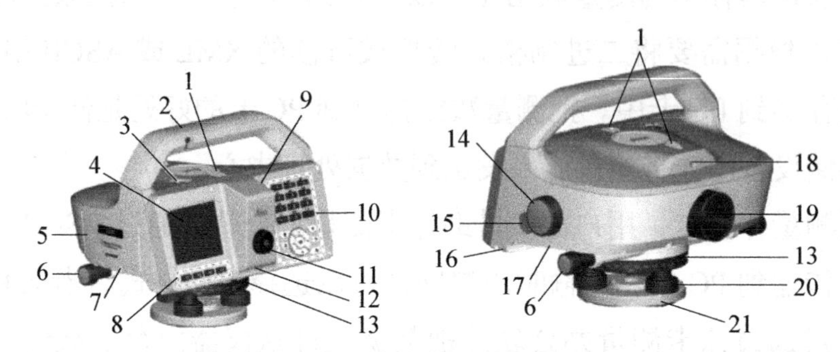

图 2-46　LS15 数字水准仪

1—粗瞄器　2—集成棱镜手柄（用以查看圆水准器）　3—圆水准器　4—触摸屏
5—电池仓，含 U 盘和 Mini USB 接口　6—水平微动螺旋　7—电池仓开仓按钮
8—功能键　9—开关键　10—键盘　11—目镜　12—十字丝调整螺钉保护盖
13—水平度盘　14—对焦螺旋　15—触发键　16—触摸屏输入笔
17—带外部供电的 RS 232 接口 /USB 接口（仅限 LS15）
18—广角相机（仅限 LS15）　19—物镜　20—脚螺旋　21—基座

LS15 数字水准仪部分技术参数：

每千米往返标准差：应用铟瓦尺，0.2mm；应用标准尺，1.0mm。

放大倍率：32 倍。

物镜直径：36mm。

视场角：2°。

到标尺最小距离：0.6m。

乘常数：100。

（2）键盘　LS15 数字水准仪共 28 个键位，包括 4 个功能键和 12 个字母数字键，键盘的结构如图 2-47 所示。

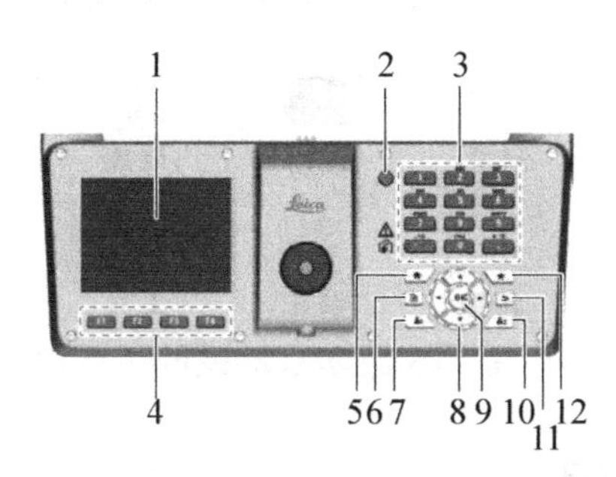

图 2-47　LS15 数字水准仪键盘

1—触摸屏　2—开关键　3—字母数字键区　4—功能键 F1~F4
5—主页键　6—翻页键　7—用户自定义键 1　8—导航键　9—确认键
10—用户自定义键 2　11—<ESC> 键　12—快捷键

按键功能见表 2-2。

表 2-2　LS15 数字水准仪键盘按键功能表

按　键	描　述
	开关键：可以打开或关闭仪器，或将其设置为待机模式
JKL 5	字母数字键盘：用于输入文本和数值
	主页键：回到主菜单
	翻页键：当有多页可用时显示下一屏
	快捷键：快速进入测量辅助功能
	<ESC> 键（常规）：不做任何更改地退出当前屏或编辑模式，回到高一级的目录 <ESC> 键（适用于所有水准测量程序）：确认该操作后，<ESC> 键将删除最后一个观测，并允许重复操作
	用户自定义键 1：可配置功能菜单中的某一功能
	用户自定义键 2：可配置功能菜单中的某一功能
	导航键：控制屏幕内的焦点栏和字段中的条目栏
OK	确认键：按键确定输入，然后到下一个环节
	触发键：触发测量。允许望远镜自动调焦的功能程序（仅 LS15），测量数据高程和距离的读取和存储
F1 F2 F3 F4	功能键：被分配到位于屏幕下方的各种功能

（3）主菜单　主菜单是访问仪器所有功能的开始界面，LS15 数字水准仪的主菜单界面如图 2-48 所示。

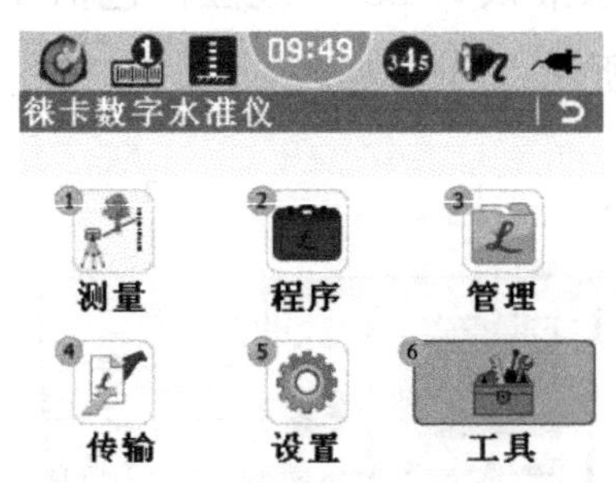

图 2-48　LS15 数字水准仪的主菜单界面

主菜单功能描述见表 2-3。

表 2-3　LS15 数字水准仪主菜单功能表

功　能	描　述
测量	测量（快速整平）：线整平程序马上开始。每次使用测量时，一条新的线将起始，并将在退出这个应用时结束 无法校正用测量应用测量出的线
程序	选择启动程序基础水准、线路测量和线路平差
管理	文件存储在 USB 存储卡中，也可以在内存中管理作业、数据、编码和格式
传输	输出和输入数据
设置	改变一般设置或区域设置，选择通信参数。改变常规仪器设置，如测量模式和接口设置
工具	进入与仪器相关的工具，如检查和调校、自定义启动设置、PIN 码设置、许可码和系统信息

（4）测量模式　LS15 数字水准仪的测量模式包括单次测量、平均测量、平均距离（S）测量、中值测量、跟踪测量，其中平均 S 测量模式即输入最小的测量成果数和最大的测量成果数（n=2，…，99）以及一个最大标准差，从最小的测量成果数开始，仪器检查测量标准偏差与输入的最大标准偏差，若该偏差小于或等于最大标准偏差，仪器停止测量；若该偏差大于最大标准偏差，仪器继续测量直到达到最大测量成果数，每一步仪器都会检查最大标准偏差是否可以通过消除异常值达到。值得注意的是，在使用这种测量模式时，$n_{最小值}=n_{最大值}$时，测量成果不会通过粗差检测剔除。

（5）应用程序

① 基础水准程序。基础水准程序允许在不存储数据的情况下进行无限数量的单一或多功能测量。该程序用于常规水准测量居多。

② 线路测量程序。线路测量程序允许在执行线路测量任务前制定详细并编制好，在线路测量程序中测量的线路可以在之后的整体线路平差程序中平差。

LS15 数字水准仪有九种线路测量模式，即 BF 模式、BFFB 模式、BBFF 模式、BFBF 模式、aBF 模式、aBFFB 模式、aFBBF 模式、SimBF 模式、SimBFFB 模式。其中 SimBF 模式为水准测量方案允许同时测量两条具有相同起点和终点的线路，后视和前视已自动根据 BF（线路 1）BF（线路 2）BF（线路 1）BF（线路 2）方法测量。SimBFFB 模式为水准测量双转点测量模式，为水准测量方案允许同时测量两条具有相同起点和终点的线路；后视和前视已自动根据 BFFB（线路 1）BFFB（线路 2）BFFB（线路 1）BFFB（线路 2）方法测量，如图 2-49 所示。

③ 线路平差程序。线路平差程序允许对通过线路测量应用测量出的单一水准线路进行平差，如图 2-50 所示。程序计算测量总高差和由两个已知点计算的高差值的闭合差。基于闭合差和选定的分配方法，程序计算和存储平差线路中所有点的高度，如图 2-51 所示。

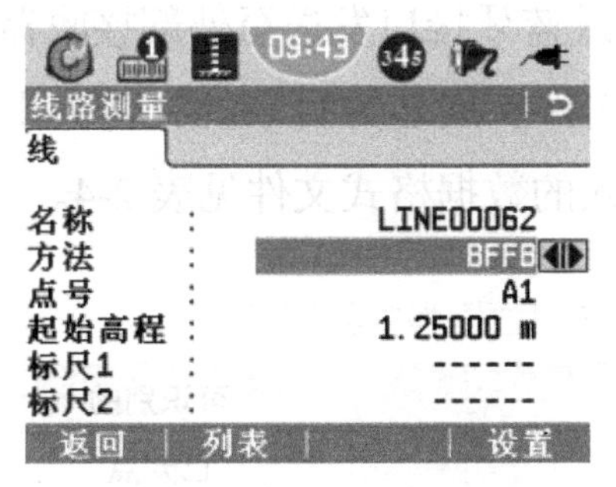

图 2-49 LS15 数字水准仪的线路测量模式选择界面

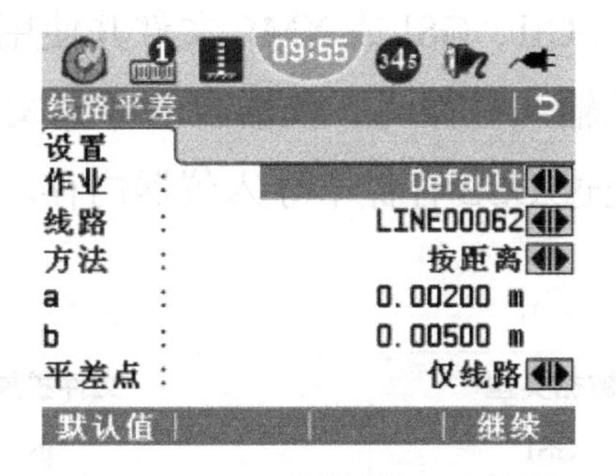

图 2-50 LS15 数字水准仪的线路平差界面

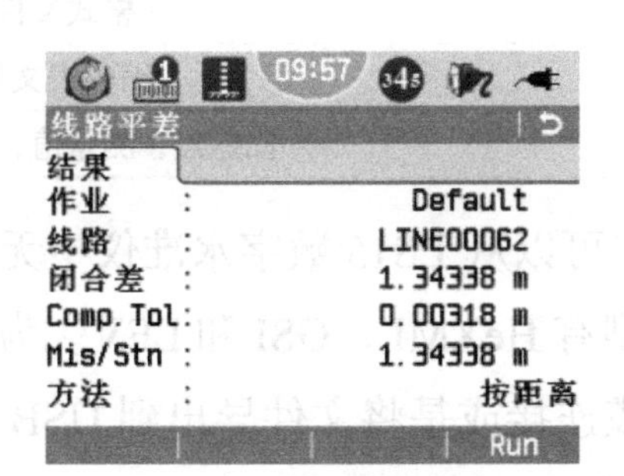

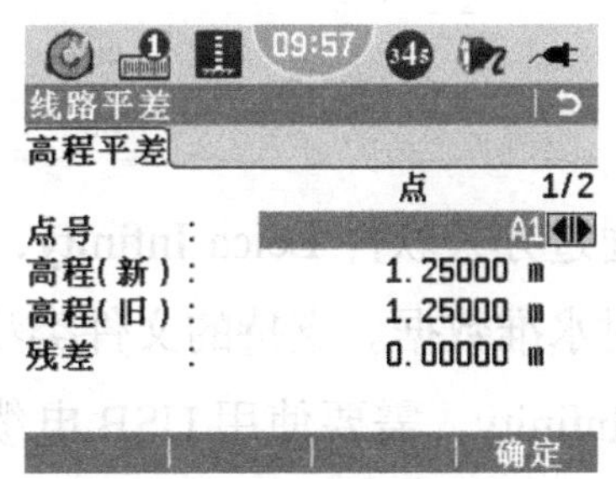

图 2-51 LS15 数字水准仪的线路平差结果界面

（6）数据管理　从主菜单中选择“管理”，管理菜单中包括了外业已知点的输入、测量数据编辑、格式以及删除数据等功能，如图 2-52 所示。

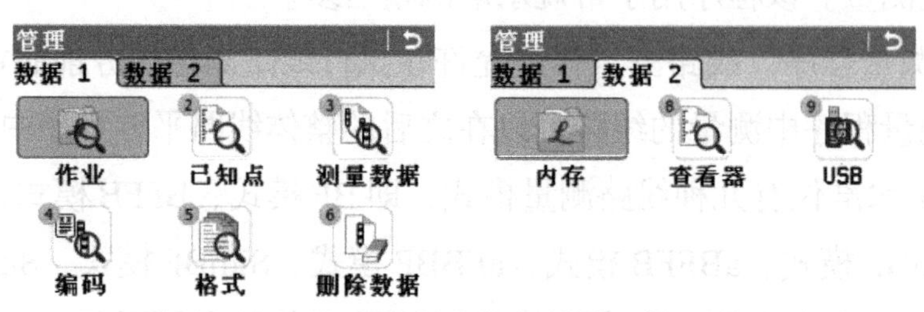

图 2-52　LS15 数字水准仪的管理菜单界面

作业数据、格式文件、配置集以及编码表可以从仪器内存中输出。数据可被导入至以下位置（图 2-53）：

1）内存选定的数据库内容转换成可读的 ASCII、GSI 或 XML 文件并存储在仪器的内存中。

2）USB 存储卡选定的数据库内容转换成可读的 ASCII、GSI 或 XML 文件并存储在插入 USB 接口的 USB 存储卡中。

3）RS232 或蓝牙接口选定的数据库内容转换成可读的 ASCII、GSI 或 XML 文件并使用 RS232 或蓝牙接口发送至外部接收器。

数据输出
选择
至 : USB
数据类型 : 测量结果
作业 : 单个作业
选择作业 : BRIDGE WEST
返回 | 继续

图 2-53　LS15 数字水准仪的数据输出界面

当输入数据时，仪器自动存储文件到以文件扩展名为目录的文件夹下，文件可以通过 USB 存储卡导入仪器内存。可以输入的数据格式文件见表 2-4。

表 2-4　LS15 数字水准仪可识别的数据格式类型表

数据类型	文件扩展名	可识别的
GSI	.gsi	已知点
HexXML	.XML	已知点
ASCII	任意的 ASCII 文件扩展名，如 .txt	已知点
格式化	.frt	格式文件
编码表	.cls	编码表文件
备份	.db	固定点，测量值，配置备份

另外，通过办公软件 Leica Infinity，可以从 LS15 数字水准仪中无缝导入，管理和发布实时水准数据。支持的文件类型有 HeXML、GSI 和 LEV。为了将水准仪数据传输给 Infinity，需要使用 USB 电缆连接或是将文件导出到 USB 存储卡。在 Leica Infinity 中，水准仪的数据能与全站仪和 GPS 数据集一起进行组合和平差。

任务三　学习水准测量的测量方法

想一想：

1. 如果地面上现有 A、B 两点，已知 A 点高程 H_A，欲测定 B 点高程 H_B，需要用什么方法？其原理又是什么？

2. 在熟练掌握水准仪使用方法的前提下，如何按需要通过仪器来完成水准测量任务？

知识回忆：

1. 水准点。
2. 水准路线。
3. 水准仪的组成。
4. 水准仪的使用。

一、　学习水准测量外业施测

在掌握水准测量原理的基础上，需要完成一个完整的水准测量任务。水准测量是按一定的路线来组织进行的，这就要求不仅要熟练使用仪器，而且要将有关测量数据进行计算和整理，完成所要求的任务。

当由一个水准点测至另一个水准点，且两点间距离较远或高差较大时，就需要连续多次安置仪器以测出两点间的高差。如图 2-54 所示，水准点 A 的高程为 27.354m，现拟测量水准点 B 的高程，其观测步骤如下：

1）在离 A 点恰当的距离处选定转点 1，简写为 ZD_1，ZD_1 处放置尺垫，在 A、ZD_1 两点上分别竖立水准尺。在距 A 点和 ZD_1 点大致等距离处安置水准仪。仪器粗平后，后视 A 点上的水准尺（相对于水准路线前进方向，观测 A 点为后视，ZD_1 点为前视）精平后读数得 1.467m，记入表 2-5 观测点 A 的后视读数栏内。旋转望远镜照准 ZD_1 点的水准尺，同法读数取 1.124m，记入 ZD_1 点的前视读数栏内。后视读数减去前视读数得到高差为 0.343m，记入高差栏内。此为一个测站上的工作。

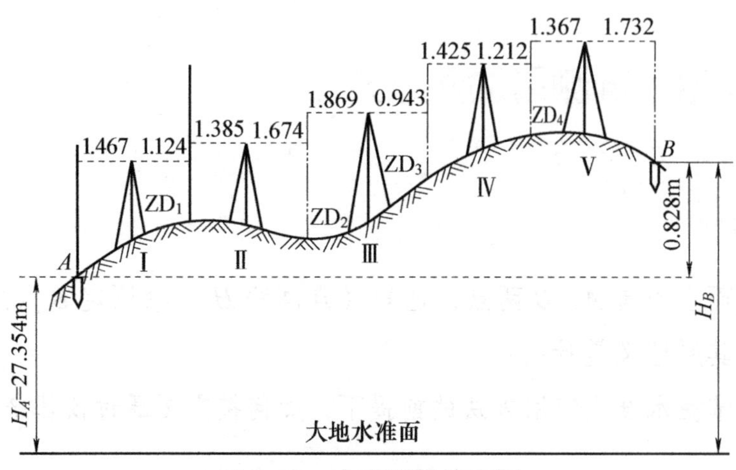

图 2-54　水准测量的实例

表 2-5　水准测量手簿

日期　　　　　　　　仪器　　　　　　　　规则
天气　　　　　　　　地点　　　　　　　　记录

测点	水准尺读数 /m		高差 /m		高程 /m	备注
	后视（a）	前视（b）	+	−		
A	1.467				27.354	
			0.343			
ZD_1	1.385	1.124				
				0.289		
ZD_2	1.869	1.674				
			0.926			
ZD_3	1.425	0.943				
			0.213			
ZD_4	1.367	1.212				
				0.365		
B		1.732			28.182	
计算检核	7.513	6.685	1.482	0.654		
	$\sum a-\sum b=0.828$		$\sum h=0.828$			

2）ZD_1 点上的水准尺不动，将 A 点上的水准尺移动到选定的 ZD_2 点上，ZD_2 点上放置尺垫，仪器安置在 ZD_1 点和 ZD_2 点之间，同法进行观测和计算，依次测到 B 点。上述过程中，水准点 A、B 不要放置尺垫，而转点均需放置尺垫，若转点选在地面稳固的有明显标记处，也可不放尺垫。

显然，每次安置仪器，便可测得一个高差，即

$$\begin{cases} h_1=a_1-b_1 \\ h_2=a_2-b_2 \\ \vdots \\ h_5=a_5-b_5 \end{cases} \tag{2-6}$$

将各式相加，得

$$\sum h=\sum a-\sum b \tag{2-7}$$

则 B 点的高程为

$$H_B=H_A+\sum h \tag{2-8}$$

由上述可知，在观测过程中，ZD_1，ZD_2，…，ZD_4 仅起传递高程的作用，它们无固定标志，无须计算高程；但从上述过程也可以发现，如果转点在未完成观测之前位置发生变化，将会直接影响到 B 点的高程，因此，要求转点选择在坚实的地面上，或将尺垫踩实，并注意不能碰动尺垫。

二、了解水准测量的检核方法

1. 测站检核

（1）变仪高法　在同一测站上改变仪器的高度，观测两次，所测得的两个高差互相比较，进行校核。两次仪器高度变化应大于 10cm，如两次所测高差之差不超过容许值（如等外水准测量容许值 ±6mm），则认为观测合格，并取两次高差平均数作为此测站观测高差。超过容许值应进行重测。

（2）双面尺法　在同一测站保持仪器高度不变，分别两次瞄准水准尺的黑面和红面进行读数，观测两次，所得高差相互比较，进行校核。这样对每个测点既读黑面又读红面，黑面读数（加常数 K 后）与红面读数之差以及两次所得高差之差不超过容许值（如四等水准容许值分别为 ±3mm 和 ±5mm），则取高差平均值作为该测站观测高差。超过容许值应进行重测。

2. 计算校核

由式（2-7）可知，A、B 两点间的高差等于后视读数之和减去前视读数之和，此式可作为高差计算的检核，即

$$\sum h = 0.828\text{m}$$

则

$$\sum a-\sum b=7.513\text{m}-6.685\text{m} = 0.828\text{m}$$

$$\sum h = \sum a-\sum b = 0.828\text{m}$$

表明高差计算的过程正确。计算检核只能检核计算是否正确，并不能检核观测和记录时是否发生错误。

3. 路线检核

在介绍水准路线时，提到闭合水准路线、附合水准路线各段的高差之和及支水准路线往返测两次高差均应满足一定条件，这些条件可以用来检核水准测量成果是否满足要求。

（1）附合水准路线高差闭合差　如图 2-55 所示附合水准测量，*A*、*B* 为两个水准点。*A* 点高程为 H_A，*B* 点高程为 H_B。

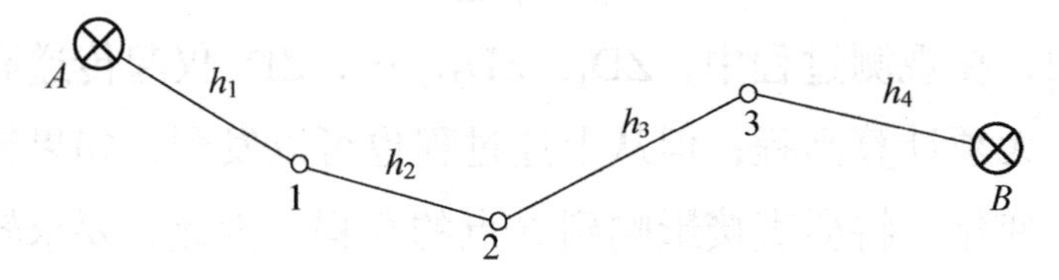

图 2-55　附合水准路线测量简图

理论上，附合水准路线各段高差的代数和应等于终点与起点的高程之差，即

$$\sum h_{理}=H_B-H_A \tag{2-9}$$

由于观测过程中不可避免地存在着测量误差，使得式（2-9）并不成立。等号两端差值即为高差闭合差，以符号 f_h 表示，即

$$f_h=\sum h_{测}-(H_B-H_A) \tag{2-10}$$

高差闭合差可用于衡量测量成果的精度，若高差闭合差不超过容许值，说明观测成果符合要求，否则须重测。不同等级水准测量有不同的高差闭合差容许值，如图根水准测量的高差闭合差规定为

$$\begin{cases} 平地：f_{h容}=\pm 40\sqrt{L}\ \text{mm} \\ 山地：f_{h容}=\pm 12\sqrt{n}\ \text{mm} \end{cases} \tag{2-11}$$

式中　*L*——水准路线长度（km）；

n——测站数。

（2）闭合水准路线高差闭合差　理论上，闭合水准路线各段高差的代数和应等于零，即

$$\sum h=0 \tag{2-12}$$

由于观测过程中不可避免地存在着测量误差，必然产生高差闭合差，即

$$f_h=\sum h_{测} \tag{2-13}$$

若高差闭合差不超过容许值，则认为观测成果符合要求，否则须重测。

（3）支水准路线高差闭合差　为了检核成果，支水准路线一般采用往返观测，往返高差的代数和理论值应为零，其高差闭合差为

$$f_h=\sum h_{往}+\sum h_{返} \tag{2-14}$$

若高差闭合差不超过容许值，则认为观测成果符合要求，否则须重测。

4. 水准测量的成果整理

通过对外业原始记录、测站检核和高差计算数据的严格检查，并经水准路线的检核，外业测量成果已满足有关规范要求，但高差闭合差 f_h 仍然存在。计算各待测点高程时，首先必须按一定的原则，把高差闭合差分配到各实测高差中，确保经改正后的高差严格满足路线检核条件，最后才能用各段改正后的高差值来计算待求点的高程。上述工作即水准测量的内业。

（1）附合水准路线内业　如图 2-56 所示的附合水准路线观测成果，A、B 为两个已知水准点，其高程分别为 56.345m、59.039m。各测段的高差分别为 h_1、h_2、h_3、h_4。首先将该次测量的成果填入表 2-6，然后按以下步骤完成内业工作。

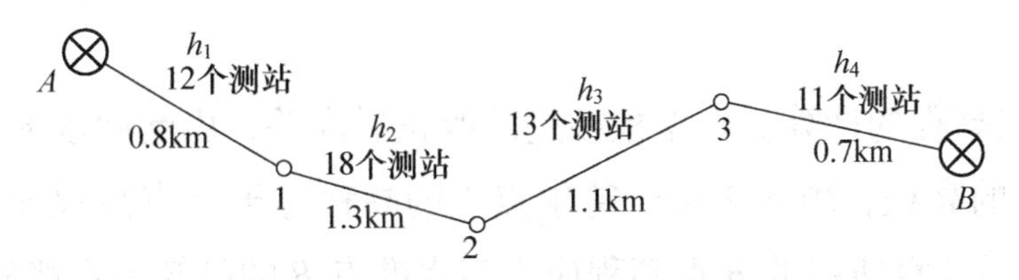

图 2-56　附合水准路线观测成果

表 2-6　水准测量成果计算表

测段编号	点名	距离 /km	测站数	实测高差 /m	改正数 /m	改正后高差 /m	高程 /m	备注
1	2	3	4	5	6	7	8	9
	A						56.345	
1		0.8	12	2.785	−0.010	2.775		
	1						59.120	
2		1.3	18	−4.369	−0.016	−4.385		
	2						54.735	
3		1.1	13	1.980	−0.011	1.969		
	3						56.704	
4		0.7	11	2.345	−0.010	2.335		
	B						59.039	
$\sum$		3.9	54	2.741	−0.047	2.694		
辅助计算	f_h= 47mm		n= 54	$-f_h/n$= −0.87mm		$f_{h容}=\pm12\sqrt{54}$ mm= ±88mm		

1）高差闭合差的计算，即

$$f_h=\sum h_{测}-(H_B-H_A)=2.741\text{m}-(59.039-56.345)\text{m}=0.047\text{m}=47\text{mm}$$

假设此次测量为山地，则容许值为

$$f_{h容}=\pm 12\sqrt{n}=\pm 12\sqrt{54}\ \text{mm}=\pm 88\text{mm}$$

$|f_h|<|f_{h容}|$，故认为观测成果可用。

2）高差闭合差调整。在同一水准路线上，可以认为每一测站的观测条件相同，即各站产生误差的机会相同，所以高差闭合差的调整可以按照与测站数（或测段距离）成正比、反符号来分配。在本例中，总测站数为54，则每一测站改正数为

$$-\frac{f_h}{\sum n_i}=-\frac{47}{54}\ \text{mm}=-0.87\text{mm}$$

因此，各测段的改正数为

$$v_i=-\frac{f_h}{\sum n_i}n_i$$

将计算结果填入表2-6的改正数一栏。一般工程水准测量中改正数保留到毫米即可，但改正数总和的绝对值相等，符号相反。如果改正数之和由于“四舍五入”而与高差闭合差绝对值大小不相等，则可将所差的几个毫米适当调整，分配到各个测段的高差中。各测段的实测高差加上各测段的改正数，得到改正后的高差。

3）待定点高程的计算。根据检核过的改正后高差，由起始水准点 A 开始，逐点推算待求点的高程，填入表格。待求点1的高程等于 A 点高程加上改正后的测段1高差。最后计算所得的 B 点高程应当与水准点 B 的已知高程严格相等，否则，高程计算有误。

（2）闭合水准路线内业　闭合水准路线的高差闭合差计算公式为

$$f_h=\sum h_{测}$$

其内业计算与附合水准路线相同。

（3）支水准路线内业　支水准路线一般采用往返观测，其高差闭合差为

$$f_h=\sum h_{往测}+\sum h_{返测}$$

当高差闭合差不超过容许值时，按公式直接计算改正后高差，即

$$h=(h_{往}-h_{返})/2$$

5. 水准测量的等级及主要技术要求

在工程上常用的水准测量有三、四等水准测量和等外水准测量。

（1）三、四等水准测量　三、四等水准测量常作为小地区测绘大比例尺地形图和施工测量的高程基本控制。

（2）等外水准测量　等外水准测量又称为图根水准测量或普通水准测量，主要用于测定图根点的高程及用于工程水准测量。

任务四　学习水准仪的检验与校正

想一想：

1. 为什么有时使用水准仪进行水准测量，高差闭合差会不符合要求？
2. 水准仪构造上如果出现问题应怎样进行检验与校正？

知识回忆：

1. 水准测量的原理。
2. 水准测量的观测方法。
3. 水准测量的成果整理。

一、了解水准仪应满足的几何条件

水准仪在使用较长时间之后，应对其进行定期的检验与校正。进行一般性检查，包括望远镜的成像是否清晰，制动螺旋、微动螺旋、微倾螺旋和对光螺旋是否有效，脚螺旋是否灵活，脚架固定螺旋是否可靠，架头是否松动，气泡的运动是否正常。如发现有故障，应及时修理。

如图 2-57 所示，水准仪有四条轴线，各轴线间应满足其彼此平行、垂直的几何条件，其中主要条件是水准管轴应平行于视准轴。当此条件满足时，只要水准管气泡居中，则视准轴就处于水平位置。

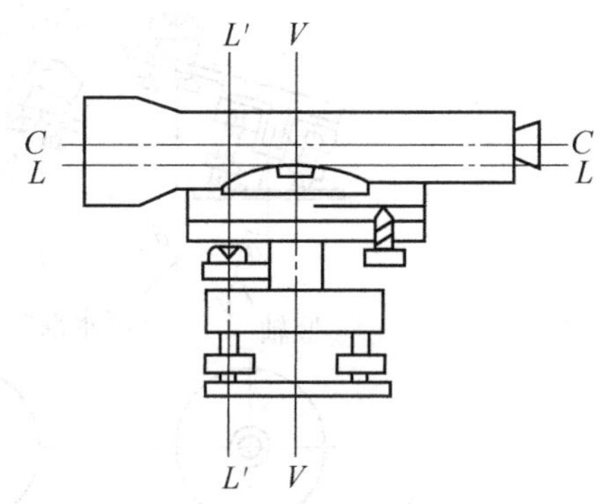

图 2-57　水准仪几何轴线

此外，为了保证作业的准确性，水准仪还应满足以下两个条件：

1）圆水准器轴应平行于仪器竖轴。当此条件满足，圆水准器气泡居中时，仪器竖轴即处于竖直位置。这样，仪器转动至任何方向，管水准器的气泡都不至于偏离太多，调节气泡居中就较为方便。

2）十字丝的横丝应垂直于仪器竖轴。当此条件满足时，仪器竖轴竖直，则十字丝横丝处于水平位置。在水准尺上读数时可以不必用十字丝交点，而用交点附近的横丝。

二、学习水准仪的检验与校正

1. 圆水准器轴应平行于仪器竖轴

（1）检验原理　仪器竖轴与圆水准器轴为两条空间直线，它们一般并不相交。假设仪器竖轴与圆水准器轴不平行，它们之间有一交角 α，那么当圆水准器气泡居中时，圆水准器轴竖直，竖轴则偏离竖直位置产生 α 角，如图 2-58a 所示。将仪器旋转 180°（图 2-58b），由于以前是以竖轴为旋转轴旋转的，此时仪器的竖轴位置不变动，而圆水准器轴则从竖轴的右侧转到竖轴左侧，与铅垂线的交角为 2α。圆水准器气泡偏离中心位置，气泡偏离的弧长所对的圆心角即等于 2α。

（2）检验方法　旋转脚螺旋使圆水准器气泡居中，然后将仪器绕竖轴旋转 180°，如果气泡仍居中，则表示该几何条件满足；如果气泡偏出分划圈，则需要校正。

（3）校正方法　校正时，先调整脚螺旋，使气泡向零点方向移动偏离值的一半，此时竖轴处于竖直位置，如图 2-58c 所示。然后，稍旋松圆水准器底部的固定螺钉，用校正针拨动三个校正螺钉，使气泡居中，这时圆水准器轴平行于仪器竖轴且处于竖直位置，如图 2-58d 所示。圆水准器校正螺钉如图 2-59 所示。此项

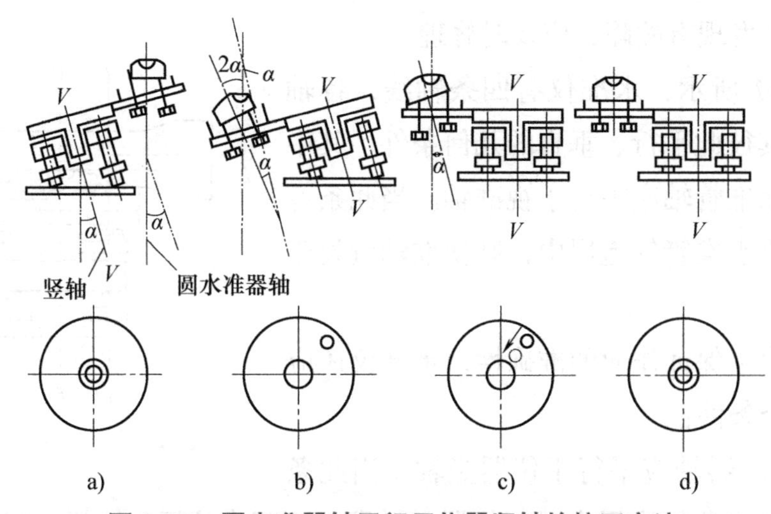

图 2-58　圆水准器轴平行于仪器竖轴的校正方法

校正，需反复进行，直至仪器旋转到任何位置时，圆水准器气泡皆居中为止，最后旋紧固定螺钉。

2. 十字丝横丝垂直于仪器竖轴的检验与校正

（1）检验原理　如果十字丝横丝不垂直仪器竖轴，当竖轴处于竖直位置时，十字丝横丝是不水平的，横丝的不同部位在水准尺上的读数不相同。

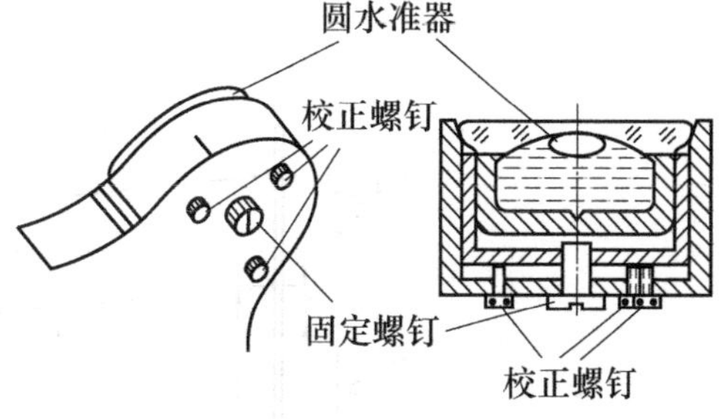

图 2-59　圆水准器校正螺钉

（2）检验方法　安置水准仪，使圆水准器的气泡严格居中后，先用十字丝交点瞄准某一明显的点状目标 P（图 2-60a），然后旋紧制动螺旋，转动微动螺旋，如果目标点 P 不离开横丝（图 2-60b），则表示十字丝横丝垂直于仪器竖轴；如果目标点 P 离开横丝（图 2-60c、d），则需要校正。

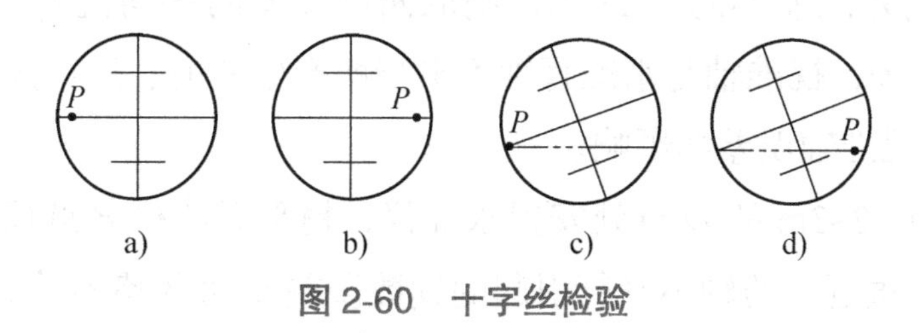

图 2-60　十字丝检验

（3）校正方法　旋下靠目镜处十字丝分划板护罩（图 2-61a），用螺钉旋具松开十字丝压环的四个固定螺钉（图 2-61b），按横丝倾斜的反方向转动十字丝压环，使横丝与目标点 P 重合，再将固定螺钉拧紧。此项校正也需反复进行。

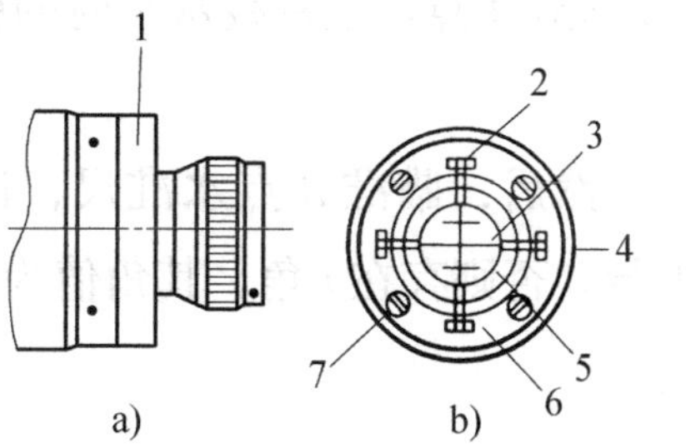

图 2-61　十字丝校正

1—十字丝分划板护罩　2—十字丝校正螺钉　3—十字丝分划板　4—望远镜　5—分划板座　6—压环　7—固定螺钉

3. 水准管轴平行于视准轴的检验与校正（自动安平水准仪不用检验）

（1）检验原理　当水准管轴与视准轴不平行时，它们在竖直面上投影的夹角称为 i 角。i 角的检验方法很多，但基本原理都是一致的，即将仪器安置在不同的点上以测定两固定点间的两次高差来确定 i 角，若两次测得的高差相等，则 i 角为零；若两次高差不相等，则需计算 i 角，如 i 角超限，则应进行校正。

（2）检验方法　如图 2-62 所示，在较平坦的地面上选择相距约 80m 的 A、B

两点，打下木桩或放置尺垫。用皮尺丈量，定出 A 点、B 点的中间点 C。

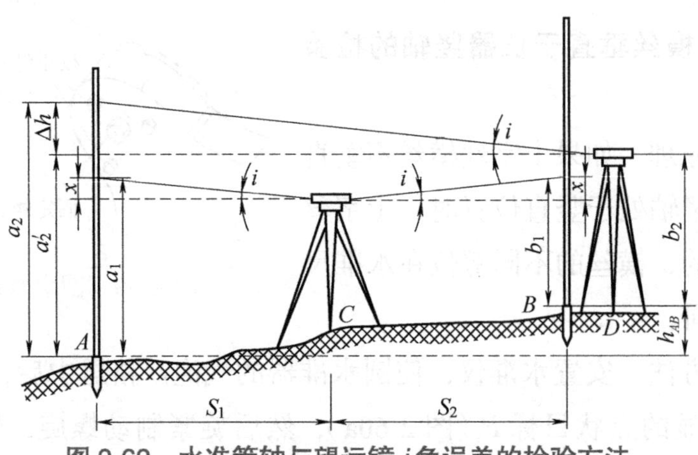

图 2-62　水准管轴与望远镜 i 角误差的检验方法

1）在 C 点处安置水准仪，采用变仪高法，连续两次测出 A、B 两点的高差，若两次测定的高差之差不超过 3mm，则取两次高差的平均值 h_{AB} 作为最后结果。由于前后视距相等，视准轴与水准管轴不平行所产生的前、后视读数误差 x_1 相等，故高差 h_{AB} 不受视准轴误差的影响。

2）在离 B 点 2~3m 的 D 点处安置水准仪，精平后读得 B 点尺上的读数为 b_2，因水准仪离 B 点很近，两轴不平行引起的读数误差 x_2 可忽略不计。根据 b_2 和高差 h_{AB} 算出 A 点尺上视线水平时的应读读数 a_2' 为

$$a_2'=b_2+h_{AB}$$

然后，瞄准 A 点水准尺，读出横丝的读数 a_2，如果 a_2' 与 a_2 相等，表示两轴平行。否则存在 i 角，其角值为

$$i=\frac{a_2'-a_2}{D_{AB}}\rho \qquad (2\text{-}15)$$

式中　D_{AB}——A、B 两点间的水平距离（m）；

i——视准轴与水准管轴的交角（″）；

ρ——弧度的秒值，$\rho=206265''$。

对于 DS_3 型水准仪来说，i 角值不得大于 20″，如果超限，则需要校正。

（3）校正方法　转动微倾螺旋，使十字丝的横丝对准 A 点水准尺上应读读数 a_2'，用校正针先拨松水准管一端左、右校正螺钉，再拨动上、下两个校正螺钉，使偏离的气泡重新居中，最后要将校正螺钉旋紧，如图 2-63 所示。此项校正工作需反复进行，直至达到要求为止。

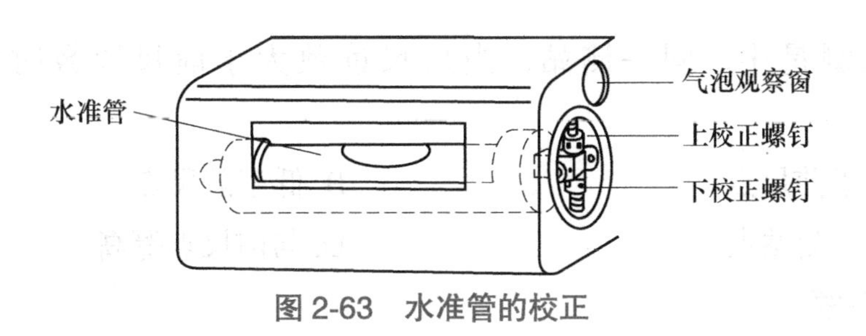

图 2-63　水准管的校正

思考与习题

一、填空题

1. 已知 B 点高程为 241.000m，A、B 点间的高差 h_{AB}=+1.000m，则 A 点高程为______m，h_{BA}=______m。

2. 已知 A 点相对高程为 100m，B 点相对高程为 –200m，则高差 h_{AB}=______m。

3. 在进行水准测量时，对地面上 A 点、B 点、C 点的水准尺读取读数，其值分别为 1.325m、1.005m、1.555m，则高差 h_{AB}=______m，h_{BC}=______m。

4. 水准路线的布设形式有________、________和________。

5. 水准测量测站的检核方式有________和________。

二、选择题

1. 高差闭合差的分配原则为（　　）成正比进行分配。

A. 与测站数　　B. 与高差的大小

C. 与高程大小　　D. 与距离或测站数

2. 在水准测量中设 A 点为后视点，B 点为前视点，并测得后视点读数为 1.124m，前视读数为 1.428m，则 B 点比 A 点（　　）。

A. 高　　B. 低

C. 等高　　D. 无法确定

3. 在 A、B 两点之间进行水准测量，得到满足精度要求的往、返测高差为 h_{AB}=+0.005m、h_{BA}=–0.009m。已知 A 点高程 H_A= 417.462m，则（　　）。（多选）

A. B 点的高程为 417.460m

B. B 点的高程为 417.469m

C. 往、返测高差闭合差为 +0.014m

D. B 点的高程为 417.467m

E. 往、返测高差闭合差为 –0.004m

4. 水准测量中，同一测站，当后尺读数大于前尺读数时说明后尺点(　　)。

A. 高于前尺点　　B. 低于前尺点

C. 高于测站点　　D. 与前尺点等高

三、简答题

1. 绘图说明水准测量的基本原理。

2. 何谓高差闭合差？怎样调整高差闭合差？

3. 何谓水准点？何谓转点？转点在水准测量中的作用是什么？转点一般设置在什么位置？

4. 在一个测站的观测过程中，当读完后视读数继续观测前视读数时，发现圆水准器气泡偏离中心位置，此时能否转动脚螺旋使气泡居中然后继续观测前视点？为什么？

5. 简述一个测站上水准测量的工作步骤。

四、计算题

1. 用水准测量的方法测定 *A*、*B* 两点间高差，已知 *A* 点高程 H_A=148.251m，*A* 点水准尺读数为 1.642m，*B* 点水准尺上读数为 1.359m，问 *A*、*B* 两点间高差是多少？*B* 点高程是多少？并绘图说明。

2. 根据表 2-7 的测量数据，计算 *B* 点高程。

表 2-7　水准测量记录手簿

测点	后视读数 /m	前视读数 /m	高差		高程 /m	备　注
			+	−		
A	1.243				36.549	
TP1	2.036	1.822				
TP2	1.426	0.981				
TP3	0.846	1.374				
TP4	1.788	1.642				
B		1.537				
∑						
计算校核	$\sum a-\sum b$		$\sum h=$		$H_{终}-H_{始}=$	

3. 如图 2-64 所示为某附合水准路线普通水准测量示意图，BM_A 和 BM_B 为已知高程的水准点，1 点、2 点、3 点、4 点为待定高程点，各测段高差及测段长度均标注在图中，试计算各待定点的高程，并将计算过程填入表 2-8 中。

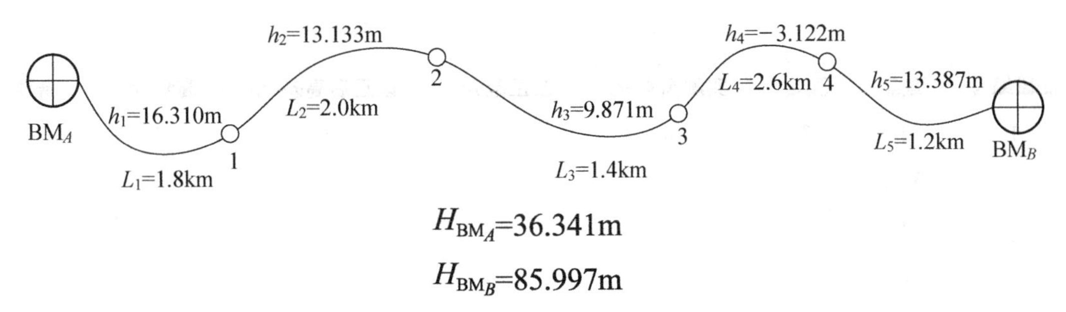

图 2-64　某附合水准路线普通水准测量示意图

表 2-8　附合水准测量成果计算表

测段编号	测点	距离 /km	实测高差 /m	改正 /m	改正后高差 /m	高程 /m	备注
1	2	3	4	5	6	7	8
Σ							
辅助计算		$f_h=\sum h_{测}-(H_B-H_A)=$ $f_{h容}=\pm 40\sqrt{L}=$ 每千米的改正数 $-\frac{f_h}{L}$ $\sum v=$					

4. 如图 2-65 所示为等外闭合水准路线的观测成果，计算各点的高程，将计算过程填入表 2-9 中。

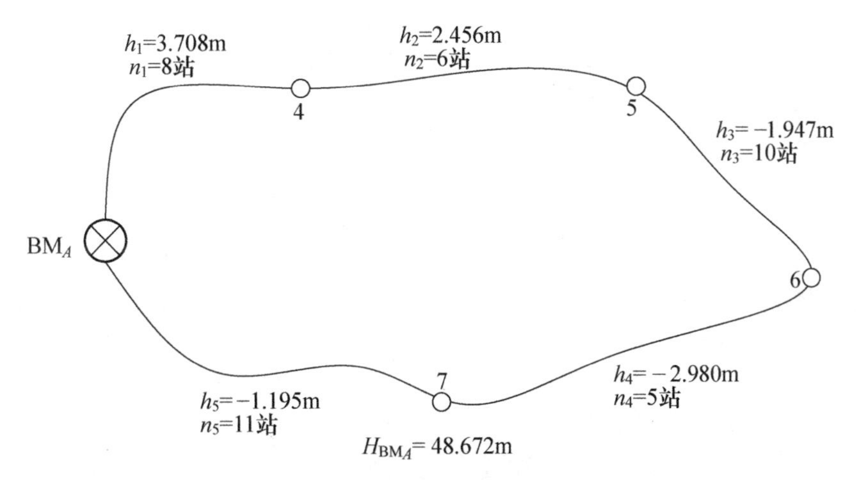

图 2-65　等外闭合水准路线的观测成果

表 2-9　闭合水准测量成果计算表

测段编号	测点	测站	实测高差 /m	改正数 /m	改正后高差 /m	高程 /m	备注
1	2	3	4	5	6	7	8
	BM_A						
1							
	4						
2							
	5						
3							
	6						
4							
	7						
5							
	BM_A						
∑							
辅助计算	$f_h=\sum h_{测}=$　　每站的改正数 $-\frac{f_h}{n}=$ $f_{h容}=\pm 12\sqrt{n}=$　　$\sum v=$						

项目三　学习角度测量

项目概述

在建筑施工测量中，经常涉及角度的问题。那么在进行角度测量时，需要掌握测量角度的仪器、操作原理及测量方法。本项目主要是以角度测量为教学内容，以《工程测量标准》（GB 50026—2020）为标准，要求掌握角度测量原理、经纬仪的使用以及测量成果的计算检核。

思政目标

"透视"长江的郭志金工程师为了能测出精准的数据，多少个不眠之夜，多少次推倒重来的正面案例与某大桥因测量误差未能准确对接带来的严重后果的反面案例进行对比，让学生从多个角度分析原因，引导学生思考精度的重要性，渗入工匠精神这一思政元素，让学生体会到，只有秉承着精雕细琢、精益求精的"工匠精神"，以工匠的态度打造诚信为本、追求卓越的核心理念，才能成就一个个高质量的测量成果。

任务一　学习经纬仪的构造及使用

想一想：

1. 在建筑施工测量中，哪些工作需要进行角度测量？
2. 角度测量的原理是什么？
3. 角度测量时需要用到哪些仪器和工具？

知识回忆：

1. 水准仪型号名称中“D”“S”及下标数字分别代表的意义。
2. 水准测量的基本原理。
3. 水准路线的布设形式。
4. 水准测量的外业实测、数据校核、内业计算。

一、了解光学经纬仪的构造

1. 光学经纬仪分类

1）光学经纬仪按测角精度，分为 DJ_{07}、DJ_1、DJ_2、DJ_6 和 DJ_{15} 五类。其中“D”“J”分别为“大地测量”“经纬仪”的汉语拼音第一个字母，下标数字 07、1、2、6、15 表示仪器的精度等级，即“一测回方向观测中角度误差的秒数”。

2）经纬仪按构造分为光学经纬仪和电子经纬仪。

2. 光学经纬仪的构造

如图 3-1 所示，光学经纬仪主要由照准部、水平度盘和基座三部分组成。

（1）照准部　照准部是指经纬仪水平度盘之上，能绕其旋转轴旋转部分的总称。如图 3-1 和图 3-2 所示，其主要包括物镜、目镜、水平微动螺旋、垂直微动螺旋、水平制动螺旋、垂直制动螺旋、测微轮、光路转换钮、光学对中器、读数窗、管水准器、附合水准器、竖直度盘等。

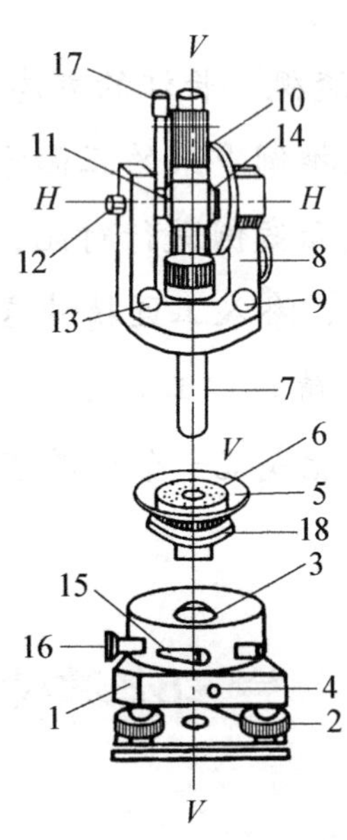

图 3-1　照准部、水平度盘、基座结构图
1—基座　2—脚螺旋　3—竖轴轴套
4—固定螺旋　5—水平度盘　6—度盘轴套
7—旋转轴　8—支架　9—竖盘水准管微动螺旋
10—望远镜　11—横轴　12—望远镜制动螺旋
13—望远镜微动螺旋　14—竖直度盘
15—水平制动螺旋　16—水平微动螺旋
17—光学读数显微镜　18—复测盘

各构造具体作用如下。

物镜：观测目标使用的镜头，其清晰度可以由望远镜上的物镜调焦螺旋调节。

目镜：眼睛用来观测目标时所使用的镜头，其清晰度可以由目镜旁边的目镜调焦螺旋调节。另外为了便于精确瞄准目标，经纬仪的十字丝分划板与水准仪的稍有不同，如图 3-3 所示。

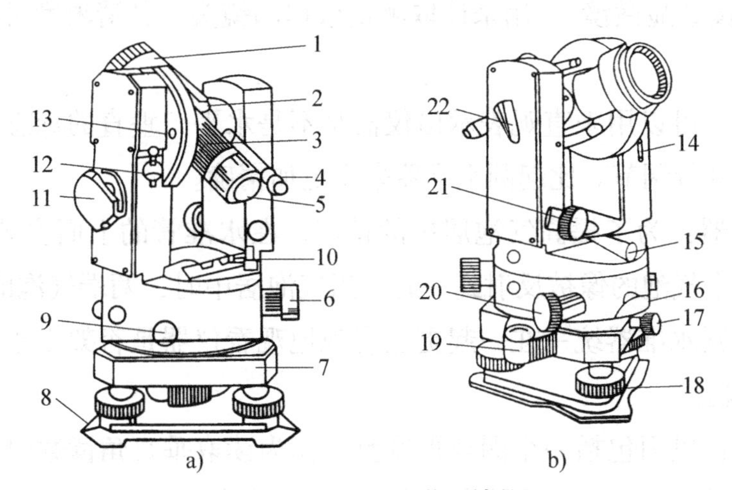

图 3-2　DJ_6 型光学经纬仪

1—望远镜物镜　2—粗瞄器　3—对光螺旋　4—读数目镜　5—望远镜目镜
6—转盘手轮　7—基座　8—导向板　9、13—堵盖　10—水准器　11—反射镜
12—自动归零旋钮　14—调指标差盖板　15—光学对中器　16—水平制动扳钮
17—固定螺旋　18—脚螺旋　19—圆水准器　20—水平微动螺旋
21—望远镜微动螺旋　22—望远镜制动钮

水平微动螺旋：在观测目标时可以用来精确瞄准水平方向角度的旋钮。

垂直微动螺旋：在观测目标时可以用来精确瞄准垂直方向角度的旋钮。

水平制动螺旋：在某些特殊要求下用来防止左右水平角度发生变化的旋钮。在水平方向移动经纬仪时切记松开制动，防止损坏。

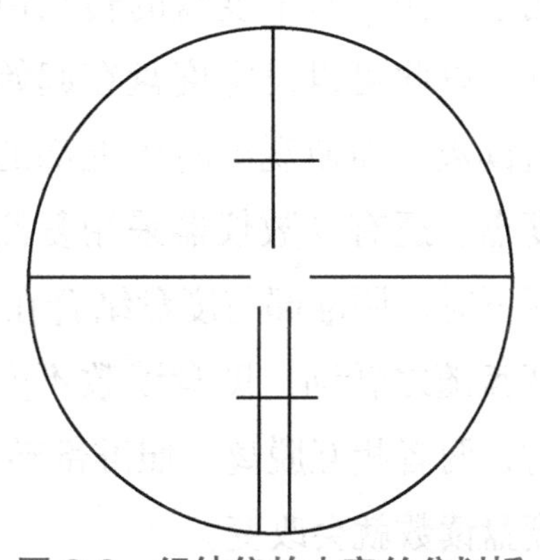

图 3-3　经纬仪的十字丝分划板

垂直制动螺旋：在某些特殊要求下用来防止上下垂直角度发生变化的旋钮。在垂直方向移动经纬仪时切记要松开制动，以防止损坏。

测微轮：度盘读数的测微装置，用来精密量取度盘上不足半个角距的微小读数，使读数更加准确。有些仪器没有测微轮。

光路转换钮：在某些经纬仪当中，用来改变仪器内部的棱镜方向，切换读数显微镜中的读数（水平角、垂直角）。

光学对中器：在仪器量取角度时用来寻找角度顶点的位置所使用的镜头。因为测量时根据测量人员的不同和仪器离地高度的不同，会出现目标不清楚的现象。用光学对中器上的两个旋钮可以分别调节清晰度。

读数窗（读数显微镜）：用来读取测量数据的镜头，其清晰度可以用旁边的调焦螺旋调节。

管水准器：可以用来直观表示出仪器是不是水平、垂直的标志，可以通过调节仪器高度来进行调节。比起圆水准器来说更加精确。

附合水准器：为了提高气泡居中的精度，在水准管的上面安装一套棱镜组，使两端各有半个气泡的像被反射到一起。当气泡居中时，两端气泡的像就能附合。将管水准器和圆水准器统一在一起更加直观地观看仪器是否架立水平。有些仪器没有附合水准器。

竖直度盘：里面包括一个圈环形度盘，作为读取垂直角读数时的尺子，因为内部黑暗所以需要竖直度盘反射镜，将光线射进度盘中。

（2）水平度盘　水平度盘是仪器内部用来测量水平角的尺子，如图 3-4 所示。其是由光学玻璃制成的精密刻度盘，分划从 0°~360°，按顺时针注记，每格 1° 或 30′，用以量测水平角。水平度盘的转动由度盘变换手轮来控制，以此可以设定度盘在起始目标方向的水平度盘读数，而使观测时照准部的转动不会带动水平度盘。还有少数仪器采用复测装置，当复测扳手扳下时，照准部与度盘结合在一起，照准部转动，度盘随之转动，度盘读数不变；当复测扳手扳上时，两者相互脱离，照准部转动时不再带动度盘，度盘读数就会改变。

图 3-4　水平度盘

（3）基座　基座是仪器的底座，由一个固定螺旋连接仪器与脚架。在基座上一般有圆水准器和三个脚螺旋。基座上装有光学对中器，用于仪器对中操作，以便观测时仪器中心与测站点位于同一铅垂线上。

3. 读数设备及读数方法

光学经纬仪的读数设备包括度盘、光路系统和测微器。水平度盘和竖直度盘上的分划线，通过一系列棱镜和透镜成像显示在望远镜旁的读数显微镜内。以 6″ 光学经纬仪为例，其读数装置目前一般采用分微尺读数装置，其读数方法如下：

使用分微尺读数装置的光学经纬仪度盘分划值为 1°，水平度盘按顺时针方向注记每度的度数。在读数显微镜的读数窗上装有一块带有分划的分微尺，度盘上的 1° 分划线间隔经显微镜放大后于分微尺上成像。分微尺 0′~60′ 的分划间隔刚好等于度盘的 1 格，即 1° 的宽度。图 3-5 所示是读数显微镜内所见到的度盘和分微尺的影像，上面注有“H”（或“水平”“—”）者为水平度盘读数窗。分微尺分为 60 小格，每一格为 1′，每 10 小格注记有数字，表示 10′ 的倍数，分别为 10′，20′，…，60′。读数时直接读到分，估读到 0.1′，即 6″。

读数时首先看度盘的哪一条分划线落在分微尺的 0′~6′ 的注记之间，那么度数就由该分划线的注记读出。如图 3-5 所示水平读数窗口，134° 的分划线位于分微尺 0′~6′ 的注记之间，故该方向读数得到的度数为 134°。分数就是这条分划线所指向的分微尺上的读数，图 3-5 中水平度盘分划线指向分微尺第 53 条分划线和第 54 条分划线之间，所以分微尺上可精确读到 53′。读秒的时候要将分微尺上的一小格用目估的方法划分为 10 等份，每一等份为 6″，然后根据度盘的分划线在这一小格中的位置估读出秒数。从图 3-5 可知，在分微尺上估读的秒数为 06″，此时水平度盘读数应该为 134°53′06″。采用同样的方法，竖直度盘的读数为 87°58′06″。

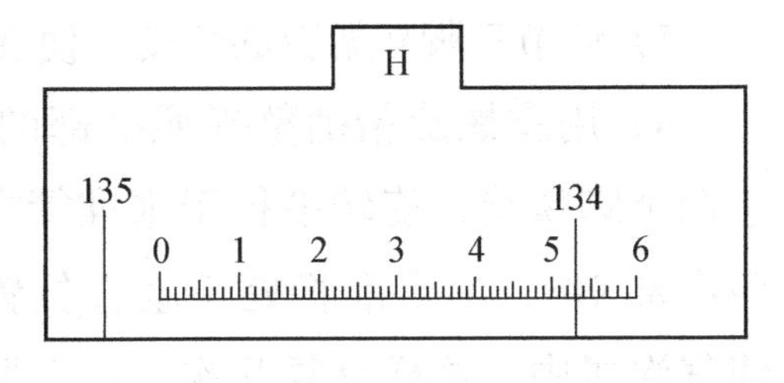

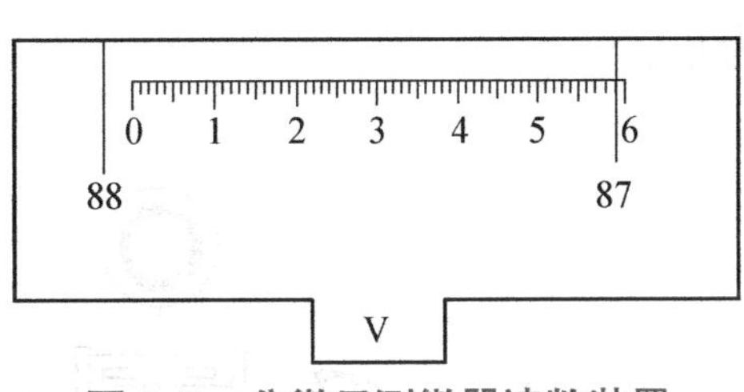

图 3-5　分微尺测微器读数装置

读数时需要注意一个问题：秒的读数应该是 6 的整数倍。

二、学习经纬仪的使用

1. 经纬仪的安置

在进行角度测量之前，必须先安置经纬仪，经纬仪的安置包括对中和整平两部分。

对中的目的是使仪器中心（竖轴）与测站点位于同一铅垂线上。对中可以用垂球对中和光学对中器对中，光学经纬仪上均装有光学对中器，使用光学对中器对中，精度可达 1~2mm，高于垂球对中。

整平的目的是使仪器的竖轴竖直，同时使水平度盘处于水平位置。对中与整平既互相区别，又互相影响，需要反复进行。

使用光学对中器进行对中、整平的步骤如下：

1）将三脚架安置在测站上，使架头大致水平、高度适中，将经纬仪安放在三脚架上，用中心螺旋连接并适当拧紧，同时使脚螺旋调至中间位置。

2）旋转光学对中器目镜，使分划板上圆圈成像清晰，拉或者推动目镜（即调节光学对中器物镜焦距）使地面测站点成像清晰。

3）通过光学对中器目镜观察，同时移动两个架腿使测站点进入视场。

4）旋转脚螺旋使光学对中器对中并对准测站点，或者略微松开三脚架连接螺旋，在架头上平移仪器，使光学对中器目镜中观察到的圆圈中心对准测站点后拧紧连接螺旋。

5）调节三脚架架腿的长度，使圆水准器气泡居中。

6）用脚螺旋精确整平照准部的水准管，如图 3-6a 所示，先使水准管平行于两个脚螺旋，旋转平行于水准管方向的两个脚螺旋，使气泡居中。然后转动照准部 90°，使水准管处于垂直位置，如图 3-6b 所示，并调节第三个脚螺旋，使气泡居中，这样反复几次，直至照准部旋转到任务位置，水准管气泡均居中为止。

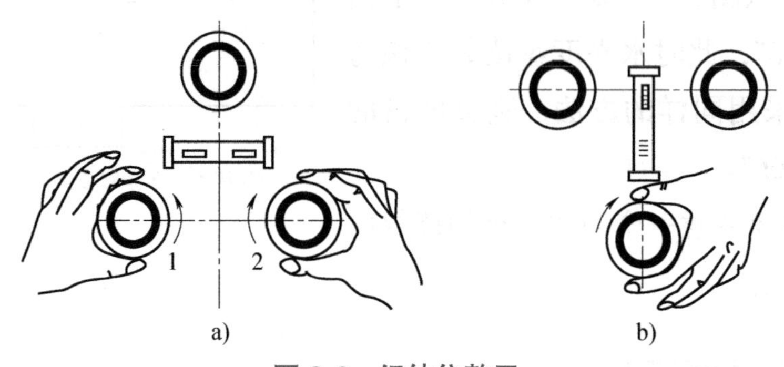

图 3-6　经纬仪整平

7）精平水准管的过程可能会破坏仪器对中，因此如果观察到光学对中器中心偏离测站点，则需稍微松开三脚架连接螺旋，在架头上平移仪器，对中准确后拧紧螺旋。

8）重新精平仪器，如精平后对中仍有少量偏移，则需再对中、精平，如此反复操作，直至仪器同时满足对中和整平的要求。

2. 瞄准及读数

松开水平制动螺旋和望远镜制动螺旋，将望远镜指向明亮背景，调节目镜使十字丝清晰。用望远镜的准星对准目标，旋紧水平制动螺旋及望远镜制动螺旋，转动望远镜物镜调焦螺旋使目标成像清晰，注意消除视差。如图 3-7 所示，调节水平微动螺旋及望远镜微动螺旋，使竖丝单丝平分或双丝夹住目标瞄准，为减小目标偏心误差，还应尽量瞄准目标标志的底部。

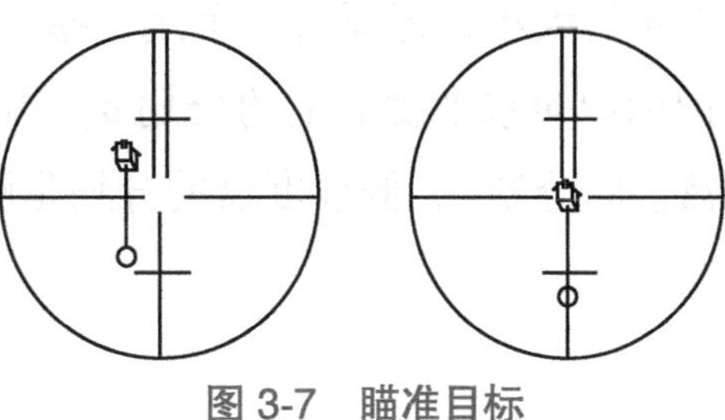

图 3-7　瞄准目标

读数时要先调节反射镜，使读数窗口明亮，调节度盘读数显微镜调焦螺旋，使分划影像清晰。

任务二　学习水平角观测

想一想：

1. 什么是水平角？
2. 怎样测量一个水平角？

知识回忆：

1. 经纬仪型号名称中“D”“J”及下标数字分别代表的意义。
2. 经纬仪的分类。
3. 经纬仪的构成。
4. 经纬仪的使用以及读数方法。

一、了解水平角测量原理

水平角是指地面一点到两个目标点的连线在水平面上投影的夹角。如图 3-8 所示，β 角即为从地面点 B 到目标点 A、C 所形成的水平角，B 点也称为测站点。水平角的取值范围为 0°~360°。

由图 3-8 还可以看出，水平角 β 是通过方向线 OA 和 OC 的两个竖直面所形成的二面角。显然，水平角可以在两个竖直面交线上的任一点进行测量。因此，可以设想在目标点 B 的上方水平安置一个有分划的度盘，度盘的中心 O 刚好位于过 B 的铅垂线上。然后在度盘的上方安装一个望远镜，望远镜能够在水平面内和铅垂线内旋转，这样就可以瞄准不同方向和不同高度的目标。另外，为了测出水平角的大小，还要有一个用于指示读数的指标，当望远镜瞄准目标点 A 时，读数指标指向水平度盘上的分划 a，当望远镜瞄准目标点 C 时，读数指标指向水平度盘上的分划 c，假设度盘的分划是顺时针注记的，则水平角为

$$\beta = c - a \tag{3-1}$$

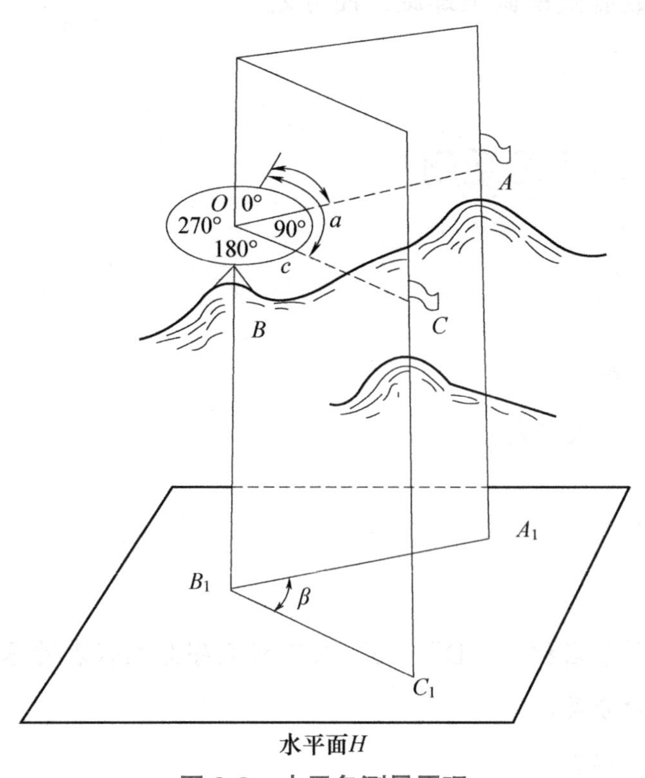

图 3-8　水平角测量原理

经纬仪的使用

二、学习水平角观测的方法

根据测角的精度要求、使用的仪器及观测目标的多少不同，工程上常用的水平角观测方法有测回法和方向观测法，下面主要介绍测回法。

测回法适用于观测两个方向之间的单角。

如图 3-9 所示，设 O 点为测站点，A 点、B 点为观测目标，用测回法观测 OA 与 OB 两方向之间的水平角 β，具体施测步骤如下：

1）在测站点 O 安置经纬仪，在 A、B 两点竖立测杆或测钎等，作为目标标志。

2）将仪器置于盘左位置，转动照准部，先瞄准左目标 A，读取水平度盘读数

a_L，设读数为 0°01′30″，记入表 3-1 相应栏内。松开照准部制动螺旋，顺时针转动照准部，瞄准右目标 B，读取水平度盘读数 b_L，设读数为 98°20′48″，记入表 3-1 相应栏内。

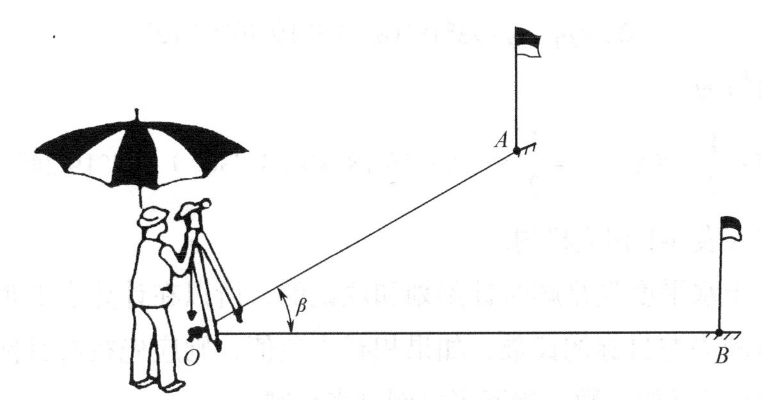

图 3-9　水平角测量（测回法）

表 3-1　水平角观测手簿

测　站	竖盘位置	目标	水平度盘读数	半测回角值	一测回角值	各测回平均角值	备　注
第一测回 O	左	A	0°01′30″	98°19′18″	98°19′24″	98°19′30″	
		B	98°20′48″				
	右	A	180°01′42″	98°19′30″			
		B	278°21′12″				
第二测回 O	左	A	90°01′06″	98°19′30″	98°19′36″		
		B	188°20′36″				
	右	A	270°00′54″	98°19′42″			
		B	8°20′36″				

以上称为上半测回，盘左位置的水平角角值（也称为上半测回角值）β_L 为

$$\beta_L=b_L-a_L=98°20'48''-0°01'30''=98°19'18''$$

3）松开照准部制动螺旋，倒转望远镜至盘右位置，先瞄准右目标 B，读取水平度盘读数 b_R，设读数为 278°21′12″，记入表 3-1 相应栏内。松开照准部制动螺旋，逆时针转动照准部，瞄准左目标 A，读取水平度盘读数 a_R，设读数为 180°01′42″，记入表 3-1 相应栏内。

以上称为下半测回，盘右位置的水平角角值（也称为下半测回角值）β_R 为

$$\beta_R=b_R-a_R=278°21'12''-180°01'42''=98°19'30''$$

上半测回和下半测回构成一测回。

4）对于 DJ_6 型光学经纬仪，如果上、下两半测回角值之差不大于 ±40″，认为观测合格。此时，可取上、下两半测回角值的平均值作为一测回角值 β。

在该算例中，上、下两半测回角值之差为

$$\Delta\beta=\beta_L-\beta_R=98°19'18''-98°19'30''=-12''$$

一测回角值为

$$\beta=\frac{1}{2}(\beta_L+\beta_R)=\frac{1}{2}\times(98°19'18''+98°19'30'')=98°19'24''$$

将结果记入表 3-1 相应栏内。

注意：由于水平度盘是顺时针刻划和注记的，所以在计算水平角时，总是用右目标的读数减去左目标的读数，如果相减为负值，则应先在右目标的读数上加 360°，再减去左目标的读数，绝不可以倒过来相减。

当测角精度要求较高时，需对一个角度观测多个测回，应根据测回数 n，以 $180°/n$ 的差值，安置水平度盘读数。例如，当测回数 $n=2$ 时，第一测回的起始方向读数可安置在略大于 0° 处，第二测回的起始方向读数可安置在略大于 $180°/n=90°$ 处。各测回角值之差如果不超过 ±40″（对于 DJ_6 型光学经纬仪），取各测回角值的平均值作为最后角值，记入表 3-1 相应栏内。

任务三　学习竖直角测量

想一想：

1. 什么叫作竖直角？
2. 在什么情况下需要测量竖直角？
3. 竖直角测量原理以及计算方法是什么？

知识回忆：

1. 水平角。
2. 水平角的测量原理。
3. 测回法。

一、了解竖直角测量原理

在山区或地面坡度较陡或待测点的点位在高建筑物上时，若用水准测量方法测定两点间高差，速度慢、困难大，这种情况下可以采用三角高程测量方法进行施测，其中就涉及竖直角测量。

竖直角是指在经过目标方向的竖直平面内，目标方向与水平方向之间的夹角。竖直角的取值范围为 –90°~90°。当目标方向位于水平线之上时为仰角，取正值；当目标方向位于水平线之下时为俯角，取负值。而天顶方向与目标方向之间的夹角称为天顶距，天顶距的取值范围为 0°~180°，同一目标方向的天顶距与竖直角之和为 90°。

为了能测量出某一目标方向的竖直角，可以采用类似水平角测量的方法，在经过目标方向的竖直面内安置一个有刻划的竖直度盘来进行测量。如图 3-10 所示，要测 *BA* 的竖直角，可以将竖直度盘安置在过 *BA* 的竖直面内，望远镜与竖直度盘固定在一起，当望远镜在竖直面内转动时，会带动度盘一起转动。此时通过 *BA* 和水平视线与度盘的交线分别可得到两个读数，两读数之差即为竖直角。由于水平视线读数的理论值可由竖直度盘注记形式确定，当仪器安置好后，水平视线读数的理论值应该是一个固定不变的标准值，因此测量竖直角时，只读取目标方向的读数，即可算得该目标方向的竖直角。

二、学习竖直角的计算

1. 竖直度盘的构造

如图 3-11 所示，经纬仪的竖直度盘（也称为“竖盘”）部分包括竖直度盘、竖盘指标水准管、竖盘指标水准管微动螺旋和读数系统。竖盘固定在望远镜一端，由玻璃制成，其注记形式有顺时针和逆时针两种，竖盘随望远镜一起在竖直面内转动，竖盘平面与横轴垂直。竖盘指标为分微尺的零指标线，可以认为其与竖盘指标水准管固连在一起，当旋转竖盘指标水准管微动螺旋使气泡居中时，可使竖盘指标位于正确位置。当望远镜视准轴水平且竖盘指标水准管气泡居中时，指标处的读数应该为 90° 的倍数。瞄准目标时，由于竖盘随望远镜转动，使读数发生变化，故此读数与望远镜水平时的读数之差即为竖直角。

目前生产的经纬仪多采用竖盘自动安平补偿装置，省略了竖盘指标水准管的操作，简化了操作，提高了观测速度。

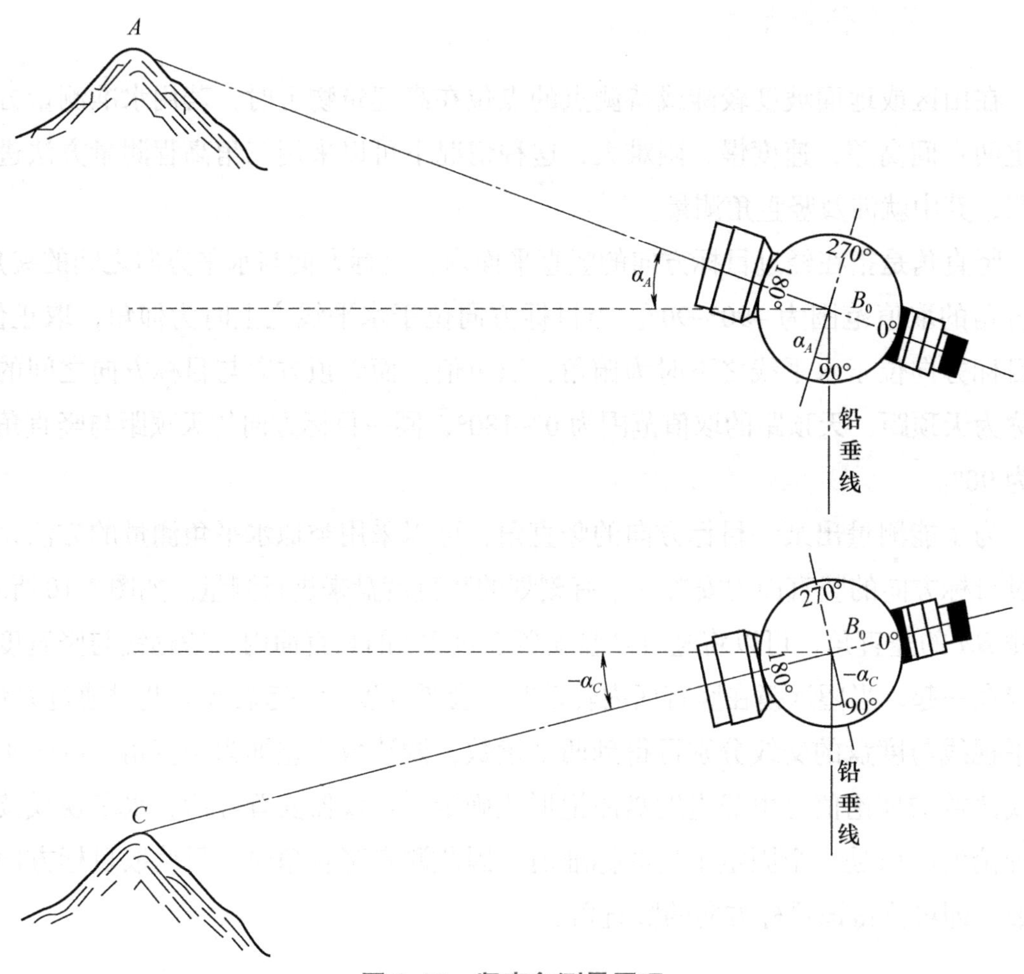

图 3-10　竖直角测量原理

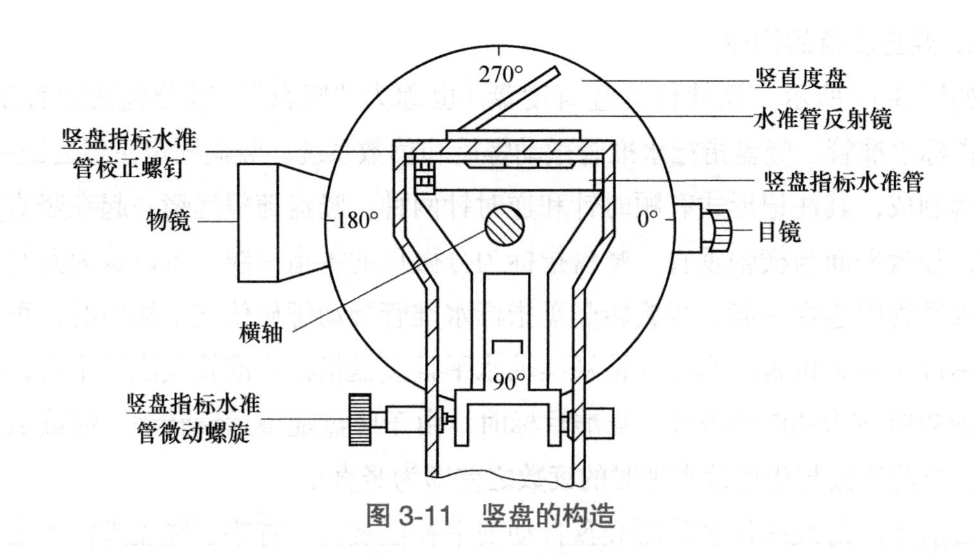

图 3-11　竖盘的构造

2. 竖直角的计算公式

竖盘的注记形式分为顺时针和逆时针两种，注记形式不同，由竖盘读数计算竖直角的公式也不同，但基本原理是一样的。图 3-12 所示为两种形式的竖盘注记。

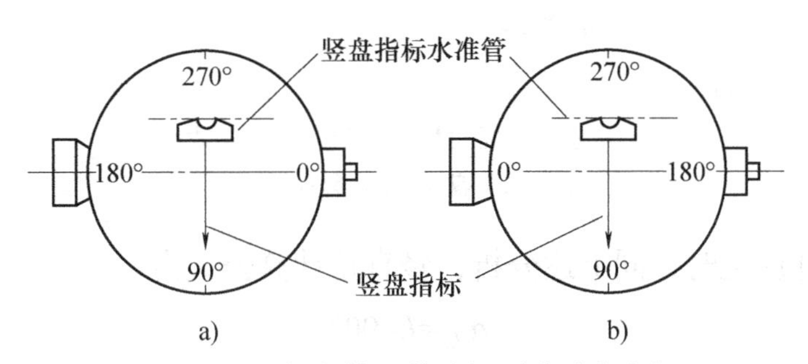

图 3-12 竖盘的两种注记形式（盘左）

竖直角是位于同一竖直面内的某个方向与水平方向之间的夹角。所以竖直角也是两个读数的差值，但由于在视线水平时，无论盘左或盘右，其读数是个定值，为 90° 的倍数（盘左 90°，盘右 270°）。所以测量竖直角时，只要读取目标方向的竖盘读数即可。

竖直角由两个方向读数之差计算得到，其主要问题是哪个读数是被减数以及视线水平时的读数应为多少。

例如，对于仰角，只需先将望远镜放大在大致水平位置观察竖盘读数，然后使望远镜逐渐上仰，观察读数是增加还是减少，就可得出竖直角计算的一般公式。

1）当望远镜视线上仰，竖盘读数增加，则竖直角＝瞄准目标时竖盘读数 - 视线水平时竖盘读数。

2）当望远镜视线上仰，竖盘读数减少，则竖直角＝视线水平时竖盘读数 - 瞄准目标时竖盘读数。

以 DJ_6 型光学经纬仪的顺时针注记为例，如图 3-13 所示，当视线水平时，盘左读数为 90°，盘右为 270°。当盘左望远镜上仰时，读数减少；而盘右望远镜上仰时，读数增加。根据上述一般公式，可得顺时针注记竖盘的竖直角计算公式为

$$\alpha_{左}=90°-L$$

$$\alpha_{右}=R-270° \tag{3-2}$$

式中 L、R——盘左、盘右瞄准目标时的竖盘读数。

一测回的竖直角为

$$\alpha=(\alpha_{左}+\alpha_{右})/2=(R-L-180°)/2 \tag{3-3}$$

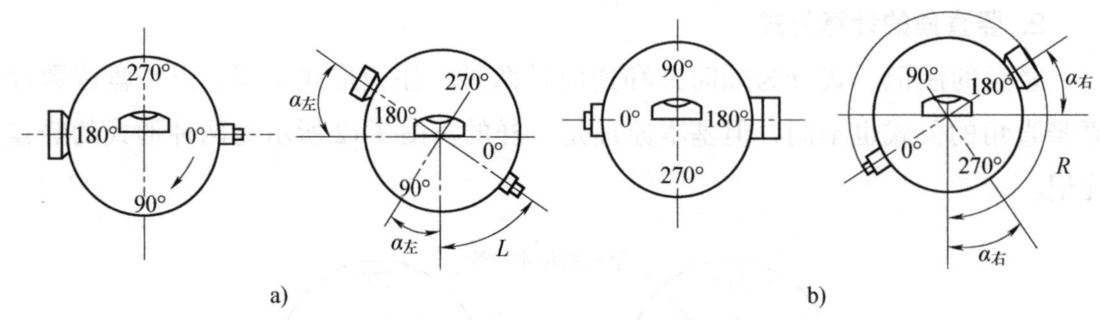

图 3-13　顺时针注记的竖盘形式

a）盘左　b）盘右

而当逆时针注记时，同上述分析，竖直角计算公式为

$$\alpha_{左}=L-90°$$

$$\alpha_{右}=270°-R \tag{3-4}$$

此时一测回的竖直角值为

$$\alpha=（\alpha_{左}+\alpha_{右}）/2=（L-R+180°）/2 \tag{3-5}$$

三、了解竖盘指标差的概念

理想情况下，视线水平时，竖盘指标恰好指在 90° 的整数倍上，但实际上这个条件往往不能满足，而是指标所指与 90° 的整数倍注记相差一个角度 x，x 称为竖盘指标差。图 3-14 所示为顺时针注记的竖盘指标差示意图，当竖盘注记增加方向一致时，x 值为正，反之为负。

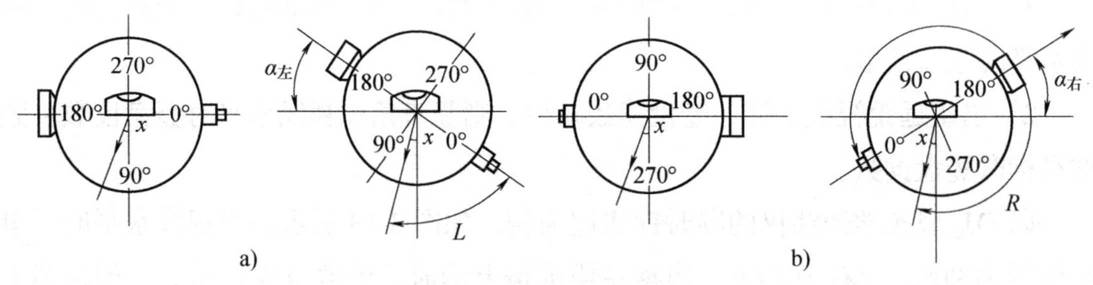

图 3-14　竖盘指标差示意图

a）盘左　b）盘右

由于存在指标差，此时从图 3-14 可以看出，盘左、盘右读得的 L、R 均比正确值大了一个 x，因此，竖直角计算公式为

$$\begin{cases}\alpha=90°-（L-x）=\alpha_{左}+x \\ \alpha=（R-x）-270°=\alpha_{右}-x\end{cases} \tag{3-6}$$

式（3-6）中两式相加，可得

$$\alpha=(\alpha_{左}+\alpha_{右})/2=(R-L-180°)/2 \tag{3-7}$$

这与不存在竖盘指标差 x 的计算公式（3-3）一样，说明盘左、盘右两次观测取平均值可消除竖盘指标差的影响。如将两式相减，则有

$$x=\frac{1}{2}(L+R-360°) \tag{3-8}$$

式（3-8）为竖盘指标差计算公式，对逆时针注记竖盘同样适用。

竖盘指标差 x 可用来检查观测质量。同一测站上观测不同目标时竖盘指标差的变动范围，对 DJ_6 型光学经纬仪来说不应超过 25″。另外，在精度要求不高或不便纵转望远镜时，可先测定 x 值，以后只做正镜观测，求得 $\alpha_{左}$，再改正 x 值计算竖直角。

四、学习竖直角的观测

竖直角观测应用横丝瞄准目标的特定位置，例如标杆的顶部或标尺上的某一位置。竖直角观测一测回的操作程序如下：

1）在测站点上安置经纬仪。

2）盘左瞄准目标，使十字丝横丝切于目标某一位置，旋转竖盘指标水准管微动螺旋，使竖盘指标管水准器气泡居中，读取竖盘读数。

3）盘右瞄准目标，使十字丝横丝切于目标同一位置，旋转竖盘指标水准管微动螺旋，使竖盘指标管水准器气泡居中，读取竖盘读数。

竖直角的观测结果和计算见表 3-2。

表 3-2　竖直角观测手簿（竖盘顺时针注记）

测站	目标	竖盘位置	竖盘读数	半测回竖直角	竖盘指标差 /（″）	一测回竖直角	备注
A	*B*	左	81°18′42″	8°41′18″	6	8°41′24″	
		右	278°41′30″	8°41′30″			
	C	左	124°03′30″	−34°03′30″	12	−34°03′18″	
		右	235°56′54″	−34°03′06″			

任务四　学习经纬仪的检验与校正

想一想：

1. 为什么有时使用经纬仪测量出的角度精度会不符合要求？
2. 经纬仪构造上如果出现问题应如何进行检验与校正？

知识回忆：

1. 竖直角。
2. 竖直角的测量原理。
3. 竖直角的观测方法。

一、了解经纬仪轴线应满足的条件

经纬仪的轴线如图 3-15 所示，*VV* 为纵轴，*LL* 为水准管轴，*L'L'* 为圆水准器轴，*HH* 为横轴，*CC* 为视准轴。

纵轴为仪器的旋转轴，又称为竖轴；水准管轴为通过水准管内壁圆弧中点的切线，气泡居中时，水准管轴处于水平位置。圆水准器轴为圆水准器内壁球面中心的法线，圆水准器气泡居中时，圆水准器轴处于竖直位置。横轴为望远镜的旋转轴，又称为水平轴。水准轴为望远镜的目镜光心与十字丝中心的连线，为瞄准目标时的视线。

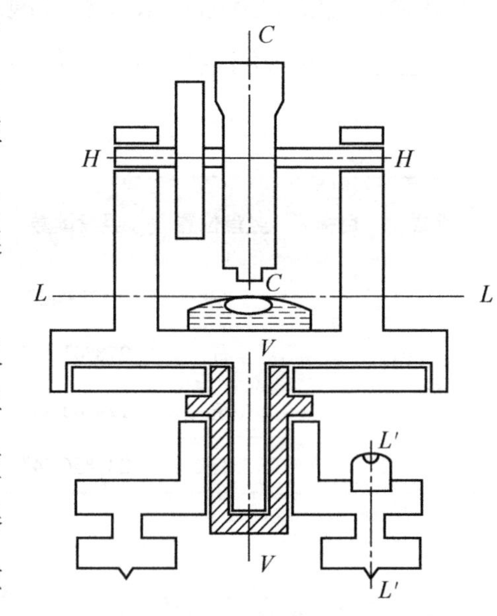

图 3-15　经纬仪的轴线

根据水平角和竖直角的测量原理，经纬仪经过整平后，有下列要求：纵轴应竖直，水平度盘应水平；望远镜上、下转动时，视准轴应在一个铅垂面内。根据第一个要求，圆水准器轴必须垂直纵轴。另外，为了能在望远镜中检查目标是否竖直和测角时便于瞄准，要求经纬仪整平后，十字丝的纵丝竖直，横丝水平。竖直角观测时，竖盘指标差应较小。总之，经纬仪的轴线应该满足下列条件：

1）照准部水准管轴应垂直于竖轴（$LL \perp VV$）。

2）视准轴应垂直于横轴（$CC \perp HH$）。

3）横轴应该垂直于竖轴（$HH \perp VV$）。

4）圆水准器轴应平行于竖轴（$L'L' /\!/ VV$）。

5）十字丝竖丝应垂直于横轴。

6）竖盘指标差应小于规定的数值。

7）光学对中器的光学垂线应与竖轴重合。

经纬仪只有满足上述条件，才能得到正确的观测值或便于操作。因此，在使用经纬仪前，应进行检验，必要时要进行校正。

二、学习 DJ_6 型光学经纬仪的检验与校正

1. 照准部水准管轴垂直于竖轴（$LL \perp VV$）的检验与校正

（1）检验　用照准部水准管将仪器大致整平，转动照准部使水准管平行于任意两脚螺旋的连线，转动两脚螺旋使气泡居中，然后将照准部旋转 180°，如果此时气泡仍居中，则说明水准管轴垂直于竖轴，否则应该进行校正。

（2）校正　如图 3-16 所示，水准管轴不垂直于竖轴，而相差一个 α 角，当气泡居中时，水准管轴水平，竖轴偏离竖直方向一个 α 角。当一起绕竖轴旋转 180° 后，竖轴仍位于原来的位置，而水准管两端却交换了位置。此时水准管与水平线的夹角为 2α，气泡不居中，其偏移量代表了水准管轴的倾斜角 2α。为了使水准管轴垂直于竖轴，只需校正一个 α 角，因此，用校正针拨动水准管校正螺钉，使气泡向水准管轴居中。

位置移动一半，水准管轴即垂直于竖轴。余下的一半则通过旋转与水准管轴平行的一对脚螺旋解决。该项校正需要反复进行几次，直至气泡偏离值满足要求为止。

2. 十字丝竖丝垂直于横轴的检验与校正

（1）检验　找一个明显点状目标，用十字丝竖丝（或横丝）的一端精确瞄准该目标，旋紧水平制动螺旋和望远镜制动螺旋，再旋转望远镜微动螺旋（或水平微动螺旋）。如果目标始终在竖丝（或者横丝）上移动，表明条件已经满足，仪器不需要校正，否则应该进行校正。

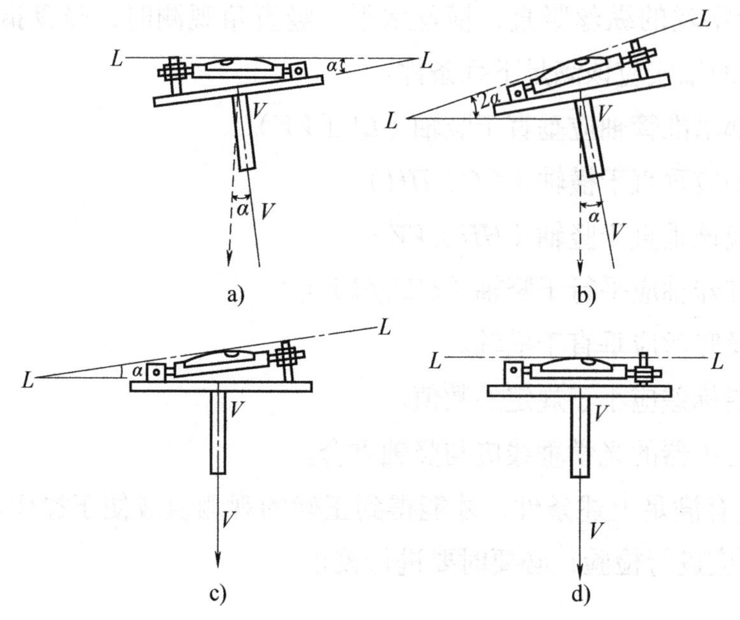

图 3-16　照准部水准管轴垂直于竖轴的检校

（2）校正　如图 3-17 所示，旋下目镜处的护盖，微微松开十字丝环的四个压环螺钉，转动十字丝环，直到望远镜上下移动时，目标点始终沿竖丝移动为止，最后将四个压环螺钉拧紧，旋上护盖。

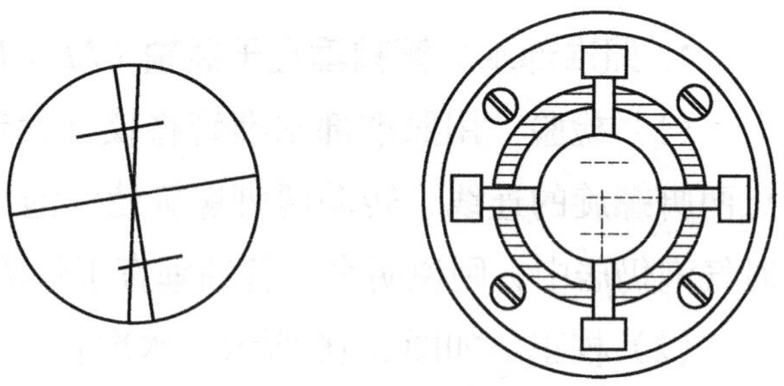

图 3-17　十字丝竖丝垂直于横轴的检校

3. 视准轴垂直于横轴（$CC \perp HH$）的检验和校正

（1）检验　如图 3-18 所示，在一平坦场地上，选择一条直线 AB，长约 100m。经纬仪安置在 A、B 两点之间的中点 O 上，A 点立标志，B 点横置一个可有毫米分划的小尺，并使其垂直于 AB，以盘左瞄准 A，倒转望远镜在 B 点尺上读取 B_1，旋转照准部以盘右再瞄准 A，倒转望远镜在 B 点尺上读取 B_2。如果 B_2 与 B_1 重合，表明视准轴垂直于横轴，否则应进行校正。

（2）校正　从图 3-18 可以明显看出，由于视准轴误差 c 的存在，盘左瞄准 A 点倒转望远镜后，视线偏离直线 AB 的角度为 $2c$，而盘右瞄准 A 点倒转望远镜后，视线盘里直线 AB 的角度也为 $2c$，但偏离方向与盘左相反，因此 B_1 与 B_2 两个读数之差所对的角度为 $4c$，为了消除视准轴误差 c，只需在尺上定出一点 B_3，该点与盘右读数 B_2 的距离为 B_1B_2 长度的 1/4。用校正针拨动两个十字丝校正螺钉，先松一个再紧另一个，使读数由 B_2 移至 B_3，然后固紧两个校正螺钉。此项校正也需反复进行，直至 c 值不大于 10″ 为止。

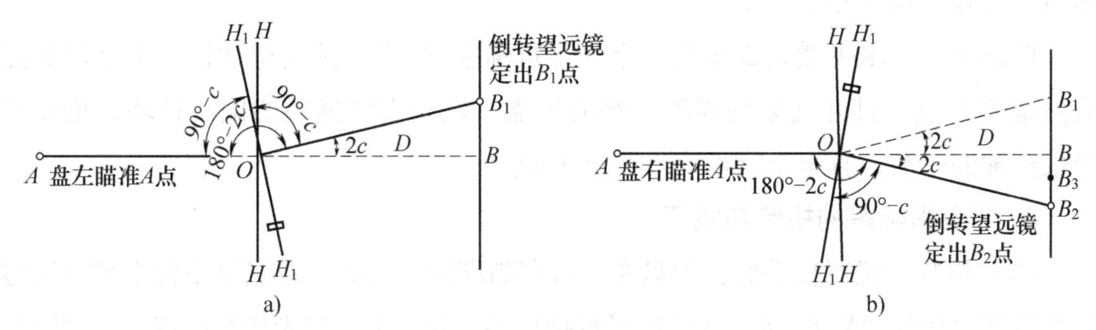

图 3-18　视准轴垂直于横轴的检校

4. 横轴垂直于竖轴（$HH \perp VV$）的检验与校正

（1）校验　如图 3-19 所示，在距较高墙壁 20~30m 处安置仪器，在墙上选择仰角大于 30° 的高目标点 P，量出经纬仪到墙的水平距离。用盘左瞄准 P 点，将望远镜置水平（竖盘读数为 90°），在墙上定出一点 P_1。倒转望远镜用盘右瞄准 P 点，再将望远镜置水平（竖盘读数为 270°），在墙上定出一点 P_2。如果 P_1 点与 P_2 点重合，表明仪器横轴垂直于竖轴，否则，应计算出横轴倾斜角 i，如果 i 大于 60″，则仪器需要校正。

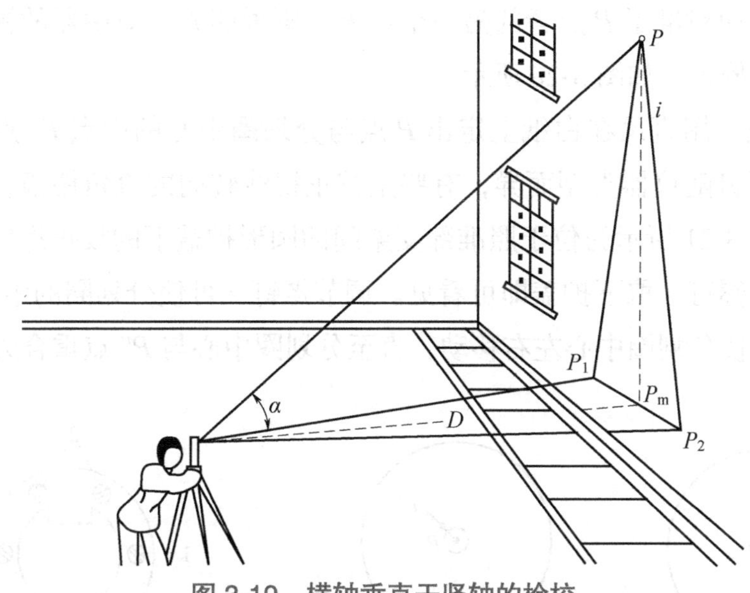

图 3-19　横轴垂直于竖轴的检校

（2）校正　由于横轴不垂直于竖轴，仪器整平后，竖轴处于竖直位置，横轴就不水平，倾斜一个 i 角。当以盘左、盘右分别瞄准 P 点而将望远镜放平时，其视准面不是竖直面，而是分别向两侧各倾斜一个 i 角的斜平面。因此，在同一水

平线上的 P_1 点、P_2 点偏离竖直面的距离相等而方向相反，直线 P_1P_2 的中点 P_m 必然与 P 点位于同一铅垂线上。

校正时，用水平微动螺旋使十字丝焦点瞄准 P_m 点，抬高望远镜，十字丝交点必然偏离 P 点。打开支架处横轴一端的护盖，调整支撑横轴的偏心轴环，抬高或降低横轴的一端，直至十字丝交点瞄准 P 点。

5. 竖盘指标差的检验与校正

（1）检验　仪器整平后，用盘左、盘右瞄准同一目标，将竖盘指标水准管气泡居中后读取竖盘读数 L、R。计算出竖盘指标差。对于 DJ_6 型光学经纬仪，如果竖盘指标差超过 1′ 则需要校正。

（2）校正　计算盘右位置的正确读数（$R'=R-x$），保持望远镜在盘右位置瞄准原目标不变，旋转竖盘指标水准管微动螺旋使竖盘读数为 R'，此时竖盘指标水准管气泡不再居中。然后用校正针拨动竖盘指标水准管一端的校正螺钉使气泡居中。此项检验与校正需反复进行，直到竖盘指标差 x 不超过限差为止。

6. 光学对中器的检验与校正

（1）检验　在地面上放一张白纸，在白纸上画出一个十字形的标志 P，以 P 点为对中标志安置好仪器，将照准部旋转 180°，如果 P 点的像偏离了光学对中器的分划板中心而对准了 P 点旁的另一个点 P'，则说明光学对中器的视准轴与竖轴不重合，需要校正，如图 3-20 所示。

（2）校正　用直尺在白纸上定出 P 点与分划圈中心的中点 P'' 点，光学对中器上的校正螺钉随仪器类型而异，有些是校正视线转向的直角棱镜，有些是校正分划板。如图 3-21 所示为位于照准部支架间的圆形护盖下的校正螺钉，松开护盖上的两颗固定螺钉，取下护盖即可看见。调节螺钉 2 可使分划圈的中心前后移动，调节螺钉 1 可使分划圈中心左右移动，直至分划圈中心与 P'' 点重合为止。

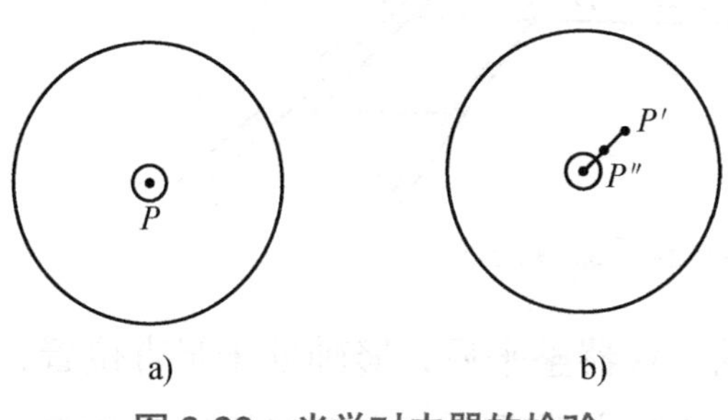

图 3-20　光学对中器的检验

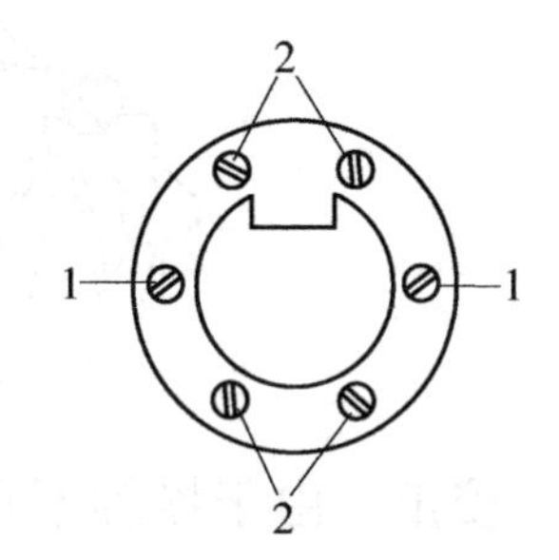

图 3-21　光学对中器的校正

任务五 学习电子经纬仪的使用

想一想：

1. 电子经纬仪和光学经纬仪有什么异同点？
2. 电子经纬仪的测角原理是什么？

知识回忆：

1. 水平角。
2. 竖直角。
3. 水平角的测量原理。
4. 水平角的观测方法。
5. 竖直角的测量原理。
6. 竖直角的观测方法。

一、电子经纬仪简介

电子经纬仪是集光、机、电、计算为一体的自动化、高精度的光学仪器，是在光学经纬仪的电子化、智能化的基础上，采用了电子细分、控制处理技术和滤波技术，实现测量读数的智能化。电子经纬仪能够实现数据的液晶显示、误差补偿，尤其是对仪器本身工艺上所产生误差进行补偿和校正，使电子经纬仪测量时，能够以较少的前期测量工作达到较高的精度，大大减轻测量作业量。电子经纬仪对误差的修正和测量是通过按键设定和操作来实现的。

电子经纬仪具有与光学经纬仪相类似的结构特征，如图 3-22 所示。测角方法与步骤和光学经纬仪基本相同，主要不同之处在于电子经纬仪用光电扫描度盘代替了光学度盘，以自动记录和显示读数代替人工光学测微读数。电子经纬仪中较为关键的技术是光电测角技术。测角方法主要有：编码度盘测角法、光栅度盘测角法和动态度盘测角法。

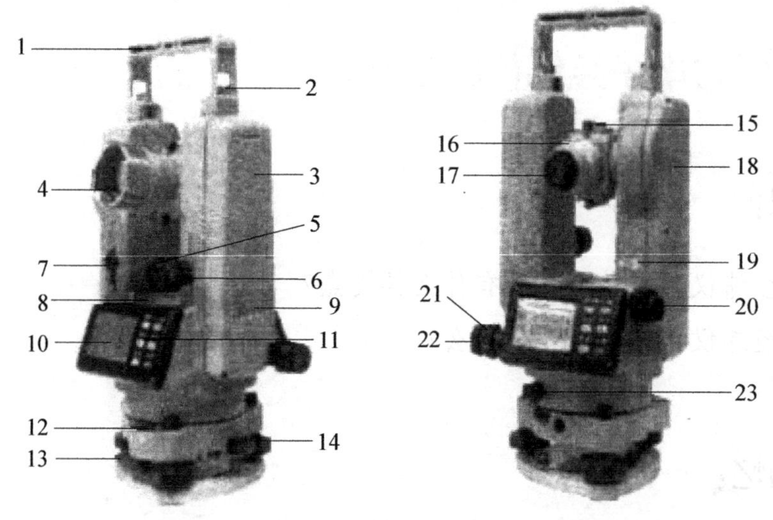

图 3-22　电子经纬仪

1— 提手　2— 提手锁紧螺旋　3— 电池　4— 物镜　5— 竖直微动手轮　6— 竖直制动手轮
7— 测距仪接口　8— 长水准管　9— 仪器型号　10— 显示屏　11— 面板按键　12— 圆水准器
13— 基座　14— 基座锁紧钮　15— 粗瞄准器　16— 望远镜调焦螺旋　17— 目镜
18— 仪器中心标志　19— 仪器号码　20— 对中器　21— 水平制动螺旋
22— 水平微动螺旋　23— 手簿通信接口

二、电子经纬仪测角原理

目前电子经纬仪大部分采用光栅度盘测角系统，现介绍光栅度盘测角原理。

在光学玻璃上均匀地刻出许多等间隔细线，即构成光栅。刻在圆盘上由圆心向外辐射的等角距光栅，称为经向光栅，用于角度测量，也称为光栅度盘，如图 3-23 所示。

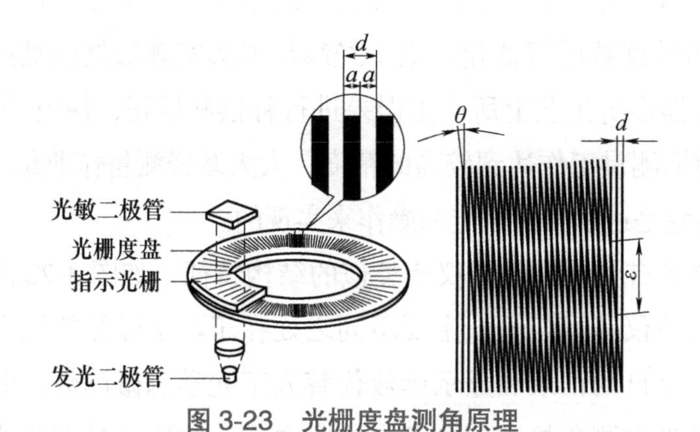

图 3-23　光栅度盘测角原理

光栅的基本参数是刻划线的密度和栅距。密度为 1mm 内刻划线的条数。栅距为相邻两栅的间距。光栅宽度和心缝隙宽度均为 a，栅距为 $d=a+a$，如图 3-23 所示。电子经纬仪是在光栅度盘的上、下对称位置分别安装光源和光电接收机。由于栅线不透光，而缝隙透光，则可将光栅度盘是否透光的信号变为电信号。当光栅度盘移动时，光电接收管就可对通过的光栅数进行计数，从而得到角度值。这种靠累计计数而无绝对刻度数的读数系统称为增量式读数系统。

由此可见，光栅度盘的栅距就相当于光学度盘的分划，栅距越小，则角度分划值越小，即测角精度越高。例如在 80mm 直径的光栅度盘上，刻画有 12500 条细线（刻线密度为 156 条 /mm），栅距分划值为 1′44″。要想再提高测角精度，必须对其进一步细分。然而，这样小的栅距，再细分实属不易。所以，在光栅度盘测角系统中，采用了莫尔条纹技术进行测微。

所谓莫尔条纹，就是将两块密度相同的光栅重叠，并使它们的刻划线相互倾斜一个很小的角度，此时便会出现明暗相间的条纹，如图 3-23 所示，该条纹称为莫尔条纹。

根据光学原理，莫尔条纹有如下特点：

1）两光栅之间的倾角越小，条纹间距越宽，相邻明条纹或暗条纹之间的距离越大。

2）在垂直于光栅构成的平面方向上，条纹亮度按正弦规律周期性变化。

3）当光栅在垂直于刻线的方向上移动时，条纹顺着刻线方向移动。光栅在水平方向上相对移动一条刻线，莫尔条纹则上下移动一个周期，即移动一个纹距 w。

纹距 w 与栅距 d 之间满足如下关系

$$w=\frac{d}{\theta}\rho'$$

式中　ρ'——两光栅之间的倾角，为 3°438′。

例如，当 θ=20″ 时，纹距 w= 172d，即纹距比栅距放大了 172 倍。这样，就可以对纹距进一步细分，以达到提高测角精度的目的。

使用光栅度盘的电子经纬仪，其指示光栅、发光二极管（光源）、光电转换器和接收二极管位置固定，而光栅度盘与经纬仪照准部一起转动。发光二极管发出的光信号通过莫尔条纹落到光电接收管上，度盘每转动一个栅距（d），莫尔条纹就移动一个周期（w）。所以，当望远镜从一个方向转动到另一个方向时，流过光电管光信号的周期数就是两方向间的光栅数。由于仪器中两光栅之间的夹角是已知的，所以通过自动数据处理，即可算得并显示两方向间的夹角。为了提高测角精度和角度分辨率，仪器工作时，在每个周期内再均匀地填充 71 个脉冲信号，计数器对脉冲计数，则相当于光栅刻划线的条数又增加了 n 倍，即角度分辨率就提高了 n 倍。

为了判别测角时照准部旋转的方向，采用光栅度盘的电子经纬仪的电子线路中还必须有判向电路和可逆计数器。判向电路用于判别照准时旋转的方向，若顺时针旋转，则计数器累加；若逆时针旋转，则计数器累减。

三、注意事项

1）首次使用电池或较长时间不使用后重新使用电池，应对电池进行 2~3 次充放电，充电时间应大于 8h。否则将影响电池寿命。

2）小心轻放，避免振动。

3）不要将仪器和三脚架一起搬动。

4）避免阳光照射和雨淋，不靠近热源。

5）不许用有机溶剂擦拭仪器。

6）不工作时应及时关闭电源开关，装箱时应取下电池盒。

7）仪器外表面可用柔软布或软毛刷拭擦。

8）仪器应定期检查。长时间存放时，请每 1~2 个月开机通电一次。

9）仪器应保存在干燥通风的室内。

10）箱内干燥剂应有效。

11）长途运输时，装有仪器的仪器箱应装入运输包装箱内，并用柔软材料填紧以利于减振。

思考与习题

一、填空题

1. 经纬仪的安置工作包括________、________。

2. 经纬仪安置过程中，整平的目的是使________，对中的目的是使________。

3. 整平经纬仪时，先将水准管与一对脚螺旋连线________，转动两个脚螺旋使气泡居中，再转动照准部________，调节另一个脚螺旋使气泡居中。

4. 经纬仪由________、________和________三部分构成。

二、选择题

1. 在经纬仪照准部的水准管检校过程中，大致整平后使用一对脚螺旋，使气泡居中，当照准部旋转 180° 气泡偏离零点，说明（　　）。

A. 水准管轴不平行于横轴　　B. 仪器竖轴不垂直于横轴

C. 水准管轴不垂直于仪器竖轴　　D. 水准管轴不平行于视准轴

2. 安置经纬仪时，整平的目的是使仪器的（　　）。

A. 竖轴位于竖直位置，水平度盘水平

B. 水准管气泡居中

C. 竖盘指标处于正确位置

D. 水平度盘位于竖直位置

3. 使用经纬仪时进行对中的目的是（　　）。

A. 使仪器竖轴竖直

B. 使仪器中心与测站点中心位于同一铅垂线上

C. 使水平度盘水平

D. 使目标不偏心

4. 采用盘左、盘右的水平角观测方法，可以消除（　　）误差。

A. 对中　　B. 十字丝的竖丝不竖直

C. 整平　　D. 视准轴不垂直水平轴

5. 用测回法观测水平角，测完上半测回后，发现水准管气泡偏离 2 格多，在此情况下应（　　）。

A. 继续观测下半测回　　B. 整平后观测下半测回

C. 继续观测或整平后观测下半测回　　D. 整平后全部重测

6. 用经纬仪观测水平角时，尽量照准目标的底部，其目的是消除（　　）误差对测角的影响。

A. 对中　　B. 照准

C. 整平　　D. 目标偏离中心

7. 用测回法观测水平角，当右方目标方向值 $\alpha_{右}$ 小于左方目标方向值 $\alpha_{左}$ 时，水平角 β 的计算方法是（　　）。

A. $\beta=\alpha_{左}-\alpha_{右}$　　B. $\beta=\alpha_{右}-180°-\alpha_{左}$

C. $\beta=\alpha_{右}+360°-\alpha_{左}$　　D. $\beta=\alpha_{右}+180°-\alpha_{左}$

8. 一个水平角欲测 4 个测回，各测回起始方向角的读数分别应置于（　　）附近。

A. 0° 45° 90° 135°　　B. 0° 30° 60° 90°

C. 0° 45° 90° 120°　　D. 0° 90° 180° 270°

三、简答题

1. DJ_6 型光学经纬仪由哪几部分组成？

2. 经纬仪安置包括哪两项内容？怎样进行？目的何在？

3. 简述使用水平度盘变换手轮装置，将经纬仪水平度盘读数配置在 0°00′00″ 的操作方法。

4. 经纬仪上有几对制动螺旋、微动螺旋？各起什么作用？

5. 试述测回法操作步骤、记录、计算及限差规定。

6. 何谓竖盘指标差？观测竖直角时如何消除竖盘指标差的影响？

7. 经纬仪有哪几条主要轴线？各轴线间应满足怎样的几何关系？

四、计算题

1. 整理表 3-3 中测回法水平角观测记录。

表 3-3 测回法水平角观测手簿

测站	竖盘位置	目标	水平度盘读数	半测回角值 / (°)(′)(″)	一测回角值 / (°)(′)(″)	各测回角值 / (°)(′)(″)	备注
第一测回 O	左	1	00°00′06″				
	左	2	78°48′54″				
	右	1	180°00′36″				
	右	2	258°49′06″				
第二测回 O	左	1	90°00′12″				
	左	2	168°49′06″				
	右	1	270°00′30″				
	右	2	348°49′12″				

2. 试述竖直角观测的步骤，并完成表 3-4 的计算（注：盘左视线水平时指标读数为 90°，仰起望远镜读数减小）。

表 3-4 竖直角观测手簿

测站	目标	竖盘位置	竖盘读数	半测回竖直角 / (°)(′)(″)	竖盘指标差 / (″)	一测回竖直角 / (°)(′)(″)	备注
O	A	左	78°18′24″				
		右	281°42′00″				
	B	左	91°32′42″				
		右	268°27′30″				

项目四　学习距离测量与直线定向

项目概述

距离测量是测量的一项基本工作，在本项目中主要介绍了距离测量的方法。要求熟练掌握距离测量的基本方法；在建筑施工测量中，要求掌握方位角、象限角的计算。

思政目标

要着重考核学生在建筑工程测量实践环节中的道德表现，要及时对学生在实践场地的测量工作进行评价，还要兼顾学生对理论知识的掌握情况，运用多种方法检验学生的职业素养、个人素养、专业素养，从而让考核能够充分及时地反映学生成才情况，反映课程中知识传授与价值引领的结合程度，用科学的考核方法提升教学效果。

任务一　学习距离测量与直线定线的方法

想一想：

1. 怎样测量一段距离？
2. 在距离测量的具体操作过程中，需要注意哪些问题？有什么要求？

知识回忆：

1. 水平角。
2. 竖直角。
3. 经纬仪的检验。

一、量距工具

测量学中，距离是指地面上两点沿铅垂线方向，在大地水准面上投影后所得到的两点间的弧长。在测区面积不大的情况下，可以用水平面代替水准面。两点间连线投影在水平面上的长度称为水平距离。不在同一水平面上的两点间连线的长度称为两点间的倾斜距离。

测量地面两点间的水平距离是确定地面点位的基本测量工作。距离测量的方法有多种，常用的距离测量方法有钢尺量距、视距测量、电磁波测距和 GPS 测量等。

要确定地面两点的相对位置，需要确定两点所连直线的方向，而确定直线方向的工作称为直线定向。

1. 钢尺

钢尺量距是指用钢卷尺沿地面直接丈量距离。钢尺（图 4-1）是钢制的带尺，常用的钢尺宽 10~15mm；长度有 20m、30m 及 50m 几种，卷放在圆形盒内或金属架上。钢尺的基本分划为厘米，每米及每分米处有数字注记。一般钢尺在起点处 1dm 内刻有毫米分划；有的钢尺，整个尺长内都刻有毫米分划。

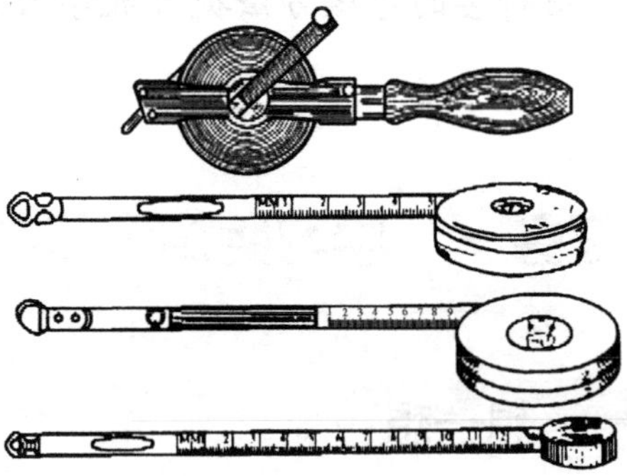

图 4-1 钢尺

由于尺的零点位置不同，有端点尺和刻线尺的区别。端点尺（图 4-2a）是以尺的最外端作为尺的零点，在从建筑物墙边开始丈量时，使用方便。刻线尺（图 4-2b）是以尺前端的一刻线作为尺的零点。

钢尺由优质钢制成，故受拉力的影响较小，但有热胀冷缩的特性。由于钢尺较薄，性脆易折断，应防止打结、车轮碾压。钢尺受潮易生锈，应防止雨淋、水浸。

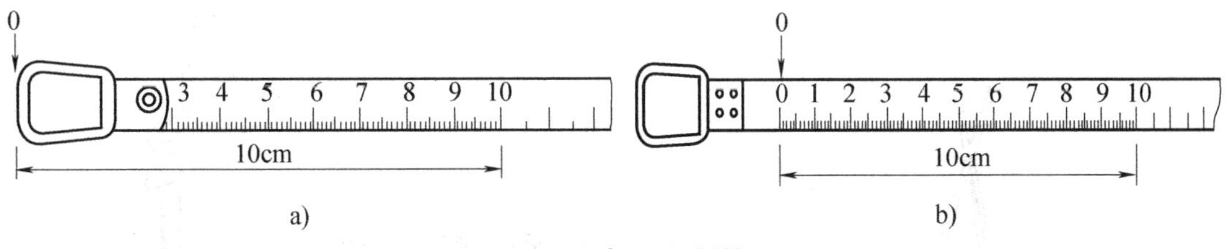

图 4-2　端点尺和刻线尺

a）端点尺　b）刻线尺

2. 标杆

标杆（图 4-3）多用木材或者铝合金制成，直径 3cm，全长有 2m、2.5m 以及 3m 等几种规格。杆上用油漆漆成红白相间的 20cm 色段，非常醒目，标杆下端装有尖头铁脚，便于插入地面，作为照准标志。

3. 测钎

测钎（图 4-4）一般用钢筋制成，上部弯成小圆环，下部磨尖，直径为 3~6mm，长度为 30~40cm。钎上可用油漆涂成红白相间的色段。通常 6 根或 11 根系成一组。量距时，将测钎插入地面，用以标定尺端点的位置，也可作为近处目标的瞄准标志。

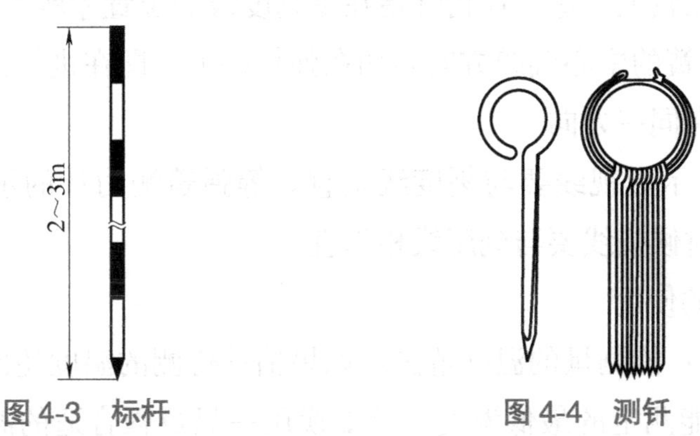

图 4-3　标杆　　　　图 4-4　测钎

4. 垂球、弹簧秤和温度计等

垂球用金属制成，上大下尖呈圆锥形，上端中心系一根细绳，悬吊后，垂球尖与细绳在同一垂线上。它常用于在斜坡上丈量水平距离，如图 4-5 所示。

弹簧秤和温度计等在精密量距中使用，如图 4-6 所示。

（1）弹簧秤的使用

1）观察量程：就是观察弹簧秤面板上的最大刻度值。在使用过程中切忌拉力的大小超过弹簧测力计的测量限度，否则容易损坏拉力计，使用的原则是不能超过最大量程，同时要保证足够的精确度。一般 30m 钢尺标准拉力为 100N，50m 钢尺标准拉力为 150N。

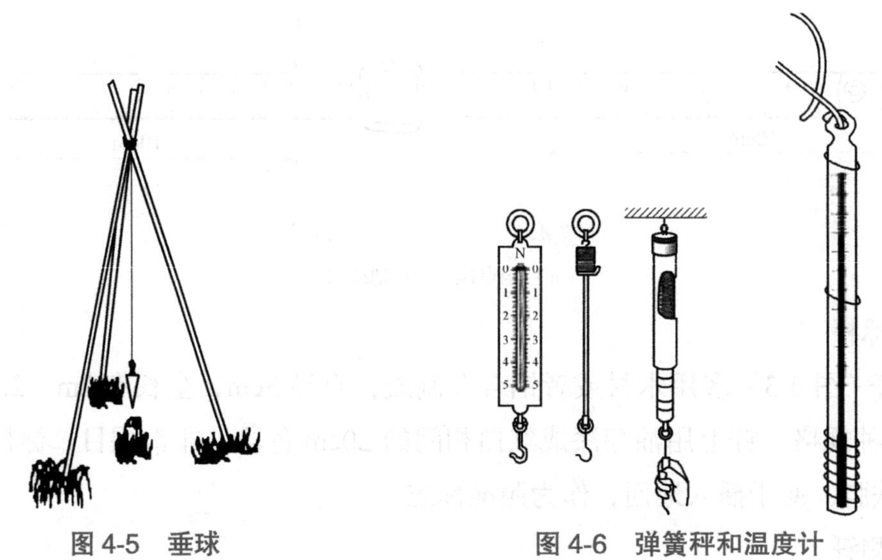

图 4-5　垂球　　　　图 4-6　弹簧秤和温度计

2）观察最小刻度值：就是弹簧秤刻度的每一小格表示多少牛。

3）校正零点：看一下弹簧测力计的指针是否指在零刻度线的位置，如果不是，要来回拉动几次挂钩，看一下弹簧是否很好地恢复初始形状，检查一下，是否与外壳之间存在较大摩擦，让指针指在零刻度线的位置才能使用。

4）拉力沿弹簧的中心轴线方向施加在弹簧秤上，即在进行钢尺量距时，尽量使弹簧秤与钢尺在同一方向。

5）观察指针示数视线要与刻度线垂直。等弹簧测力计的示数稳定之后再读数，并且读数的时候视线要与刻度线相垂直。

（2）温度计的使用

1）观察量程：能测量的温度范围。如果估计待测的温度超出它能测定的最高温度，或低于它能测定的最低温度，就要换用一只量程合适的温度计，否则温度计内的液体可能将温度计胀破，或者测不出温度值。

2）认清分度值，分度值是指温度计上面每个小格代表的数值，它决定了测量的精确程度，常用温度计的分度值是 0.1℃；读数时，视线要与温度计的液柱顶端相平。

3）用手拿温度计的上端，等温度计内的液柱停止升降时再读数，俯视和仰视读出的结果都是不准确的。

二、直线定线

一般丈量的边长都比丈量使用的尺子长，也就是说，用尺子一次不能量完，需在直线方向上插一些标杆表明直线走向，这种工作称为直线定线。定线方法通常有目估定线和经纬仪定线。

1. 目估定线

在丈量直线的两端点间增加许多中间点，然后逐渐丈量各段长度。设两点为 A 和 B（图 4-7），在这两点上竖立标杆，由一测量员站在 A 点标杆后 1~2m 处，观测另一测量员所持标杆大致在 AB 方向附近移动，当与 A、B 两点的标杆重合时，即在同一直线上。一般定线时，点与点之间的距离宜稍短于一整尺长，地面起伏较大时则宜更短。

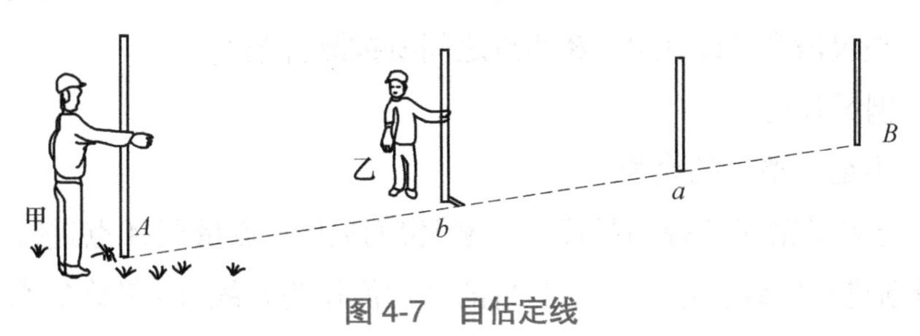

图 4-7 目估定线

2. 经纬仪定线

设丈量直线 AB 的距离，首先清除直线上的障碍物，然后安置经纬仪于 A 点上，对中整平，瞄准 B 点，将照准部制动，利用微动螺旋准确瞄准，最后转动经纬仪望远镜进行定线，并用木桩标定，各桩顶间的距离应小于一整尺的长度。

三、钢尺量距的一般方法

1. 平坦地面上的量距方法

丈量前，先将待测距离的两端点用木桩（桩顶钉一小钉）标志出来，清除直线上的障碍物后，一般由两人在两点间边定线边丈量，具体做法如下：

1）如图 4-8 所示，量距时，先在 A、B 两点上竖立标杆（或测钎），标定直线方向，然后，后尺手持钢尺的零端位于 A 点，前尺手持尺的末端并携带一束测钎，沿 AB 方向前进，至一尺段长处停下，两人都蹲下。

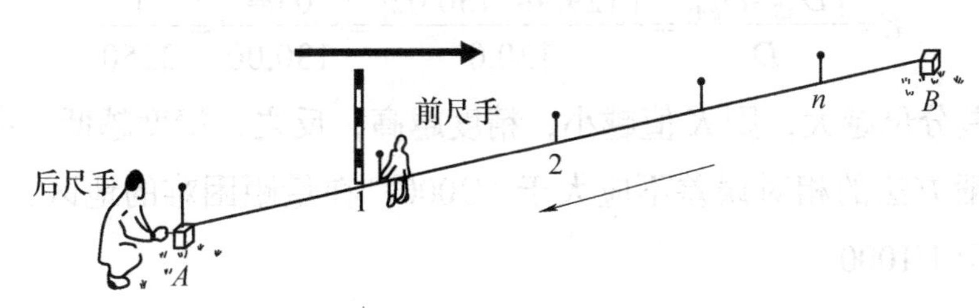

图 4-8 平坦地面上的量距方法

2）后尺手以手势指挥前尺手将钢尺拉在 AB 直线方向上；两人同时将钢尺拉直、拉紧、拉稳后，前尺手喊“预备”，后尺手将钢尺零点准确对准 A 点，并喊“好”，前尺手随即将测钎对准钢尺末端竖直插入地面（在坚硬地面处，可用铅笔在地面画线做标记），得到 1 点。这样便完成了第一尺段 A_1 的丈量工作。

3）接着后尺手与前尺手共同举尺前进，后尺手走到 1 点时即喊“停”。同法丈量第二尺段，然后后尺手拔起 1 点上的测钎。如此继续丈量下去，直至最后量出不足一整尺的余长 q。则 A、B 两点间的水平距离为

$$D_{AB}=nl+q \tag{4-1}$$

式中 n——整尺段数（即在 A、B 两点之间所拔测钎数）；

l——钢尺长度；

q——不足一整尺的余长。

为了防止丈量错误和提高精度，一般还应该由 B 点量至 A 点进行返测，返测时应注意重新进行定线，取往、返测量的平均值作为直线 AB 最终的水平距离。

$$D=\frac{1}{2}(D_{AB}+D_{BA}) \tag{4-2}$$

量距精度通常用相对误差 K 衡量，相对误差 K 化为分子为 1 的分数形式，即

$$K=\frac{|D_{AB}-D_{BA}|}{D}=\frac{|\Delta D|}{D}=\frac{1}{\frac{D}{|\Delta D|}} \tag{4-3}$$

【例】用 30m 长的钢尺往返丈量 A、B 两点间的水平距离，丈量结果分别为：往测 4 个整尺段，余长为 9.98m；返测 4 个整尺段，余长为 10.02m。计算 A、B 两点间的水平距离 D_{AB} 及其相对误差 K。

解：

$$D_{AB}=nl+q=4\times30\text{m}+9.98\text{m}=129.98\text{m}$$

$$D_{BA}=nl+q=4\times30\text{m}+10.02\text{m}=130.02\text{m}$$

$$D=\frac{1}{2}(D_{AB}+D_{BA})=\frac{1}{2}\times(129.98+130.02)\text{m}=130.00\text{m}$$

$$K=\frac{|D_{AB}-D_{BA}|}{D}=\frac{|129.98-130.02|}{130.0}=\frac{0.04}{130.00}=\frac{1}{3250}$$

相对误差分母越大，则 K 值越小，精度越高；反之，精度越低。在平坦地区，钢尺量距一般方法的相对误差不应大于 1/3000；在量距困难的地区，其相对误差也不应该大于 1/1000。

2. 倾斜地面上的量距方法

（1）平量法　在倾斜地面上量距时，如果地面起伏不大，可将钢尺拉平进行丈量。如图 4-9 所示，丈量时，后尺手以尺的零点对准地面 A 点，并指挥前尺手将钢尺拉在 AB 直线方向上，同时前尺手抬高尺子的一端，目估使钢尺水平，将垂球绳紧靠在钢尺上的某一分划，用垂球尖投影于地面上，再插测钎，得 1 点。此时钢尺上分划读数即为 A、1 两点之间的水平距离。同法继续丈量其余各尺段。当丈量至 B 点时，应注意垂球尖必须对准 B 点。各测段丈量结果的总和就是 A、B 两点间的往测水平距离。为了方便起见，返测也应该由高向低丈量。若精度符合要求，则取往返测量的平均值作为最后的结果。

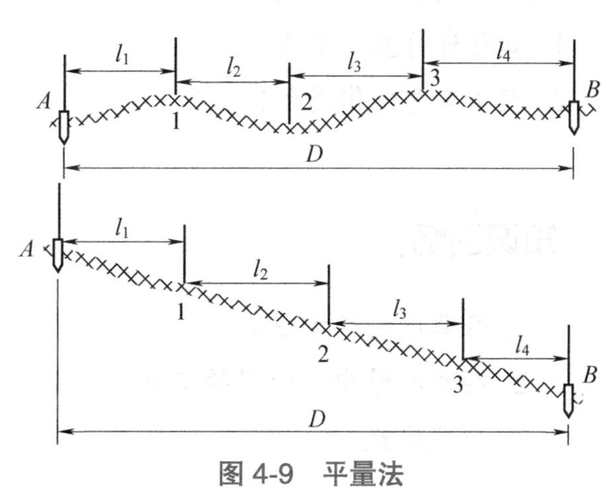

图 4-9　平量法

（2）斜量法　当倾斜地面的坡度比较均匀时（图 4-10），可以沿倾斜地面丈量出 A、B 两点之间的斜距 L_{AB}，用经纬仪测出直线 AB 的倾斜角 α，或者测出 A、B 两点的高差 h_{AB}，然后计算 A、B 两点间的水平距离 D_{AB}，即

$$D_{AB}=L_{AB}\cos\alpha \tag{4-4}$$

$$D_{AB}=\sqrt{L^2_{AB}-h^2_{AB}} \tag{4-5}$$

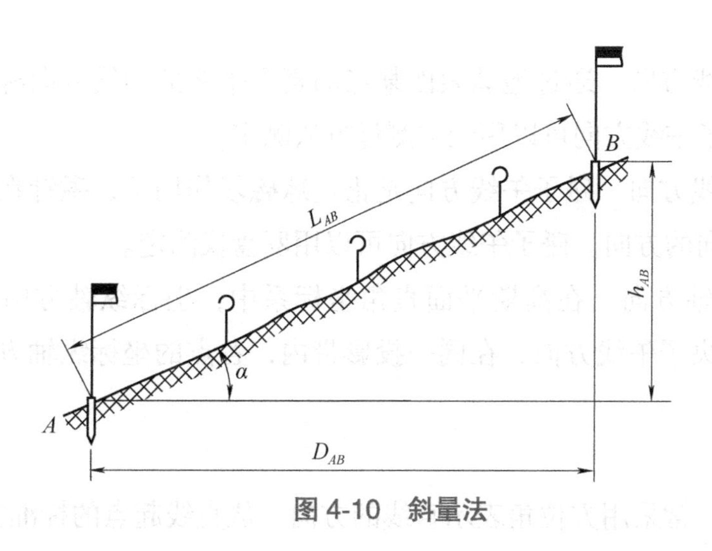

图 4-10　斜量法

任务二　学习直线定向

想一想：

1. 如何进行直线定向？
2. 直线定向的作用是什么？

知识回忆：

1. 距离测量的方法。
2. 距离测量中所使用的工具。
3. 直线定线。

一、直线定向的基本概念

确定地面上两点之间的相对位置，除了需要测定两点之间的水平距离，还需要确定两点所连直线的方向。一条直线的方向是根据某一标准方向来确定的。确定直线与标准方向之间的水平夹角的工作称为直线定向。

1. 标准方向

（1）真子午线方向　通过地球表面某点的真子午线的切线方向称为该点的真子午线方向。真子午线方向可以用天文测量方法测定。

（2）磁子午线方向　磁子午线方向是指地球磁场作用下，磁针在某点自由静止时其轴线所指向的方向。磁子午线方向可以用罗盘仪测定。

（3）坐标纵轴方向　在高斯平面直角坐标系中，坐标纵轴方向就是地面点所在投影带的中央子午线方向，在同一投影带内，各点的坐标纵轴方向是彼此平行的。

2. 方位角

测量工作中，常采用方位角表示直线的方向。从直线起点的标准方向北端起，顺时针方向量至该直线的水平夹角（用 α 表示），称为直线的方位角。方位角取值范围是 0°~360°，如图 4-11 所示。

二、坐标方位角的推算

1. 正、反坐标方位角

如图 4-11 所示，以 A 为起点、B 为终点的直线 AB 的坐标方位角 α_{AB}，称为直线 AB 的坐标方位角。而直线 BA 的坐标方位角 α_{BA} 称为直线 AB 的反坐标方位角。正、反坐标方位角之间的关系为

$$\alpha_{AB}=\alpha_{BA}\pm 180° \tag{4-6}$$

2. 坐标方位角的推算

在实际工作中并不需要测定每条直线的坐标方位角，而是通过与已知坐标方位角的直线连测后，推算出各直线的坐标方位角。如图 4-12 所示，已知直线 12 的坐标方位角 α_{12}，观测了水平角 β_2 和 β_3，要求推算直线 23 和直线 34 的坐标方位角，由此得出

$$\alpha_{23}=\alpha_{21}-\beta_2=\alpha_{12}+180°-\beta_2$$

$$\alpha_{34}=\alpha_{32}+\beta_3=\alpha_{23}+180°+\beta_3$$

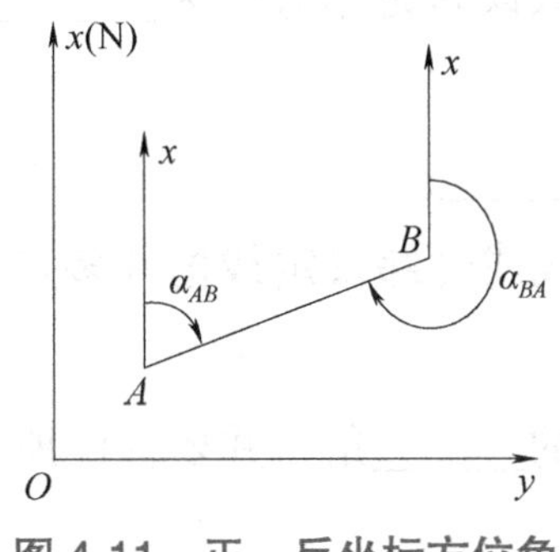

图 4-11　正、反坐标方位角

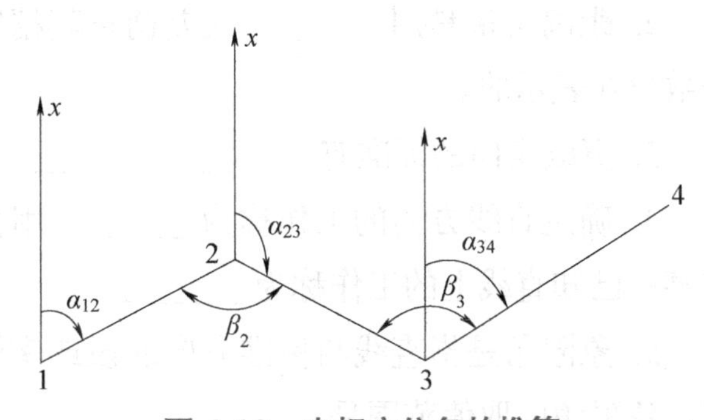

图 4-12　坐标方位角的推算

因 β_2 在推算路线前进方向的右侧，该转折角称为右角；β_3 在推算路线前进方向的左侧，称为左角。从而可归纳出推算坐标方位角的一般公式为

$$\alpha_{前}=\alpha_{后}+180°+\beta_{左} \tag{4-7}$$

$$\alpha_{前}=\alpha_{后}+180°-\beta_{右} \tag{4-8}$$

计算中，如果 $\alpha_{前}$>360°，应自动减去 360°；如果 $\alpha_{前}$<0°，则自动加上 360°。

三、象限角

1. 象限角的概念

由坐标纵轴的北端或者南端起，沿顺时针或者逆时针方向量至直线的锐角，

称为该直线的象限角，用 R 表示，其取值范围为 0°~90°。如图 4-13 所示，直线 $O1$、$O2$、$O3$ 和 $O4$ 的象限角分别为北东、南东、南西和北西。

2. 坐标方位角与象限角的换算关系

由图 4-13 所示可以看出坐标方位角与象限角的换算关系为

在第Ⅰ象限：$R=\alpha$

在第Ⅱ象限：$R=180°-\alpha$

在第Ⅲ象限：$R=\alpha-180°$

在第Ⅳ象限：$R=360°-\alpha$

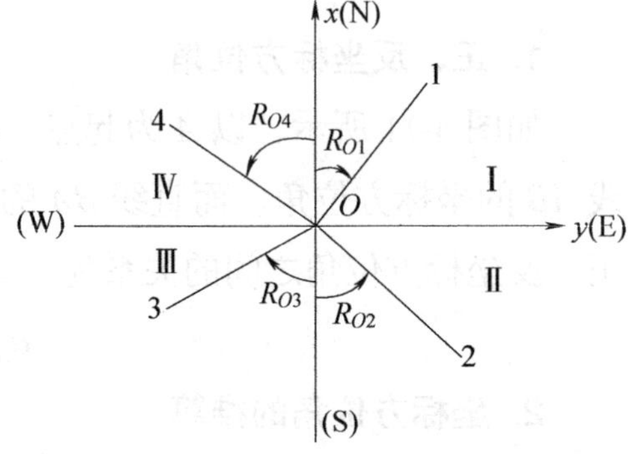

图 4-13　坐标方位角与象限角的换算

思考与习题

一、填空题

1. 直线定线的方法有________和________。

2. 距离丈量是用________误差衡量其精度的，该误差是用分子为________的分数形式表示的。

3. 直线定向的标准有________、________、________。

4. 确定直线方向的工作称为______，用目估定线或经纬仪定线把许多点标定在某一已知直线上的工作称为______。

5. 象限角是指直线与标准方向北段或南端所夹的______角，并要标注所在象限。象限角的取值范围是______。

二、名词解释

1. 水平距离：

2. 直线定线：

3. 方位角：

4. 象限角：

三、选择题

1. 已知直线 AB 的坐标方位角为 186°，则直线 BA 的坐标方位角为（　　）。

A. 96°　　B. 276°　　C. 86°　　D. 6°

2. 坐标方位角是以（　　）为标准方向，顺时针转到测线的夹角。

A. 真子午线方向　　B. 磁子午线方向

C. 假定纵轴方向　　D. 坐标纵轴方向

3. 已知直线 AB 的坐标方位角 α_{AB}=207°15′45″，则直线 BA 的坐标方位角 α_{BA} 为（　　）。

A. 117°15′45″　　B. 297°15′45″　　C. 27°15′45″　　D. 207°15′45″

4. 直线坐标方位角的角度范围是（　　）。

A. 0°~360°　　B. 0°~±180°　　C. 0°~±90°　　D. 0°~90°

四、问答题

1. 直线定线的目的是什么？

2. 何谓正、反坐标方位角？

3. 直线定向与直线定线的区别是什么？

五、计算题

1. 用钢尺丈量一条直线，往测长度为 217.30m，返测长度为 217.38m，现规定其相对误差不应大于 1/2000，试问：

1）此测量成果是否满足精度要求？

2）按此规定，若丈量 100m，往返测最大允许相差是多少 mm？

2. 甲组丈量 A、B 两点的距离，往测为 158.260m，返测为 158.270m。乙组丈量 C、D 两点的距离，往测为 202.840m，返测为 202.828m。计算两组丈量结果，并比较其精度高低。

3. 如图 4-14 所示的五边形的各内角，已知边 12 的坐标方位角为 30°，试计算其他各边的坐标方位角。

4. 如图 4-15 所示，已知边 12 的坐标方位角为 65°，求边 23 的正坐标方位角及边 34 的反坐标方位角。

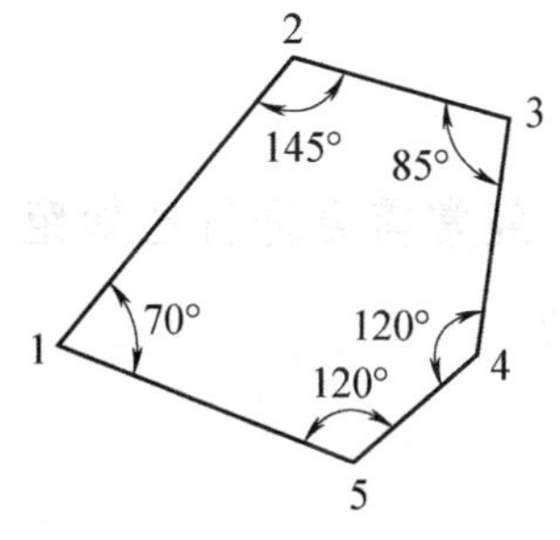

图 4-14　五边形的各内角

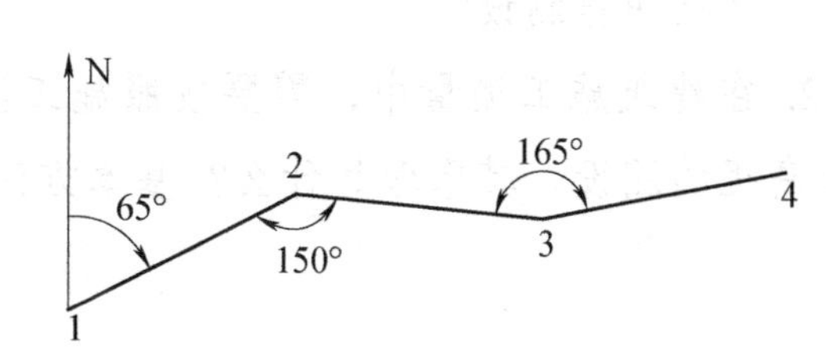

图 4-15　某线路坐标方位角的推算

项目五　学习定位与放线

项目概述

在建筑施工中，从施工场地的控制测量到建筑物的定位放线，还有基础工程施工测量都是施工测量的综合应用。本项目主要是以施工测量为教学内容，以《工程测量标准》（GB 50026—2020）为标准，要求掌握建筑物的定位放线和其他有关测量。

思政目标

将学生的认知、情感、价值观等内容纳入其中，体现实践教学的人文性、多元性，逐步将客观量化评价与主观效度检验结合起来，运用多种方法检验学生的职业素养、个人素养和专业素养。

任务一　学习测设的基本工作

想一想：

1. 什么叫作测设？

2. 在建筑施工测量中，需要按照施工图去施工，经常需要进行已知距离、角度和高程的测设。其原理是什么？基本方法又是什么？

知识回忆：

1. 直线定线。
2. 直线定向。
3. 坐标方位角。
4. 象限角。

一、学习已知水平距离的测设

已知水平距离的测设，是从地面上一个已知点出发，沿给定的方向，量出已知（设计）的水平距离，在地面上定出这段距离另一端点的位置。

1. 钢尺测设法

（1）一般方法　从已知点开始，沿给定的方向，用钢尺直接丈量出已知水平距离，定出这段距离的另一端点。为了校核，应再丈量一次，若两次丈量的相对误差在 1/5000 内，取平均位置作为该端点的最后位置。

（2）精密方法　当测设精度要求较高时，应按钢尺量距的精密方法进行测设，具体作业步骤如下：

1）将经纬仪安置在起始点上，并标定给定的直线方向，沿该方向概量并在地面上打下尺段桩和终点桩，桩顶刻十字标志。

2）用水准仪测定各相邻桩桩顶之间的高差。

3）按精密丈量的方法先量出整尺段的距离，并加尺长改正、温度改正和高差改正，计算每尺段的长度及各尺段长度之和，得最后结果为 D_0。

4）用已知应测设的水平距离 D 减去 D_0 得余长 q，即 $D-D_0=q$。然后计算余长段应测设的距离 q'，即

$$q'=q-\Delta l_d-\Delta l_t-\Delta l_h \tag{5-1}$$

式中　Δl_d、Δl_t、Δl_h——余长段相应的三项改正。

5）根据 q' 在地面上测设余长段，并在终点桩上做出标志，即为所测设的终点桩。如终点超过了原来打的终点桩，应另打终点桩。

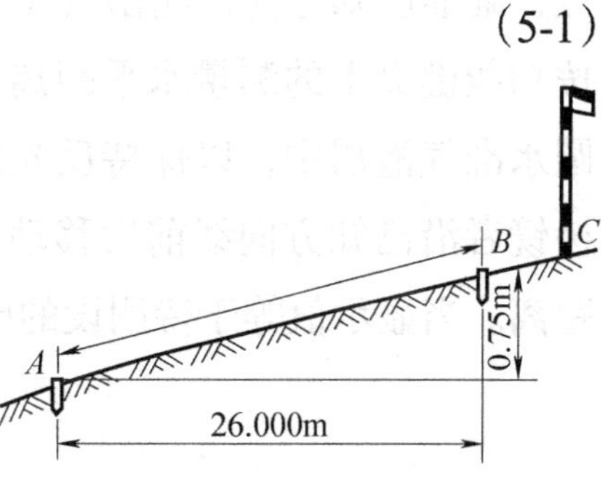

图 5-1　已知水平距离的测设

如图 5-1 所示，自 A 点沿 AC 方向的倾斜地面上测设一点 B，使其水平距离为 26m。设所

用的 30m 钢尺在温度 t_0=20℃时，鉴定的实际长度为 30.003m，钢尺的膨胀系数 α=1.25×10^{-5}，测设时的温度 t=4℃。预先用钢尺概量 AB 长度得 B 点的概略位置，用水准仪测得 AB 的高差 h=0.75m。试求测设时的实量长度。

首先计算下列改正数：

$$\Delta l_d=l\frac{\Delta l}{l_0}=26\text{m}\times\frac{30.003-30.000}{30.000}=0.003\text{m}$$

$$\Delta l_h=-\frac{h^2}{2l}=-\frac{0.75^2}{2\times 26}\text{m}=-0.011\text{m}$$

$$\Delta l_t=\alpha l\,(t-t_0)=26\text{m}\times 1.25\times 10^{-5}\times(4-20)=-0.005\text{m}$$

由此得放样数据 D'=26.000m−0.003m+0.011m+0.005m=26.013m。

当测设长度的精度要求不高时，温度改正可不考虑，在倾斜地面上可拉平钢尺来丈量。

2. 用红外测距仪测设水平距离

如图 5-2 所示，在 A 点安置红外测距仪，瞄准已知方向。沿此方向移动反光棱镜位置，使仪器显示值略大于测设的距离 D，定出 C' 点。在 C' 点安置反光棱镜，测出反光棱镜的竖直角 α 及斜距 S（加气象改正）。计算水平距离 $D'=S\cos\alpha$，求出 D' 与应测设的水平距离 D 之差 $\Delta D=D-D'$。根据 ΔD 的符号在实地用小钢尺沿已知方向改正 C' 点至 C 点，并用木桩标定其点位。为了检核，应将反光棱镜安置在 C 点再实测 AC 的距离，若不符合限差规定应再次进行改正，直到测设的距离符合限差为止。

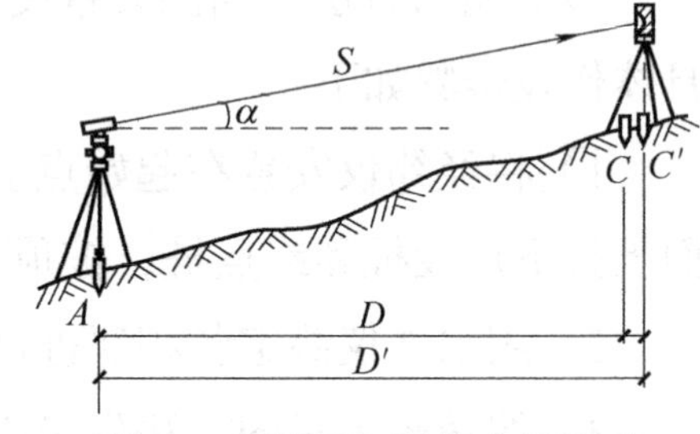

图 5-2　测距仪测设水平距离

如果用具有跟踪功能的测距仪或全站仪测设水平距离，则更为方便，它能自动进行气象改正及将倾斜距离归算成平距并直接显示。测设时，将仪器安置在 A 点，瞄准已知方向，测出气象要素（气温及气压），并将相关数据输入仪器，此时按功能键盘上的测量水平距离和自动跟踪键（或钮），一人手持反光棱镜杆（杆上圆水准气泡居中，以保持反光棱镜杆竖直）立在 C 点附近。只要观测者指挥手持棱镜者沿已知方向线前后移动棱镜，观测者即能在全站仪显示屏上测得瞬时水平距离。当显示值等于待测设的已知水平距离值时，即可定出 C 点。

二、学习已知水平角的测设

在地面上测量水平角时，角度的两个方向已经固定在地面上，而在测设水平角时，只知道角度的一个方向，另一个方向线需要在地面上定出来。

1. 一般放样方法

如图 5-3 所示，设在地面上已有一方向线 OA，欲在 O 点测设第二方向线 OB，使 $\angle AOB=\beta$。可将经纬仪安置在 O 点上，在盘左位置，用望远镜瞄准 A 点，使水平度盘读数为 $0°00'00''$，然后转动照准部，使水平度盘读数为 β，在地面上定出 B' 点；再用盘右位置，重复上述步骤，在地面上定出 B'' 点；B' 点与 B'' 点往往不相重合，取 B' 点与 B'' 点的中点 B，则 $\angle AOB$ 就是要测设的水平角。

2. 精确放样方法

如图 5-4 所示，在 O 点根据已知方向线 OA，精确地测设 $\angle AOB$，使它等于设计角 β，可先用经纬仪盘左位置放出 β 角的另一方向线 OB'，然后用测回法多次观测 $\angle AOB'$，得角值 β'，它与设计角 β 之差为 $\Delta\beta$。为了精确定出正确的方向线 OB，必须改正小角 $\Delta\beta$，为此由 O 点沿 OB' 方向丈量一整数长度 l，得 b' 点，从 b' 点作 OB' 的垂线，用下式求得垂线 $b'b$ 的长度

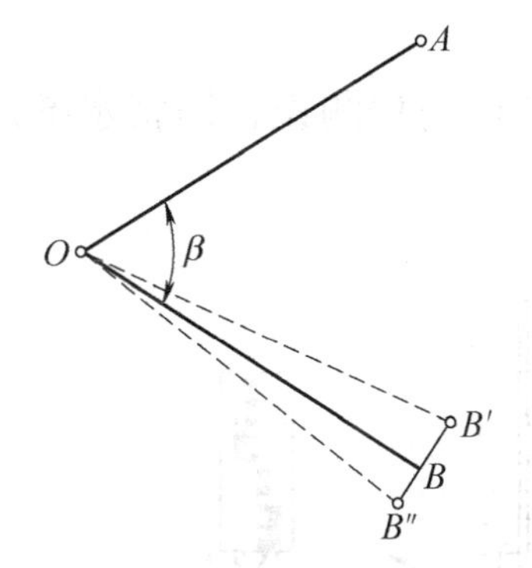

图 5-3　角度的一般放样方法

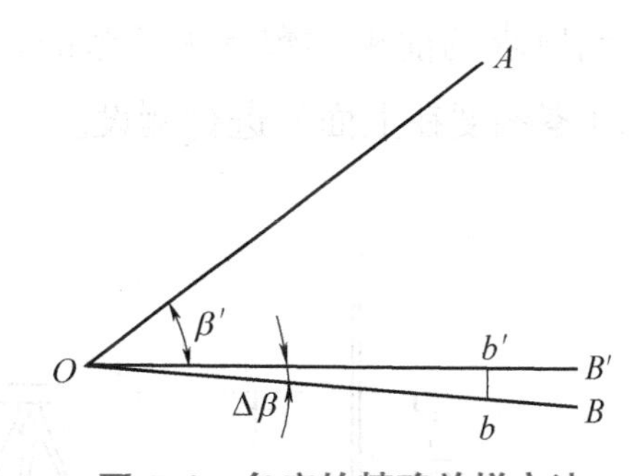

图 5-4　角度的精确放样方法

$$b'b=l\tan\Delta\beta \tag{5-2}$$

由于 $\Delta\beta$ 很小，式（5-2）可写为

$$b'b=l\frac{\Delta\beta}{\rho} \tag{5-3}$$

式中　$\Delta\beta$——以秒为单位；

ρ——$\rho=206265''$。

从 b' 沿垂线方向量 $b'b$ 长度得 b 点，连接 Ob，便得精确放出 β 角的另一方向

线 OB。

三、学习已知高程的测设

已知高程的测设，是利用水准测量的方法，根据已知水准点，将设计高程测设到现场作业面上。

1. 视线高法

如图 5-5 所示，已知水准点 BM_A 的高程 H_A=143.567m，欲在 B 点测设出某建筑物的室内地坪高程（即 ±0.000）为 H_B=144.683m，作为施工时控制高程的依据。其具体测设步骤如下：

1）在水准点 BM_A 和木桩 B 之间大致中间的位置安置水准仪，在 BM_A 处立水准尺，测得后视读数为 1.312m，此时的视线高程为

$$H_i=H_A+a=143.567\text{m}+1.312\text{m}=144.879\text{m}$$

2）计算 B 点水准尺尺底为室内地坪高程时的前视读数

$$H_A+a=H_B+b \Rightarrow b=H_A+a-H_B=144.879\text{m}-144.683\text{m}=0.196\text{m}$$

3）将水准尺在木桩侧面上下移动，当水准仪视线对准 0.196m 时，沿尺底在木桩侧面画水平线，其高程即为 144.683m（即首层室内地坪 ±0.000 的设计高程）。

当所求的前视读数 b 为负数时，则采用倒尺法进行高程测设，即将水准尺倒过来（零刻度在上面）进行测设。

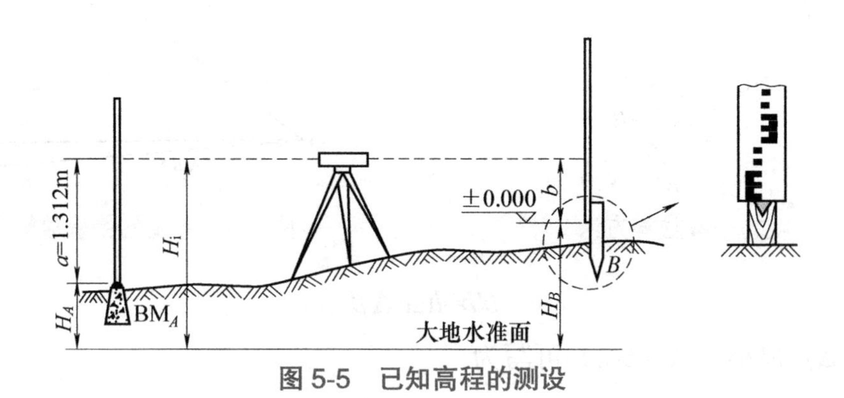

图 5-5　已知高程的测设

2. 高差法

用一根木杆代替水准尺，也可以进行此项测设工作。

1）在 BM_A 上立一木杆，观测者指挥立杆者在木杆上水准仪横丝瞄准的位置画一点 a。

2）在木杆上由 a 点量取高差 $h=H_{设}-H_A$=144.683m−143.567m=1.116m，并做标志 b（h 为正时向下量，h 为负时向上量）。

3）在木桩侧面上下移动木杆，当杆上 b 点与水准仪十字丝横丝重合时，沿木杆底在木桩侧面画水平线，其高程即为 144.683m。

高差法适用于安置一次仪器欲测设若干相同高程点的情况。

四、学习高程传递的方法

当欲测设的高程与水准点之间的高差很大时，可以采用悬挂钢尺来代替水准尺进行测设。

如图 5-6 所示，欲在深基坑内设置一点 B，使其高程为 $H_{设}$。地面附近有一水准点 BM_A，其高程为 H_A。测设方法如下：

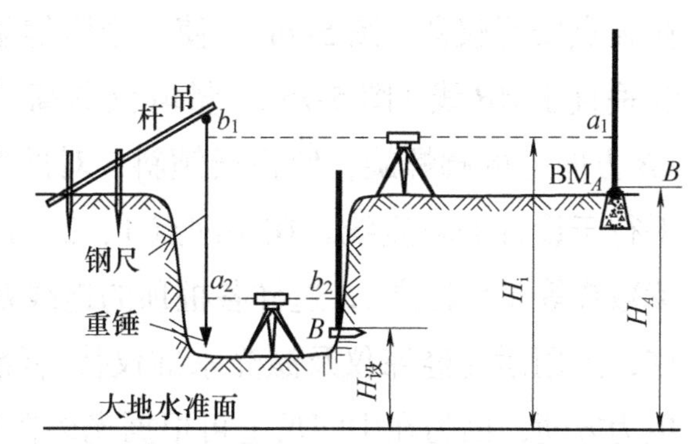

图 5-6　高程传递

1）在基坑一边架设吊杆，杆上吊一根零点向下的钢尺，尺的下端挂上 10kg 的重锤。

2）在地面安置一台水准仪，设水准仪 BM_A 点所立水准尺上读数为 a_1，在钢尺上读数为 b_1。

3）在坑底安置另一台水准仪，设水准仪在钢尺上读数为 a_2，则应有下式成立：

$$H_1=H_A+a_1=H_{设}+(b_1-a_2)+b_2 \tag{5-4}$$

4）计算 B 点水准尺底高程为 $H_{设}$时，B 点处水准尺的读数 b_2 应为

$$b_2=H_A+a_1-H_{设}-(b_1-a_2) \tag{5-5}$$

用同样的方法，也可从低处向高处测设已知高程的点。

五、学习已知坡度的测设

测设指定的坡度线，在道路、敷设上下水管道及排水沟等工程上应用较广泛。如图 5-7 所示，设地面上 A 点高程为 H_A，现要从 A 点沿 AB 方向测设出一条坡度 i=−1% 的直线。先根据已定坡度和 AB 两点间的水平距离 D 计算出 B 点的高程：

$$H_B=H_A-iD \tag{5-6}$$

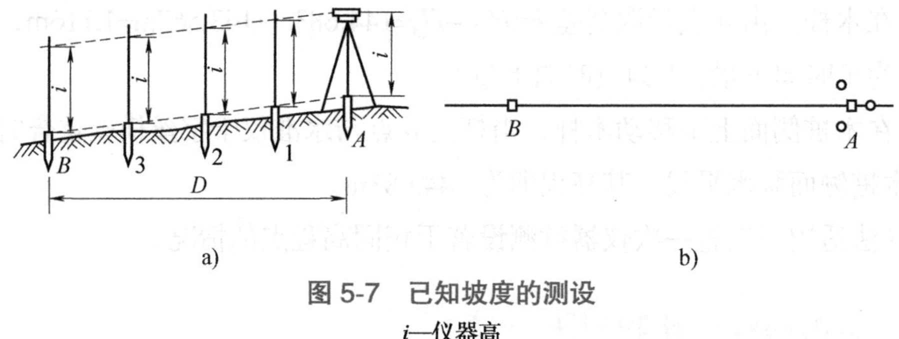

图 5-7　已知坡度的测设

i—仪器高

再利用测设已知高程的方法，把 B 点的高程测设出来。在坡度线中间的各点即可用经纬仪的倾斜视线进行标定。若坡度不大也可用水准仪。用水准仪测设时，在 A 点安置仪器（图 5-7a），使一个脚螺旋在 AB 方向线上，而另两个脚螺旋的连线垂直于 AB 线（图 5-7b），量取仪器高 i，用望远镜瞄准 B 点上的水准尺，旋转 AB 方向上的脚螺旋，使视线倾斜，对准尺上读数为仪器高 i，此时仪器的视线即平行于设计的坡度线。在中间点 1、2、3 处打木桩，然后在桩顶上立水准尺使其读数皆等于仪器高 i，这样各桩顶的连线就是测设在地面上的坡度线。如果条件允许，采用激光经纬仪及激光水准仪代替经纬仪及水准仪，则测设坡度线的中间点更为方便，因为在中间尺上可根据光斑在尺上的位置调整尺子的高低。

六、学习点的平面位置的测设

测设放样点的平面位置的基本方法有直角坐标法、极坐标法、角度交会法和距离交会法等。可根据施工控制网的形式、控制点的分布情况、地形情况、现场条件及待建建筑物的测设精度要求等进行选择。

1. 直角坐标法

直角坐标法是根据直角坐标原理，利用纵横坐标之差，测设点的平面位置。

（1）适用场合　直角坐标法适用于施工控制网为建筑方格网或建筑基线的形式，且量距方便的建筑施工场地。

（2）计算测设数据　如图 5-8 所示，Ⅰ、Ⅱ、Ⅲ、Ⅳ为建筑施工场地的建筑方格网点，a、b、c、d 为欲测设建筑物的四个角点，根据设计图上各点坐标值，可求出建筑物的长度、宽度及测设数据。

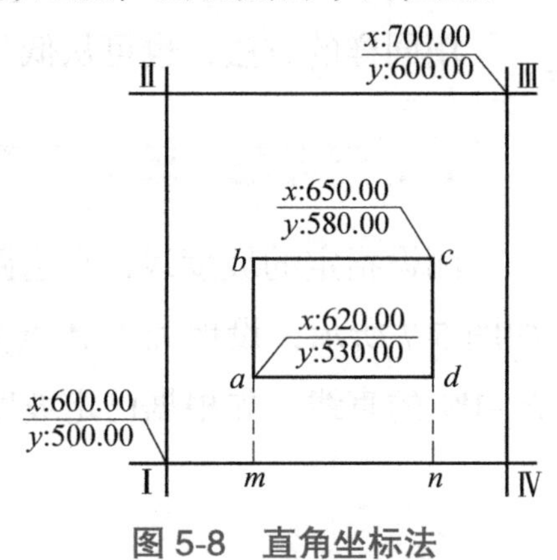

图 5-8　直角坐标法

建筑物的长度 $=y_c-y_a$=580.00m−530.00m=50.00m

建筑物的宽度 $=x_c-x_a$=650.00m−620.00m=30.00m

（3）点位测设方法

1）在Ⅰ点安置经纬仪，瞄准Ⅳ点，沿视线方向测设距离 30.00m，定出 *m* 点，继续向前测设 50.00m，定出 *n* 点。

2）在 *m* 点安置经纬仪，瞄准Ⅳ点，按逆时针方向测设 90° 角，由 *m* 点沿视线方向测设距离 20.00m，定出 *a* 点，做出标志，再向前测设 30.00m，定出 *b* 点，做出标志。

3）在 *n* 点安置经纬仪，瞄准Ⅰ点，按顺时针方向测设 90° 角，由 *n* 点沿视线方向测设距离 20.00m，定出 *d* 点，做出标志，再向前测设 30.00m，定出 *c* 点，做出标志。

4）检查建筑物四角是否等于 90°，各边长是否等于设计长度，其误差均应在限差以内。

上述方法计算简单、施测方便、精度较高，是应用较广泛的一种方法。

2. 极坐标法

极坐标法

极坐标法是根据一个水平角和一段水平距离，测设点的平面位置。

（1）适用场合　极坐标法适用于量距方便，且待测点距控制点较近的建筑施工场地。

（2）计算测设数据　如图 5-9 所示，*A* 点、*B* 点为已知平面控制点，其坐标值分别为 $A(x_A, y_A)$、$B(x_B, y_B)$，*P* 点为建筑物的一个角点，其坐标为 $P(x_P, y_P)$。现根据 *A*、*B* 两点，用极坐标法测设 *P* 点，其测设数据计算方法如下：

1）计算 *AB* 边的坐标方位角 α_{AB} 和 *AP* 边的坐标方位角 α_{AP}。依据坐标反算公式有

$$\alpha_{AB}=\arctan\frac{y_B-y_A}{x_B-x_A}=\arctan\frac{\Delta y_{AB}}{\Delta x_{AB}}$$

$$\alpha_{AP}=\arctan\frac{y_P-y_P}{x_P-x_P}=\arctan\frac{\Delta y_{AP}}{\Delta x_{AP}}$$

图 5-9　极坐标法

注意：每条边在计算时，应根据 Δx 和 Δy 的正负情况，判断该边所属象限。

2）计算 *AP* 与 *AB* 之间的夹角，即

$$\beta=\alpha_{AB}-\alpha_{AP}$$

3）计算 A、P 两点间的水平距离，即

$$D_{AP}=\sqrt{(x_P-x_A)^2+(y_P-y_A)^2}=\sqrt{\Delta x_{AP}^2+\Delta y_{AP}^2}$$

【例】已知 x_P=370.00m，y_P=458.000m，x_A=348.758m，y_A=433.570m，α_{AB}=103°48′48″，求测设数据 β 和 D_{AP}。

解：

$$\alpha_{AP}=\arctan\frac{y_P-y_P}{x_P-x_P}=\arctan\frac{458.000-433.570}{370.000-348.758}=48°59'34''$$

$$\beta=\alpha_{AB}-\alpha_{AP}=103°48'48''-48°59'34''=54°49'14''$$

$$D_{AP}=\sqrt{(x_P-x_A)^2+(y_P-y_A)^2}=\sqrt{(370.000-348.758)^2+(458.000-433.570)^2}\ \text{m}=32.374\text{m}$$

（3）点位测设方法

1）在 A 点安置经纬仪，瞄准 B 点，按逆时针方向测设角，定出 AP 方向。

2）沿 AP 方向自 A 点测设水平距离 D_{AP}，定出 P 点，做出标志。

3）用同样的方法测设 Q 点、R 点、S 点。全部测设完毕后，检查建筑物四角是否等于 90°，各边长是否等于设计长度，其误差均应在限差以内。

3. 角度交会法

角度交会法是用经纬仪从两个控制点分别测设出两个已知水平角的方向，交会出点的平面位置。

（1）适用场合　角度交会法适用于待测设点距控制点较远，且量距较困难的建筑施工场地。

角度交会法

（2）计算测设数据　如图 5-10 所示，A 点、B 点为已知平面控制点，P 为待测设点。现根据 A、B 两点，用角度交会法测设 P 点，其测设数据计算方法如下：

1）根据坐标反算公式，分别计算出 α_{AB}、α_{AP}、α_{BA}、α_{BP}。

2）计算水平角 β_1、β_2。

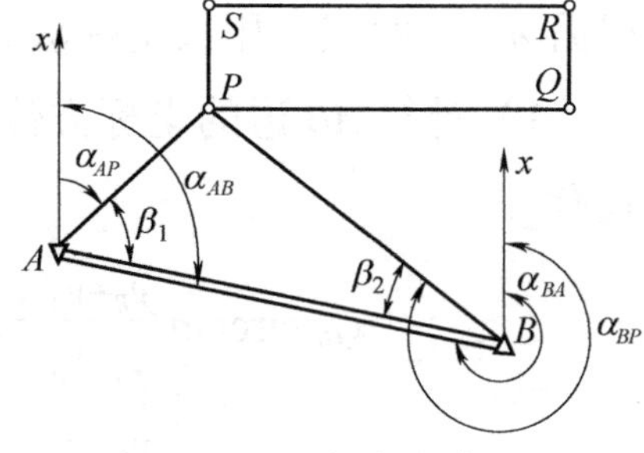

图 5-10　角度交会法

（3）点位测设方法

1）在 A、B 两点同时安置经纬仪，同时测设水平角 β_1、β_2，定出两条视线，两条视线的交点即为测设点 P 的平面位置。

2）用同样的方法，测设出 Q 点的平面位置。

3）丈量 P、Q 两点间的水平距离，与设计长度进行比较，其误差应在限差

以内。

4. 距离交会法

距离交会法

距离交会法是根据测设的两段水平距离，交会定出点的平面位置。

（1）适用场合　距离交会法适用于待测设点至控制点的距离不超过一个尺段长，且地势平坦、量距方便的建筑施工场地。

（2）计算测设数据　如图5-11所示，A点、B点为平面控制点，P点为待测设点。现根据A、B两点，用距离交会法测设P点，其测设数据计算方法如下：

根据A、B、P三点的坐标值，分别计算出D_{AP}和D_{BP}。

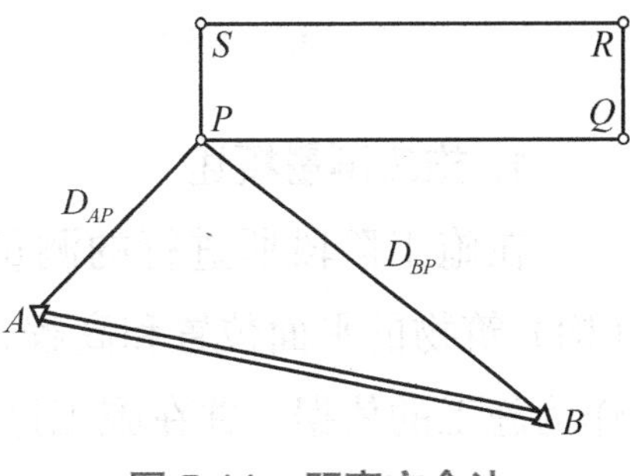

图5-11　距离交会法

（3）点位测设方法

1）将钢尺的零点对准A点，以D_{AP}为半径在地面上画一圆弧。

2）再将钢尺的零点对准B点，以D_{BP}为半径在地面上再画一圆弧。两圆弧的交点即为P点的平面位置。

3）用同样的方法，测设出Q点的平面位置。

4）丈量P、Q两点间的水平距离，与设计长度进行比较，其误差应在限差以内。

任务二　学习建筑物的定位与放线

想一想：

1. 建筑物的定位是什么意思？

2. 在建筑施工测量中，如果要将图纸上拟建建筑物的位置、形状和大小在实地上标定出来，应如何进行这项工作？

知识回忆：

1. 已知水平距离的测设。
2. 已知水平角的测设。

3. 已知高程的测设。

4. 已知坡度的测设。

5. 点的平面位置的测设。

一、了解施工测量

1. 施工测量概述

在施工阶段所进行的测量工作称为施工测量。其目的是把图纸上设计的建（构）筑物的平面位置和高程，按设计和施工的要求放样（测设）到相应的地点，作为施工的依据，并在施工过程中进行一系列的测量工作，以指导和衔接各施工阶段和工程间的施工。

施工测量贯穿于整个施工过程，其主要内容有：

1）施工前建立与工程相适应的施工控制网。

2）建（构）筑物的放样及构件与设备安装的测量工作。以确保施工质量符合设计要求。

3）检查和验收工作。每道工作完成后，都要通过测量检查工程各部位的实际位置和高程是否符合要求。根据实测验收的记录，绘制竣工图和汇整资料，作为验收时鉴定工程质量和工程交付后管理、维修、扩建和改建的依据。

4）变形测量工作。随着施工的进展，测定建（构）筑物的位移和沉降，作为鉴定工程质量和验收工程设计、施工是否合理的依据。

2. 施工测量的特点

1）施工测量是直接为工程施工服务的，因此它必须与施工组织计划相协调。测量人员必须了解设计的内容、性质及其对测量工作的精度要求，随时掌握工程进度及现场变动，使测设精度和速度满足施工的要求。

2）施工测量的精度主要取决于建（构）筑物的大小、性质、用途、材料、施工方法等因素。一般高层施工测量精度应高于低层建筑，装配式建筑施工测量精度应高于非装配式建筑，钢结构建筑施工测量精度应高于钢筋混凝土结构建筑。往往局部精度应高于整体定位精度。

3）由于施工现场各工序交叉作业、材料堆放、运输频繁、场地变动及施工的振动，使测量标记易遭破坏，因此标记从形式、选点到埋设均应考虑便于使用、保管和检查，如有破坏，应及时恢复。

3. 施工测量的原则

为了保证各个建（构）筑物的平面位置和高程都符合设计要求，施工测量也应遵循“从整体到局部，先控制后碎部”的原则。即在施工现场先建立统一的平面控制网和高程控制网，然后根据控制点的点位测设各个建（构）筑物的位置。

此外，施工测量的检核工作也很重要，因此，必须加强外业的检核工作。

二、学习建筑施工场地的控制测量

1. 概述

由于在勘探设计阶段所建立的控制网是为测图而建立的，有时并未考虑施工的需要，所以控制点的分布、密度和精度都难以满足施工测量的要求；另外，在平整场地时，大多控制点被破坏，因此施工之前，在建筑场地应重新建立专门的施工控制网。

（1）施工控制网的分类　施工控制网分为平面控制网和高程控制网两种。

1）平面控制网。平面控制网可以布设成三角网、导线网、建筑方格网和建筑基线四种形式。

① 三角网：对于地势起伏较大、通视条件较好的施工现场，可采用三角网。

② 导线网：对于地势平坦、通视又比较困难的施工场地，可采用导线网。

③ 建筑方格网：对于建筑物多为矩形且布置比较规则和密集的施工场地，可采用建筑方格网。

④ 建筑基线：对于地势平坦且又简单的小型施工场地，可采用建筑基线。

2）高程控制网。高程控制网采用水准网。

（2）施工控制网的特点　与测图控制网相比，施工控制网具有控制范围小，控制点密度大、精度要求高及使用频繁的特点。

2. 施工场地的平面控制测量

（1）施工坐标系与测量坐标系的坐标换算　施工坐标系也称为建筑坐标系，其坐标轴与主要建筑物主轴线平行或垂直，以便用直角坐标法进行建筑物放样。施工控制测量的建筑基线和建筑方格网一般采用施工坐标系。施工坐标系与测量坐标系往往不一致，因此，施工测量前常常需要进行施工坐标系与测量坐标系的坐标换算。

如图 5-12 所示，设 xOy 为测量坐标系，$x'O'y'$ 为施工坐标系，$x_{O'}$、$y_{O'}$为施工坐标系的原点 O' 在测量坐标系中的坐标，α 为施工坐标系的纵轴 $O'x'$ 在测量坐标系中的坐标方位角。设已知 P 点的施工坐标为（x'_P，y'_P），则可按下式将其换算为测量坐标（x_P，y_P）

$$\begin{cases} x_P=x_{O'}+x'_P\cos\alpha-y'_P\sin\alpha \\ y_P=y_{O'}+x'_P\sin\alpha+y'_P\cos\alpha \end{cases} \tag{5-7}$$

如已知 P 点的测量坐标，则可按下式将其换算为施工坐标

$$\begin{cases} x'_P=(x_P-x_{O'})\cos\alpha+(y_P-y_{O'})\sin\alpha \\ y'_P=-(x_P-x_{O'})\sin\alpha+(y_P-y_{O'})\cos\alpha \end{cases} \tag{5-8}$$

（2）建筑基线　建筑基线是建筑场地的施工控制基准线，即在建筑场地布置一条或几条轴线。它适用于建筑设计总平面图布置比较简单的小型建筑场地。

1）建筑基线的布设形式。建筑基线的布设形式应根据建筑物的分布、施工场地地形等因素来确定。常用的布设形式有“一”字形、“L”形、“十”字形和“T”形，如图 5-13 所示。

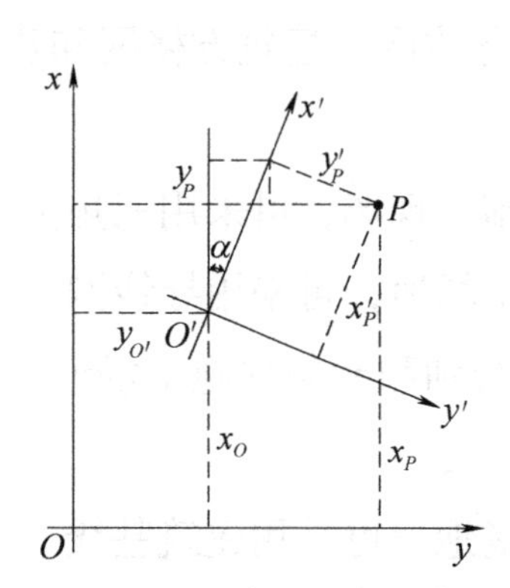

图 5-12　施工坐标系与测量坐标系的坐标换算

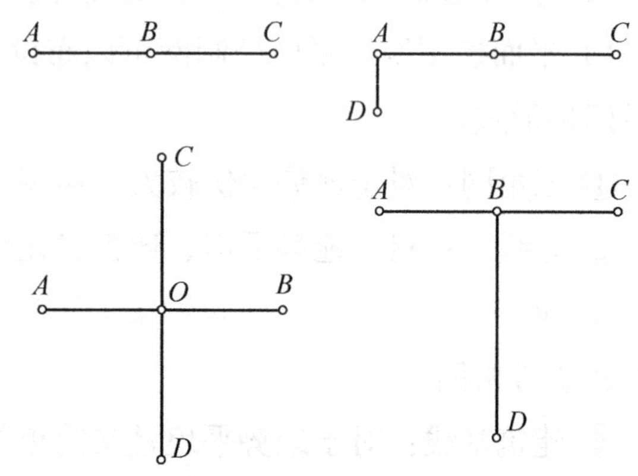

图 5-13　建筑基线的布设形式

2）建筑基线的布设要求。

① 建筑基线应尽可能靠近拟建的主要建筑物，并与其主要轴线平行，以便使用比较简单的直角坐标法进行建筑物的定位。

② 建筑基线上的基线点应不少于三个，以便相互检核。

③ 建筑基线应尽可能与施工场地的建筑红线相连。

④ 基线点位应选在通视良好和不易被破坏的地方，为能长期保存，要埋设永久性的混凝土柱。

3）建筑基线的测设方法。根据施工场地的条件不同，建筑基线的测设方法有以下两种：

① 根据建筑红线测设建筑基线。由城市测绘部门测定的建筑用地界定基准线，称为建筑红线。在城市建设区，建筑红线可用作建筑基线测设的依据。如图 5-14 所示，AB、AC 为建筑红线，1 点、2 点、3 点为建筑基线点，利用建筑红线测设建筑基线的方法如下：

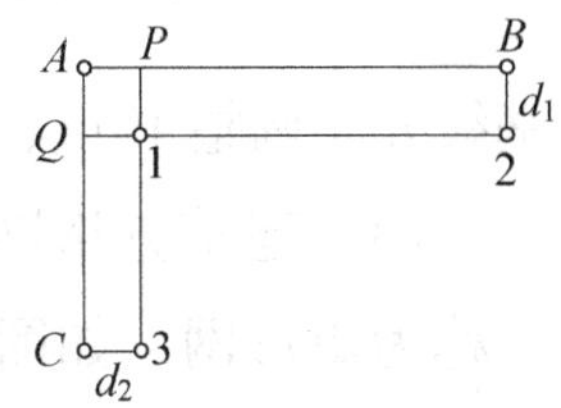

图 5-14　根据建筑红线测设建筑基线

首先，从 A 点沿 AB 方向量取 d_2 定出 P 点，沿 AC 方向量取 d_1 定出 Q 点。

然后，过 B 点作 AB 的垂线，沿垂线量取 d_1 定出 2 点，做出标记；过 C 点作 AC 的垂线，沿垂线量取 d_2 定出 3 点，做出标记；用细线拉出直线 $P3$ 和 $Q2$ 两条直线的交点即为 1 点，做出标记。

最后，在 1 点安置经纬仪，精确观测∠213，其与 90° 的差值应小于 ±20″。

② 根据附近已有控制点测设建筑基线。在新建筑区，可以利用建筑基线的设计坐标和附近已有控制点的坐标，用极坐标法测设建筑基线。如图 5-15 所示，A 点、B 点为附近已有控制点，1 点、2 点、3 点为选定的建筑基线点，测设方法如下：

先根据已知控制点和建筑基线点的坐标，计算出测设数据 β_1、D_1、β_2、D_2、β_3、D_3，然后用极坐标测 1 点、2 点、3 点。

由于存在测量误差，测设的基线点往往不在同一直线上，且点与点之间的距离与设计值也不完全相符，因此，需要精确测出已测设直线的折角 β' 和距离 D'，并与设计值相比较。如图 5-16 所示，如 $\Delta\beta=\beta'-180°$ 超过 ±15″，则应对 1 点、2 点、3 点在与基线垂直的方向上进行等量调整，调整量按下式计算：

$$\delta=\frac{b}{a+b}\frac{\Delta\beta}{2\rho} \tag{5-9}$$

式中　δ——各点的调整值（m）；

a、b——直线 12、23 的长度（m）。

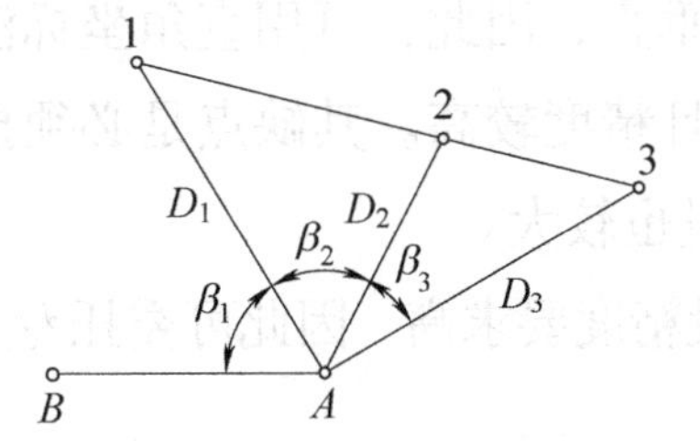

图 5-15　根据控制点测设建筑基线

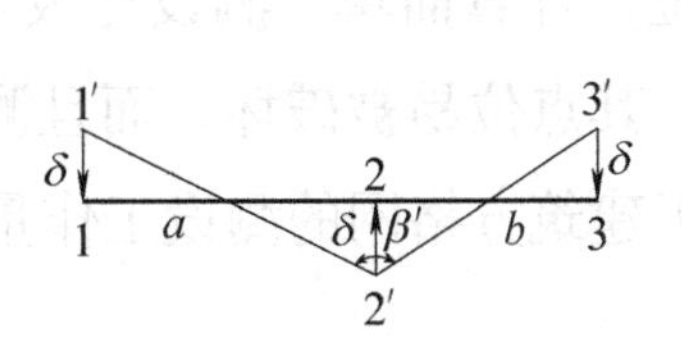

图 5-16　基线点的调整

如果测设距离超限，如$\frac{\Delta D}{D}=\frac{D'-D}{D}>\frac{1}{10000}$，则以 2 点为准，按设计长度沿基线方向调整 1′ 点、3′ 点。

（3）建筑方格网　由正方形或矩形组成的施工平面控制网称为建筑方格网，或称为矩形网，如图 5-17 所示。建筑方格网适用于按矩形布置的建筑群或大型建筑场地。

1）建筑方格网的布设。布设建筑方格网时，应根据总平面图上的各建（构）筑物、道路及各种管线的布置，结合现场的地形条件来确定。如图 5-17 所示，先确定方格网的主轴线 *AOB* 和 *COD*，然后再布设方格网。

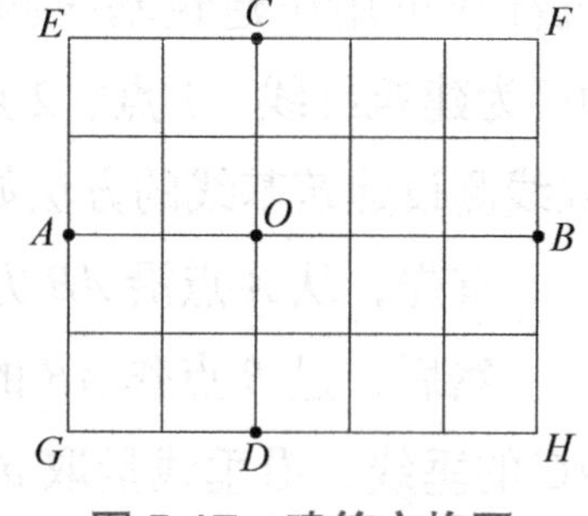

图 5-17　建筑方格网

2）建筑方格网的测设。

① 主轴线测设。主轴线测设与建筑基线测设方法相似。首先，准备测设数据。然后，测设两条相互垂直的主轴线 *AOB* 和 *COD*，如图 5-15 所示。主轴线实质上由 5 个主点 *A*、*B*、*O*、*C* 和 *D* 组成。最后，精确检测主轴线的相对位置关系，并与设计值相比较，如果超限，则应进行调整。建筑方格网的主要技术要求见表 5-1。

表 5-1　建筑方格网的技术要求

等级	边长 /m	测角中误差	边长相对中误差	测角检验限差	边长检测限差
Ⅰ级	100~300	5″	1/30000	10″	1/15000
Ⅱ级	100~300	8″	1/20000	16″	1/10000

② 方格网点测设。如图 5-17 所示，主轴线测设后，分别在主点 *A*、*B* 和 *C*、*D* 安置经纬仪，后视主点 *O*，向左右测设 90° 水平角，即可交会出田字形方格网点。随后再做检核，测量相邻两点间的距离，看是否与设计值相等，测量其角度是否为 90°，误差均应在允许范围内，并埋设永久性标志。

建筑方格网轴线与建筑物轴线平行或垂直，因此，可用直角坐标法进行建筑物的定位，计算简单，测设比较方便，而且精度较高。其缺点是必须按照总平面图布置，其点位易被破坏，而且测设工作量也较大。

由于建筑方格网的测设工作量大，测设精度要求高，因此可委托专业测量单位进行。

三、了解施工测量前的准备工作

1. 熟悉设计图

设计图是施工测量的主要依据。在测设前，应熟悉建筑物的设计图，了解施工建筑物与相邻地物的相互关系以及建筑物的尺寸和施工要求等，并仔细核对各设计图的有关尺寸。测设时必须具备下列图纸资料：

（1）总平面图　如图 5-18 所示，从总平面图上，可以查取或计算设计建筑物与既有建筑物或测量控制点之间的平面尺寸和高差，作为测设建筑物总体位置的依据。

图 5-18　总平面图

（2）建筑平面图　从建筑平面图中，可以查取建筑物尺寸以及内部各定位轴线之间的关系尺寸，这是施工测设的基本资料。

（3）基础平面图　从基础平面图上，可以查取基础边线与定位轴线的平面尺寸，这是测设基础轴线的必要数据。

（4）基础详图　从基础详图中，可以查取基础立面尺寸和设计标高，这是基础高程测设的依据。

（5）建筑物的立面图和剖面图　从建筑物的立面图和剖面图中，可以查取基础、地坪、门窗、楼板、屋架和屋面等设计高程，这是高程设计的主要依据。

2. 现场踏勘

全面了解现场情况，对施工场地上的平面控制点和水准点进行检核。

3. 施工场地整理

平整和清整施工场地，以便进行测设工作。

4. 制定测设方案

根据设计要求、定位条件、现场地形和施工方案等因素，制定测设方案，包括测设方法、测设数据计算和绘制测设略图，如图 5-19 所示。

5. 仪器和工具

对测设所使用的仪器和工具进行检核。

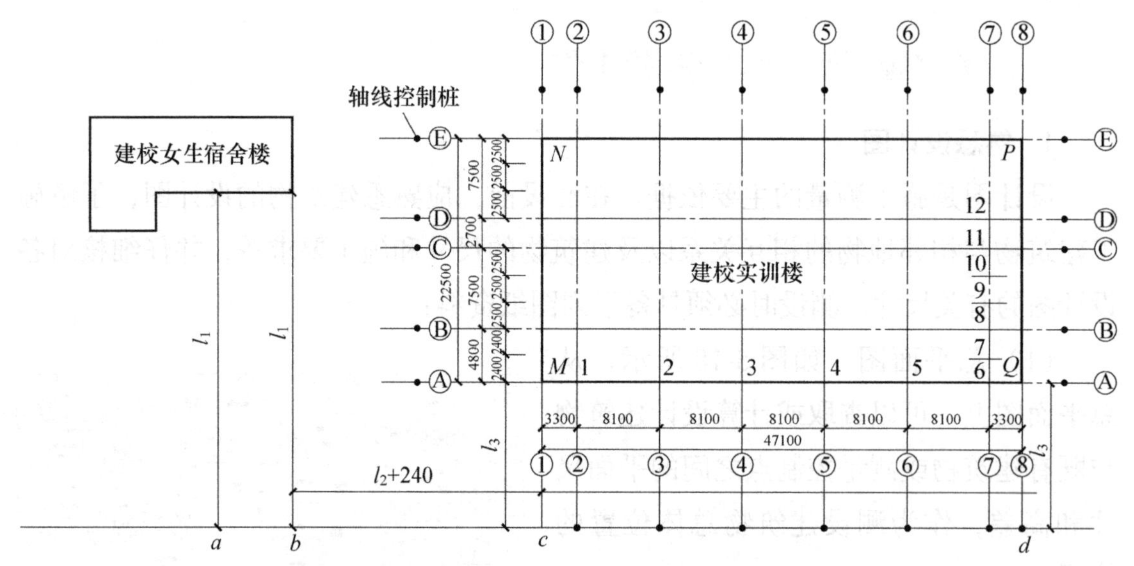

图 5-19　建筑物的定位与放线（根据与既有建筑物和道路的关系定位）

四、学习建筑物的定位

1. 相关概念

定位点：建筑物四周外廓主要轴线的交点决定了建筑物在地面上的位置。

建筑物的定位：就是根据设计条件，将这些轴线交点（简称角桩，即图 5-19 中的 *M*、*N*、*P* 和 *Q*）测设到地面上，作为细部轴线放线和基础放线的依据。

2. 具体方法

由于测设条件和现场条件不同，建筑物的定位方法也有所不同，常见的建筑物定位方法如下：

（1）根据与既有建筑物和道路的关系定位　如果设计图上只给出建筑物与附近既有建筑物或道路的相对关系，而没有提供建筑物定位点的坐标，周围又没有测量控制点、建筑方格网和建筑基线可利用（图 5-19），那么就可根据既有建筑物的边线或道路中心线将新建筑物的定位点测设出来。实测步骤如下：

1）如图 5-19 所示，用钢尺沿女生宿舍楼的东墙或西墙，延长出一小段距离 l_1 得 *a*、*b* 两点，做出标志。

2）在 *a* 点安置经纬仪，瞄准 *b* 点，并从 *b* 点沿 *ab* 方向量取 l_2+240mm（因为女生宿舍楼以及实训楼的外墙厚 240mm），定出 *c* 点，作出标志，再继续沿 *ab* 方向从 *c* 点起量取 47100mm，定出 *d* 点，做出标志，线 *abcd* 就是测设实训楼平面位置的建筑基线。

3）分别在 c、d 两点安置经纬仪，瞄准 a 点，顺时针放线测设 90°，沿此视线方向量取距离 l_3，定出 M、Q 两点，做出标志，再继续量取 22500mm，定出 N、P 两点，做出标志。M、N、P、Q 四点即为实训楼外廓定位轴线的交点。

4）检查 NP 的距离是否等于 47100mm，$\angle N$ 和 $\angle P$ 是否等于 90°，其误差应在允许范围内（NP 是最弱边，$\angle N$ 和 $\angle P$ 是最弱角）。

（2）根据控制点定位　如果待定位建筑物的定位点设计坐标是已知的（图 5-20），A 点、B 点为已知控制点，可根据实际情况选用极坐标法、角度交会法或距离交会法来测设定位点。在这三种方法中，极坐标法，是用得最多的一种定位方法。

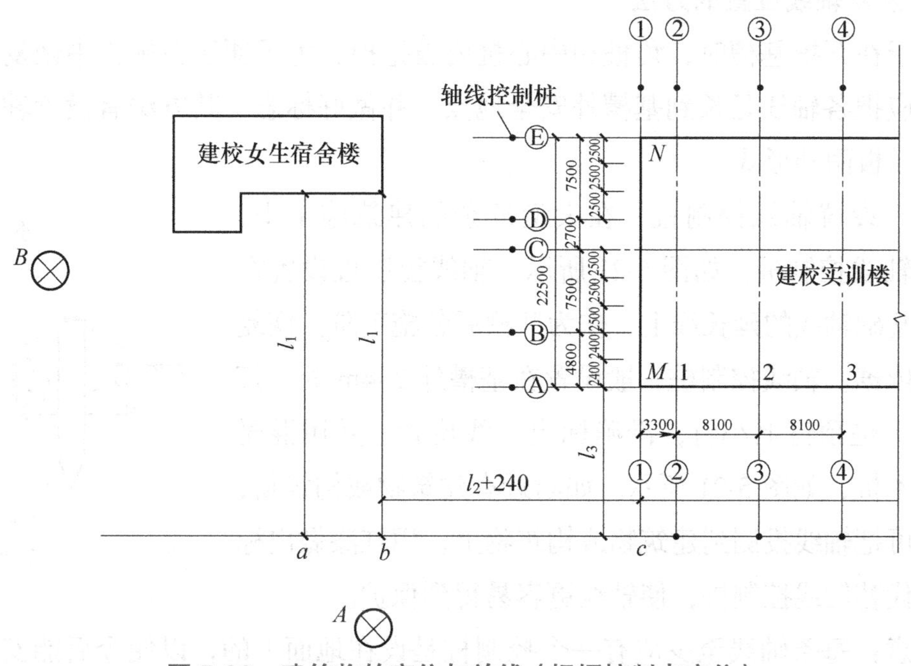

图 5-20　建筑物的定位与放线（根据控制点定位）

（3）根据建筑基线或建筑方格网进行建筑物定位　如果待定位建筑物的定位点设计坐标是已知的，且建筑场地已设有建筑方格网或建筑基线，可利用直角坐标法测设定位点，也可用极坐标法等其他方法进行测设。但直角坐标法所需要的测设数据的计算较为方便，在使用全站仪或经纬仪和钢尺实地测设时，建筑物总尺寸和较大角的精度容易控制和检核。常用角度交会法或距离交会法来测设定位点。

五、学习建筑物的放线

建筑物的放线是指根据已定位的外墙轴线交点桩（角桩）详细测设出建筑物

其他各轴线的交点桩（或称为中心桩），并将其延长到安全的地方做好标志。然后以细部轴线为依据，按基础宽度和放坡要求用白灰撒出基槽开挖边界线。放线方法如下：

1. 在外墙轴线周边上测设中心桩位置

如图 5-19 所示，在 M 点安置经纬仪，瞄准 Q 点，用钢尺沿 MQ 方向量出相邻两轴线间的距离，定出 1 点、2 点、3 点、4 点、5 点、6 点，同理可定出 7 点、8 点、9 点、10 点、11 点、12 点。量距精度应达到设计精度要求。测量各轴线之间距离时，钢尺零点要始终对在同一点上。

2. 恢复轴线位置的方法

由于在开挖基槽时，角桩和中心桩要被挖掉，为了便于在施工中恢复各轴线位置，应把各轴线延长到基槽外安全地点，并做好标志。其方法有设置轴线控制桩和龙门板两种形式。

（1）设置轴线控制桩　在大型复杂的建筑施工中，常设置轴线控制桩，如图 5-21 所示。轴线控制桩设置在基槽外基础轴线的延长线上，作为开槽后各施工阶段恢复轴线的依据。轴线控制桩一般设置在基槽外 2~4m 处，打下木桩，桩顶钉上小钉，准确标出轴线位置，并用混凝土包裹木桩，如图 5-21 所示。如附近有建筑物或构筑物，这时也可把轴线投测到建筑物或构筑物上，用红漆做出标志，以代替轴线控制桩，使轴线更容易得到保护。

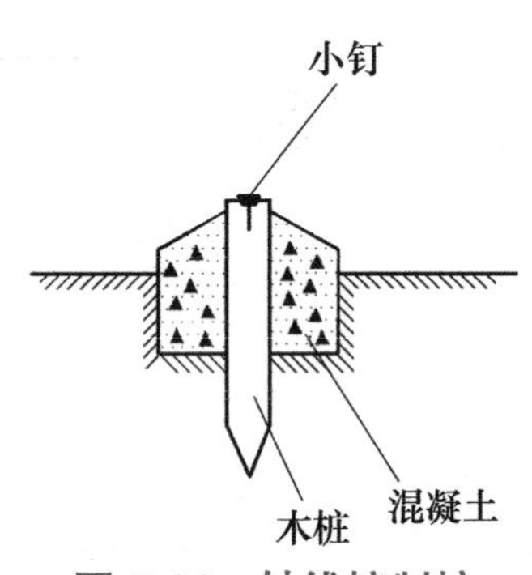

图 5-21　轴线控制桩

注意：每条轴线至少应有一个控制桩是设在地面上的，以便今后能安置经纬仪以恢复轴线。

（2）设置龙门板　在小型民用建筑施工中，常将各轴线引测到基槽的水平木板上。水平木板称为龙门板，固定龙门板的木桩称为龙门桩，如图 5-22 所示。设置龙门板的步骤如下：

1）在建筑物四角与隔墙两端，基槽开挖边界线 2m 以外，设置龙门桩。龙门桩要钉得竖直、牢固，龙门板的外侧面应与基槽平行。

2）根据施工场地的水准点，用水准仪在每个龙门桩外侧测设出该建筑物室内地坪设计高程线（即 ±0.000 标高线），并做出标志。

3）沿龙门桩上 ±0.000 标高线钉设龙门板，这样龙门板顶面的高程就同在 ±0.000 的水平面上。然后，用水准仪校核龙门板的高程，如有差错应及时纠正，其允许误差为 ±5mm。

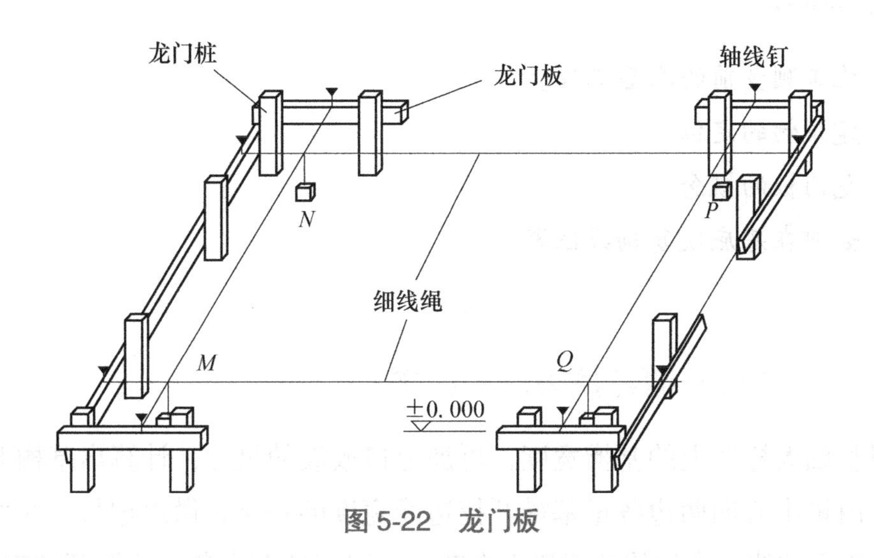

图 5-22　龙门板

4）在 N 点安置经纬仪，瞄准 P 点，沿视线方向在龙门板上定出一点，用小钉做标志，纵转望远镜，在 N 点上也钉一个小钉。用同样的方法，将各轴线引测到龙门板上，所钉的小钉称为轴线钉。轴线钉定位误差应小于 ±5mm。

5）用钢尺沿龙门板的顶面检查轴线钉的间距，其相对误差不超过 1/3000。检查合格后，以轴线钉为准，将墙边线、基础边线、基槽开挖边线等标定在龙门板上。

恢复轴线时，将经纬仪安置在一个轴线钉上方，照准相应的另一个轴线钉，其视线即为轴线方向，往下转动望远镜便可将轴线投测到基槽或基坑内。也可用细线绳将相对的两个轴线钉连接起来，借助于垂球，将轴线投测到基槽或基坑内。

任务三　学习建筑物的基础施工测量

想一想：

1. 基础是指建筑物的哪部分？

2. 在建筑基础施工测量中，如果要将基础开挖至设计槽底标高，如何确定基槽开挖的边界线？如何进行基底的抄平？

知识回忆：

1. 施工测量前的准备工作。
2. 建筑物的定位。
3. 龙门板的概念。
4. 如何在基底恢复轴线位置。

一、学习放样基槽开挖边线和抄平

按照基础大样图上的基槽宽度，再加上口放坡的尺寸，计算出基槽开挖边线的宽度。由桩中心向两边各量基槽开挖边线宽度的一半，做出记号。在两个对应的记号点之间拉线，在拉线位置撒上白灰，就可以按照白灰线位置开挖基槽。

为了控制基槽的开挖深度，当基槽开挖一定的深度后，用水准测量的方法在基槽壁上、离坑底设计高程 0.3~0.5m 处、每隔 2~3m 和拐点位置，设置一些水平桩，如图 5-23 所示。建筑施工中，将高程测设称为抄平。

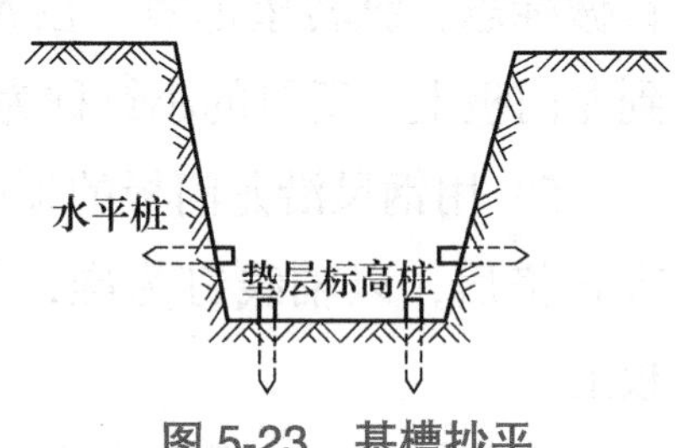

图 5-23　基槽抄平

基槽开挖完成后，应根据控制桩和龙门板，复核基槽宽度和槽底标高，合格后方可进行垫层施工。

二、测设垫层的施工高程和基础墙标高

如图 5-23 所示，基槽开挖完成后，应在基坑底设置垫层标高桩，使桩顶面的高程等于垫层设计高程，作为垫层施工的依据。

垫层施工完成后，根据控制桩（或龙门板），用拉线的方法，吊垂球将墙基轴线投测到垫层上，用墨斗弹出墨线，用红油漆画出标记。墙基轴线投测完成后，应按设计尺寸复核。

墙中心线投在垫层上，用水准仪检测各墙角垫层面标高后，即可开始基础墙（±0.000 以下的墙）的砌筑，基础墙的高度是用基础皮数杆来控制的。基础皮数杆用木杆制成，在杆上事先按照设计尺寸将每皮砖和灰缝的厚度一一画出，每五皮砖注上皮数（基础皮数杆的层数从 ±0.000 向下注记）并标明 ±0.000 和防潮层等的标高位置，如图 5-24 所示。

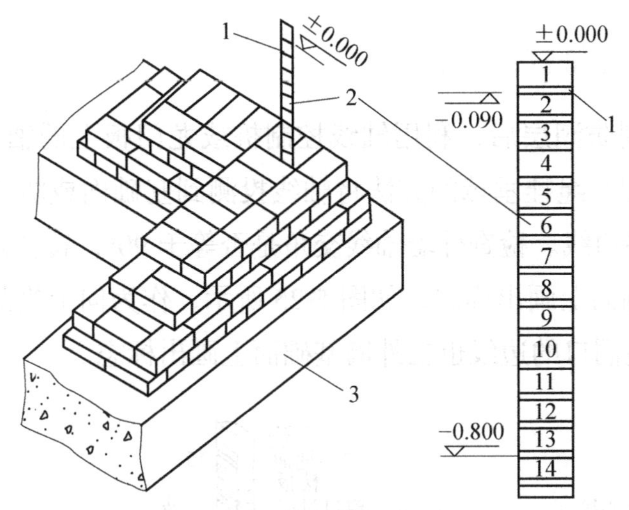

图 5-24　基础墙标高测设

1—防潮层　2—基础皮数杆　3—垫层

立皮数杆时，可先在立杆处打一根木桩，用水准仪在木桩侧面定出一条高于垫层标高某一数值（10cm）的水平线，然后将皮数杆上标高相同于木桩上的水平线对齐，并用钉把皮数杆与木桩钉在一起，作为基础墙砌筑的标高依据。

基础施工结束后，应检查基础面的标高是否符合设计要求。可用水准仪测出基础面上若干点的高程，并与设计高程相比较，允许误差为 ±10mm。

任务四　学习墙体的施工测量

想一想：

1. 在建筑物施工中，砌墙这项工作如何展开？
2. 在建筑墙体施工测量中，怎么控制墙体的设计标高？

知识回忆：

1. 基础施工测量工作的内容。
2. 抄平的概念。
3. 基础皮数杆。

一、学习墙体轴线的投测

基础墙砌筑到防潮层后，利用轴线控制桩或龙门板上的轴线和墙边线标志，用经纬仪或用拉细线绳挂垂球的方法将轴线投测到基础面或防潮层上，然后用墨线弹出墙中线和墙边线。检查外墙轴线交角是否等于90°，符合要求后，把墙轴线延伸到基础墙的侧面上画出标志，如图5-25所示，作为向上投测轴线的依据。同时把门、窗和其他洞口的边线也在外墙基础面上画出标志。

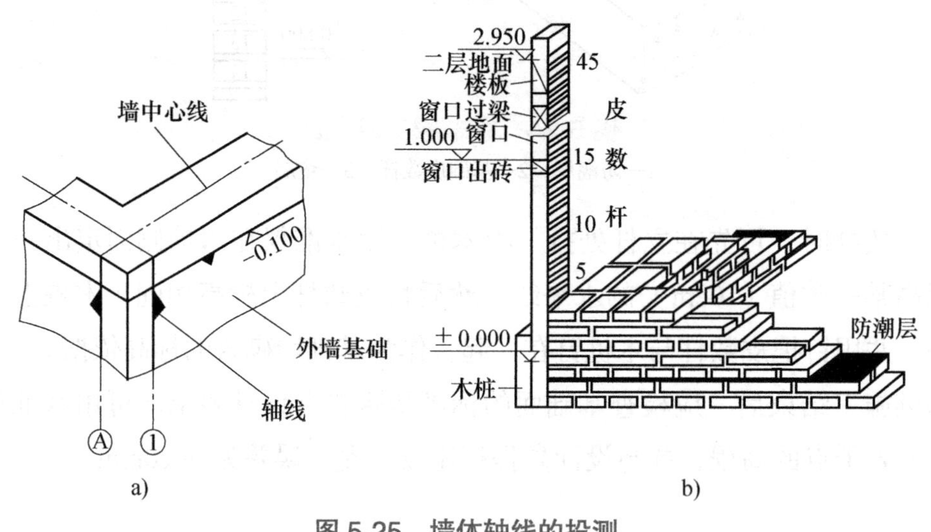

图5-25 墙体轴线的投测

二、学习墙体标高的控制

砌筑墙体时，墙体各部位标高常常用皮数杆来控制。在墙身皮数杆上根据设计尺寸，按砖和灰缝的厚度画线，并辨明门、窗、过梁、楼板等的标高位置。杆上注记从 ±0.000 向上增加。如图5-25b所示，墙身皮数杆一般立在建筑物的拐角和内墙处。为了便于施工，采用内脚手架时，皮数杆立在墙外边；采用外脚手架时，皮数杆应立在墙里边。

立皮数杆时，先在立杆处打入木桩，用水准仪在木桩上测设出 ±0.000 标高位置，其测量允许误差为 ±3mm。然后，把皮数杆上的 ±0.000 线与木桩上 ±0.000 线对齐，并用钉钉牢。为了保证皮数杆稳定，可在皮数杆上加钉两根斜撑。

当墙砌到窗台时，要在外墙面上根据房屋的轴线量出窗台的位置。以便砌墙时预留窗口的位置。一般设计图上的窗口尺寸比实际窗的尺寸大2cm，因此，只要按设计图上的窗口尺寸砌墙即可。

墙的竖直用托线板进行校正，把托线板侧紧靠墙面，看托线板上的垂球线是否与板的墨线重合，如果有偏差，可以校正砖的位置。

此外，当墙砌到窗口时，在内墙面上高出室内地坪 15~30cm 的地方，用水准仪标定出一条标高线，并用墨线在内墙面的周围弹出标高线的位置。这样在安装楼板时，可以用这条标高线来检查楼板地面的标高。使底层的墙面标高都等于楼板的底面标高之后，再安装楼板。同时，标高线还可以作为室内地坪和安装门窗等标高位置的依据。

楼板安装好后，二层楼的墙体轴线是根据底层的轴线，用垂球先引测到底层的墙面上，然后再用垂球引测到二层楼面上。在砌筑二层楼的墙时，要重新在二层楼的墙角外立皮数杆，皮数杆上的楼面标高位置要与楼面标高一致，这时可以把水准仪放在楼板面上测定出一条高于二层楼面 15~30cm 的标高线，以控制二层楼面的标高。

现代化建筑的特征是从小块砖石材料的砌筑过渡到大块材料。用大块材料建造房屋时，要按施工图进行装配。在施工图上应表示出墙上大块材料的说明及其位置。当基础建成以后，块料及其连接缝的放样，应在固定于基础上的木板上进行。此种木板设置在各个屋角和若干连接墙上，木板上的高程要用水准仪来测设。

在施工过程中，大块材料的安装要用悬垂锤与水准仪来检核，用块料筑成的每一楼层都要用水准仪来进行检核。

任务五 学习高层建筑的施工测量

想一想：

1. 在高层建筑中，一层以上的结构施工是否也需要轴线的位置？

2. 如果一层以上的结构施工也需要轴线位置，那么如何将一层的轴线投测到二层？

知识回忆

1. 墙体施工测量工作的内容。

2. 墙体轴线的投测方法。

3. 墙体皮数杆。

4. 墙体标高的控制。

高层建筑物施工测量中的主要问题是控制竖向偏差，也就是各层轴线如何精确地向上引测。

一、学习高层建筑轴线的投测方法

《高层建筑混凝土结构技术规程》（JGJ 3—2010）中要求，竖向误差在本层内不得超过5mm，全楼的累积误差不得超过20mm。高层建筑的轴线投测方法主要有经纬仪引桩投测法和激光垂准仪投测法两种。

1. 经纬仪引桩投测法

如图5-26a所示，某高层建筑的两条中心轴线分别为3—3′和C—C′，在测设施工控制桩时，应将这两条轴线的控制桩3、3′、C、C′设置在距离建筑物尽可能远的地方，以减小投测的仰角α，如图5-26b所示，抽调投测精度。

基础完成后，用经纬仪将轴线3—3′、轴线C—C′、精确地投测到建筑物的底部，并标定，如图5-26b中的*a*点、*a*′点、*b*点、*b*′点。

随着建筑物的不断升高，应逐层将轴线向上传递。方法是将经纬仪分别安置在控制桩3、3′、C、C′上，分别瞄准建筑物底部的*a*点、*a*′点、*b*点、*b*′点，采用正倒镜分中法，将轴线3—3′和C—C′向上投测到每层的楼板上，并标定。如图5-26b中的*a*点、*a*′点、*b*点、*b*′点为第*i*层的4个投测点。以这4个轴线控制点为基准，根据设计图放样出该层的其余轴线。

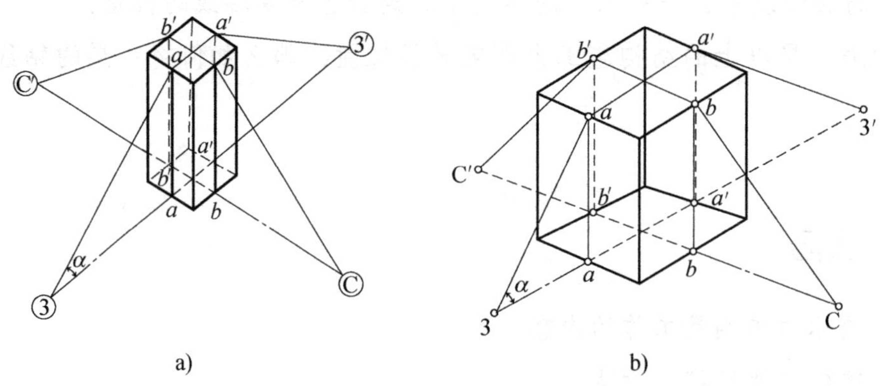

图5-26 经纬仪投测控制桩

随着建筑物的增高，望远镜的仰角 α 也不断增大，投测精度随 α 的增大而降低。如图 5-27 所示，为了保证投测精度，应将轴线控制桩 3、3′、C、C′ 引测到更远的安全地点，或者附近建筑物的屋顶上。其操作方法是，将经纬仪分别安置在某层的投测点 a、a'、b、b' 上分别瞄准地面上的控制桩 3、3′、C、C′，以正倒镜分中法将轴线引测到远处的 C'' 点，将 C 点引测到附近大楼屋顶上的 C''' 点。以后，从 i+1 层开始，就可以将经纬仪安置在新引测的控制桩上进行投测。

用于引桩投测的经纬仪经过严格的检验和校正后才能使用，尤其是照准部管水准器应严格垂直于竖轴，作业过程中，要确保照准部水准管气泡居中。

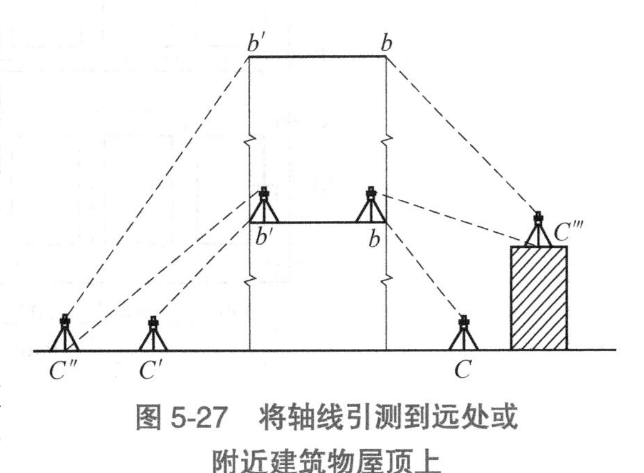

图 5-27　将轴线引测到远处或附近建筑物屋顶上

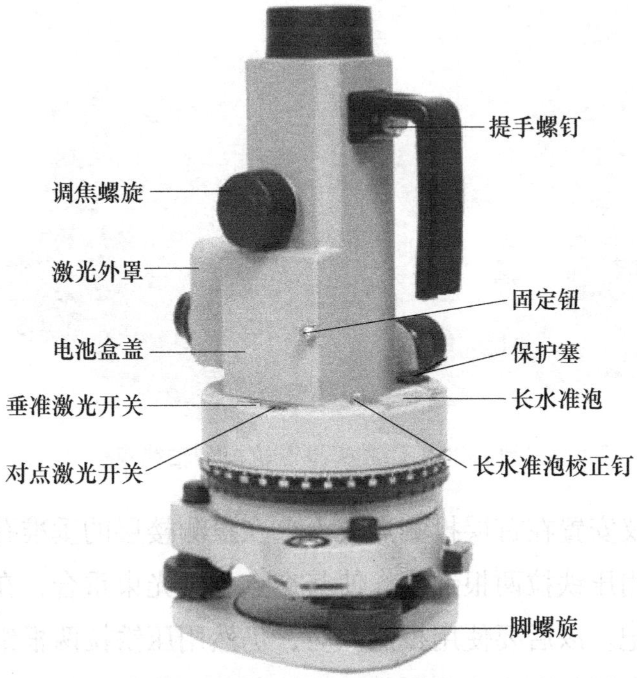

2. 激光垂准仪投测法

图 5-28 所示为全自动激光垂准仪，仪器只需要通过圆水准器粗平后，通过自动安平补偿器就可自动精平，仪器可以向上或向下产生激光垂线。

提手螺钉
调焦螺旋
激光外罩
固定钮
电池盒盖
保护塞
垂准激光开关
长水准泡
对点激光开关
长水准泡校正钉
脚螺旋

图 5-28　全自动激光垂准仪

使用激光垂准仪投测轴线点时，先根据建筑的轴线分布和结构情况设计好投测点位（图 5-29），投测点位距离轴线的最近距离一般为 0.5~0.8m。基础施工完成后，将设计投测点位准确地测设到地坪层上，以后第 i 层楼板施工时，都应在投测点位处预留 30cm × 30cm 的垂准孔，如图 5-30 所示。

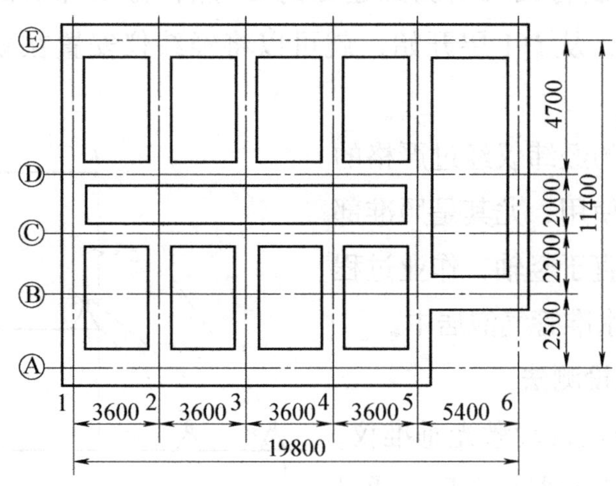

图 5-29　投测点位设置

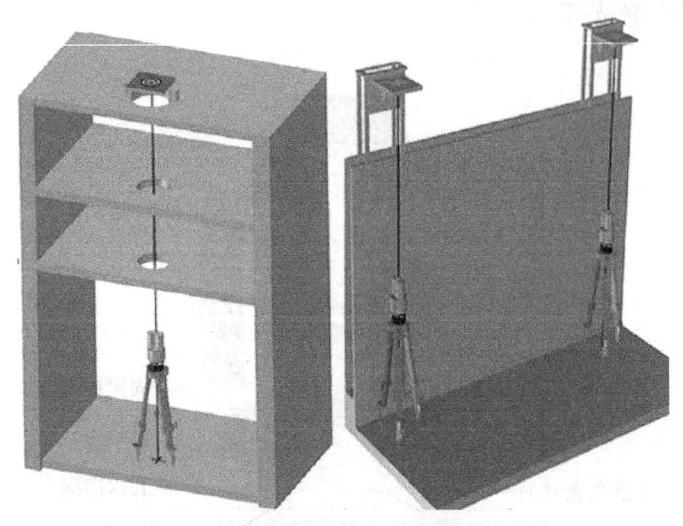

图 5-30　用激光垂准仪投测轴线点

将激光垂准仪安置在首层投测点位上，在投测楼层的垂准孔上，就可以看见一束可见激光；用压铁拉两根细线，使其交点与激光束重合，在垂准孔旁的楼板面上弹出墨线标记。以后要使用投测点时，仍然用压铁拉两根细线恢复其中心位置，也可以使用专用的激光接收靶。移动接收靶，使靶心与激光斑重合，拉线将投测上来的点位标记在垂准孔旁的楼板面上。

根据设计投测点与建筑物轴线的关系（图 5-29），就可以测设出投测楼层的建筑轴线。

二、学习高层建筑物高程传递的方法

如图 5-31 所示，首层前墙体砌筑到 1.5m 标高后，用水准仪在内墙面上测设一条“+50mm”的标高线，作为首层地面施工及室内装修的标高依据。以后每砌一层，就通过悬吊钢尺从下层的“+50mm”标高线处，向上量出设计层高，测出上一楼层的“+50mm”标高线。以第二层为例，图 5-31 中各读数间存在方程

$$(a_2-b_2)-(a_1-b_1)=l_1$$

由此计算出

$$b_2=a_2-l_1-(a_1-b_1)$$

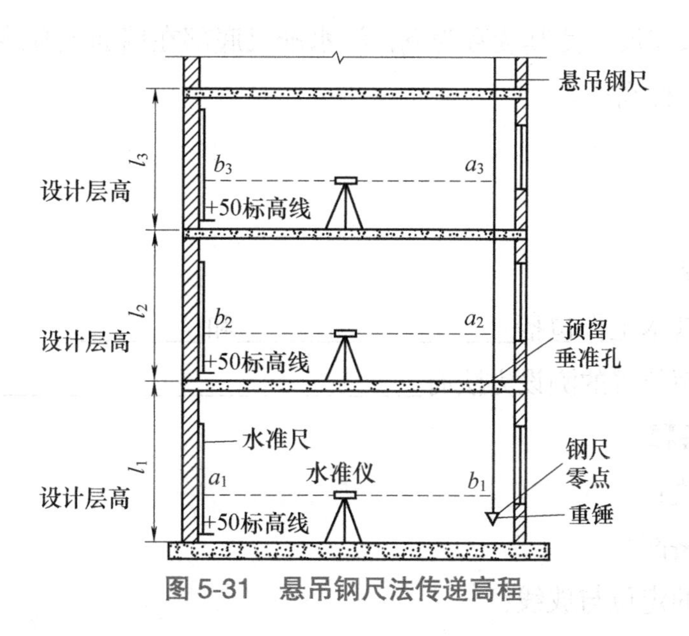

图 5-31　悬吊钢尺法传递高程

在进行第二层的水准测量时，上下移动水准尺，使其读数为 b_2，沿水准尺底部在墙上画线，即可得到该层的“+50mm”标高线。同理可得其余各层的“+50mm”标高线。对于超高层建筑，悬吊钢尺有困难时，可以在投测点或电梯井安置全站仪，通过对天顶方向测距的方法引测高程，如图 5-32 所示。

由图 5-32 可知，在第 i 层测设“+50mm”标高线时，水准尺读数 b_i 应为

$$b_i=a_i+d_i-k+(a_i-H_i)$$

式中　k——棱镜常数，可通过试验的方法测定；

H_i——第 i 层楼高程（以建筑物的 ±0.000 起算）。

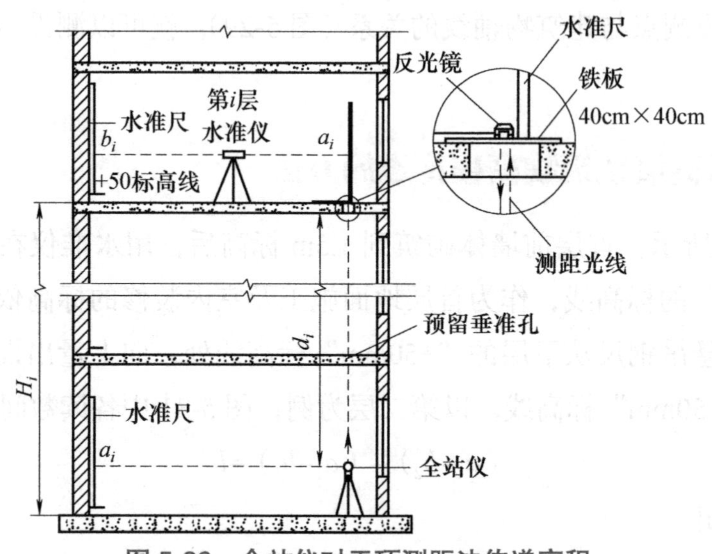

图 5-32　全站仪对天顶测距法传递高程

上下移动水准尺，使其读数为 b_i，沿水准尺底部在墙面上画线，即可得到第 i 层的“+50mm”标高线。

思考与习题

一、填空题

1. 测设的基本工作包括________、________和________。
2. 点的平面位置的测设方法有________、________、________和________。

二、名词解释

1. 建筑基线：
2. 建筑方格网：
3. 建筑物的定位与放线：

三、简答题

1. 简述测设已知水平角的一般方法。
2. 点的平面位置的测设方法各适用于什么场合？
3. 简述施工测量的主要内容。
4. 简述建筑基线的布设要求。
5. 简述建筑方格网的优点和缺点。
6. 施工测量前的准备工作有哪些？

四、计算题

1. 利用高程为 57.65m 的水准点 A，在 B 点的木桩上测设出高程为 58.234m 的室内 ±0.000 标高。设水准仪在水准点 A 所立水准尺上的读数为 1.728m，问 B 点水准尺读数应是多少？并说明测设方法。

2. 已知控制点 A（2348.758，2433.570）和待测点 P（6370.000，6580.000），α_{AB}=103°48′00″，计算利用极坐标法测设 P 点所需的数据。

项目六　学习大比例尺地形图的测绘和应用

项目概述

在建筑施工测量中，地形图是各项工程规划、设计、施工中的重要资料，应用地形图能够从图上获取所需的数据，解决各项实际问题，所以，作为工程技术人员应该正确识读和应用地形图。本项目主要是以大比例尺地形图的相关知识为教学内容，以《工程测量标准》（GB 50026—2020）为标准，要求掌握有关地形图的基本知识、地形图在建筑施工测量中的应用以及计算等。

思政目标

从传统的测绘方法讲起，仪器及环境的局限对工程测量人员的体力和脑力都提出了高要求，让学生体会到测量工作的艰辛不易，让学生感悟到吃苦耐劳的精神是必不可少的；现如今，数字测绘的应用使得测量工作看似容易，实则对工程测量人员的知识面、测量的精确度都有了更高的标准，引导学生去辩证地思考问题，启发与建立学生的历史思维、辩证思维、系统思维和创新思维等。

任务一　了解地形图的基本知识

地形图

想一想：

1. 同学们都使用过地图，我们能从地图上得到哪些信息？

2. 地形图是普通地图的一种，具有较高的实用性，在经济建设、国防建设、科学研究中有哪些应用？

知识回忆：

1. 施工测量。
2. 平面控制网的布设形式。
3. 高程控制网的布设形式。
4. 建筑物定位。
5. 建筑物放线。

一、了解地形图

1. 地物和地貌

地物即地面上自然形成的或人工建（构）筑的各种物体，如江河、湖泊、房屋、道路、森林等。地貌即地面高低起伏的自然状态，如高山、平原、丘陵、洼地等。地物和地貌总称为地形。

2. 地形图

如图 6-1 所示，将地面上各种地物和地貌的平面位置和高程垂直投影到水平面上，然后按照规定的比例尺，用《国家基本比例尺地图图式　第 1 部分：1 : 500、1 : 1000、1 : 2000 地形图图式》（GB/T 20257.1—2017）（以下简称《地形图图式》）统一规定的符号，将其缩绘到图纸上成为平面图形。这种表示地物平面位置和地貌情况的图，称为地形图。如果图上只反映地物的平面位置，而不反映地貌形态，则称为平面图。

地形图是城乡建设和各项建筑工程进行规划、设计、施工时，必不可少的基本资料，因而正确识图和使用地形图是土建工程技术人员必须具备的基本技能之一。

地形图的内容相当丰富，下面分别介绍比例尺、图名分幅、图号、接合图表、坐标方格网、图廓以及地物符号和地貌符号在地形图上的表示方法。

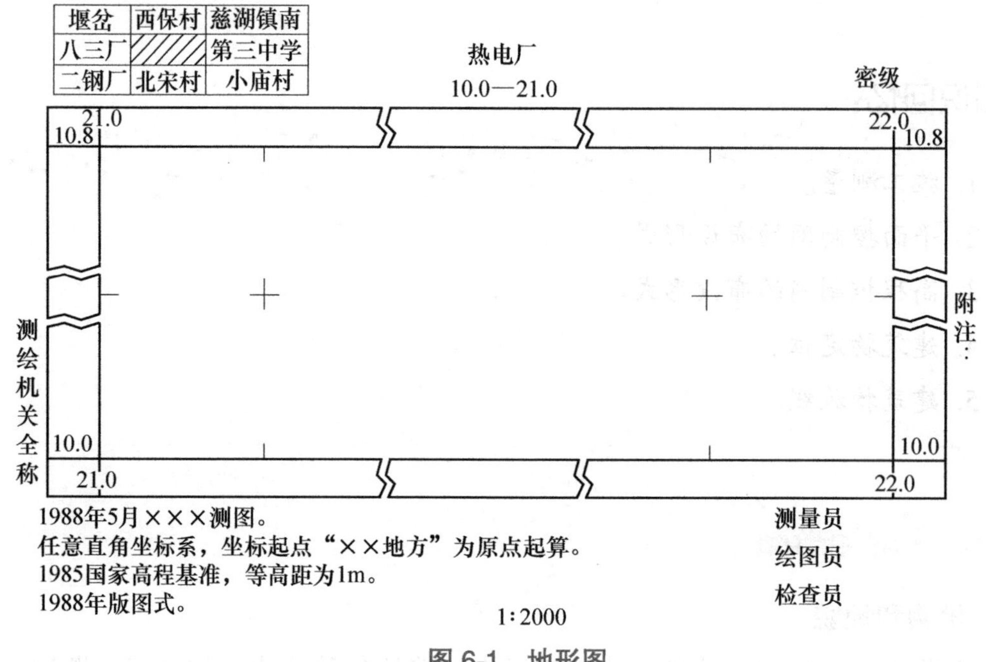

图 6-1 地形图

二、了解比例尺

1. 比例尺

地形图上任一线段 d 的长度与地面上相应线段的水平距离 D 之比，称为地形图的比例尺。

比例尺常用分子为 1，分母为整数的分数式来表示。例如，图上长为 d，相应的实际水平距离为 D，则比例尺为

$$\frac{d}{D}=\frac{1}{D/d}=\frac{1}{M} \tag{6-1}$$

这种分子为 1 的分数式比例尺，称为数字比例尺，如 1 : 500、1 : 1000、1 : 2000、1 : 5000。数字比例尺的分母越大，比值越小，比例尺越小；反之，分母越小，比值越大，比例尺越大。

按照比例尺的大小通常将地形图分为以下三类：

（1）大比例尺地形图　比例尺为 1 : 500、1 : 1000、1 : 2000、1 : 5000 的地形图，此类地形图一般采用地面测量仪器野外实测获得，大面积测图也可采用航空摄影测量的方法成图。

（2）中比例尺地形图　比例尺为 1 : 1 万、1 : 2.5 万、1 : 5 万、1 : 10 万的地形图，此类地形图为国家基本地图，目前均用航空摄影测量的方法成图。

（3）小比例尺地形图　比例尺为 1∶25 万、1∶50 万、1∶100 万的地形图，此类地形图一般由中比例尺地形图缩小编绘而成。

除数字比例尺外，还有直线比例尺，也称为图示比例尺，它可以直接、方便地进行图上与实地相应水平距离的换算，并能减小由于图纸伸缩变形引起的误差。图示比例尺绘制在地形图的正下方，由两条平行线构成，该平行线分成若干个 2cm 长的基本单位，而最左端的一个基本单位被分为 10 等分，如图 6-2 所示。

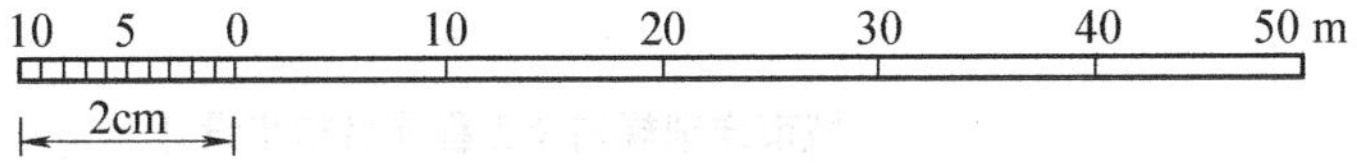

10　5　0　10　20　30　40　50 m

2cm

1∶500

图 6-2　图示比例尺

2. 比例尺精度

地形图比例尺的大小与图上内容的详略程度有很大关系。因此，必须了解各种比例尺地形图的精度。显然，地形图的精度取决于人眼的分辨能力和绘图与印刷的能力。其中，人眼的分辨能力是主要的因素。

在一般情况下，人眼的最小鉴别角为 θ=60°。若以明视距离 250mm 计算，则人眼能分辨的两点间的最小距离约为 0.1mm。因此，某种比例尺地形图上 0.1mm 所对应的实地投影长度，称为这种比例尺地形图的最大精度，或称为该地形图比例尺精度，即

地形图比例尺精度 =0.1mm × M（M 为数字比例尺的分母）

例如，1∶100 万、1∶5 万、1∶500 的地图比例尺精度依次为 100m、5m、0.05m。比例尺精度见表 6-1。

表 6-1　比例尺精度

比例尺	1∶500	1∶1000	1∶2000	1∶5000	1∶10000
比例尺精度 /m	0.05	0.1	0.2	0.5	1.0

综上所述可知，地形图的比例尺精度与距离量测的关系如下：一方面，根据地形图比例尺确定实地量测精度，如在 1∶500 地形图上量测地物，量距精度只能达到 ± 5cm，反过来，量距精度 ± 5cm 的数据可绘制 1∶500 的地形图；另一方面，可根据用图要求来确定选用地形图的比例尺。如要求反映出量距精度为 ± 10cm 的图，应选 1∶1000 及更大比例尺地形图。

3. 地形图比例尺的选择

在城市和工程建设的规划、设计、施工以及管理运营中，需要用到不同比例尺的地形图，实际应用当中地形图比例尺的选择可参照表 6-2。

表 6-2　地形图比例尺的选择

比例尺	用　途
1∶10000	城市总体规划、厂址选择、区域布置、方案比较
1∶5000	
1∶2000	城市详细规划及工程项目初步设计
1∶1000	
1∶500	建筑设计、城市详细规划、工程施工设计、竣工图

三、了解地形图的图名、分幅、图号、接合图表、坐标网格和图廓

1. 地形图的图名

等高线的形成

图名即本图幅的名称，一般以本图幅的最主要地名、居民地或企事业单位的名称命名。图名注记在图廓外上方的中央。

2. 地形图的分幅、图号、接合图表、坐标网格和图廓

（1）分幅　分幅是将测区的地形图划分成若干规定尺寸的分图幅。地形图的分幅有矩形分幅和正方形分幅两种，大比例尺地形图多采用正方形分幅。在此，只介绍正方形分幅。

正方形分幅是按统一的直角坐标格网划分图幅的，也就是按地形图比例尺由小到大，逐级将一幅小一级比例尺地形图对分成四幅大一级比例尺地形图，如一幅 1∶5000 的比例尺地形图，逐级对分成 4 幅 1∶2000 的比例尺地形图、16 幅 1∶1000 的比例尺地形图和 64 幅 1∶500 的比例尺地形图，如图 6-3 所示，图幅规格见表 6-3。

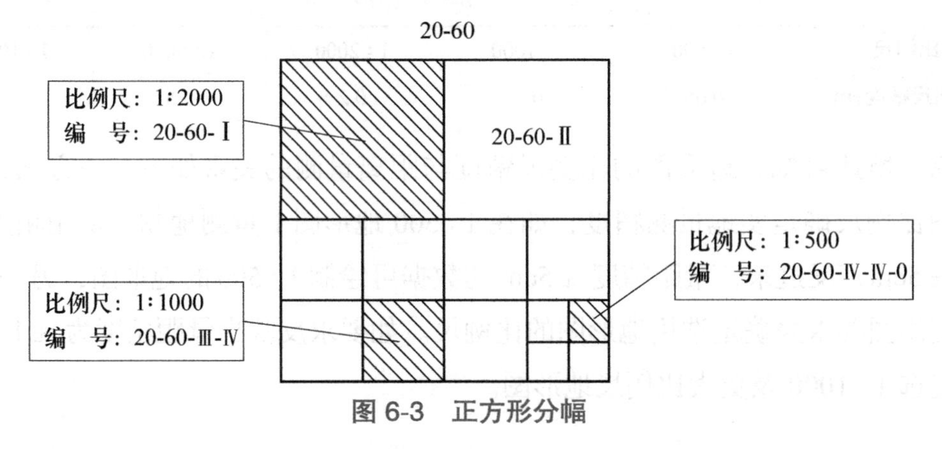

图 6-3　正方形分幅

表 6-3　图幅规格

比例尺	图幅规格	每幅图实地面积 /km^2	一幅 1∶5000 图包含分图幅数
1∶5000	40cm × 40cm	4	1
1∶2000	50cm × 50cm	1	4
1∶1000	50cm × 50cm	0.25	16
1∶500	50cm × 50cm	0.0625	64

（2）图号　图号是图的编号。注记在图幅的正上方、图名的下方。正方形分幅的编号方法有两种：

1）按 1∶5000 比例尺地形图的图号进行编号。对于 1∶5000 比例尺地形图的图号是以该图的西南角坐标“x，y”表示，并作为包括在本图幅中的较大比例尺地形图的基本图号。如图 6-3 所示，1∶5000 比例尺地形图的图号为 20-60。

1∶2000 比例尺地形图的图号是在 1∶5000 比例尺地形图的基本图号之后附加一个子号数字，子号数字是用来表示这个 1∶2000 比例尺地形图在 1∶5000 比例尺地形图中的位置。同样，在 1∶2000、1∶1000 比例尺地形图的图号后附加一个子号数字，分别作为 1∶1000、1∶500 比例尺地形图的图号。

如图 6-3 所示，带斜线的 1∶2000、1∶1000、1∶500 比例尺地形图的图号分别为 20-60-Ⅰ、20-60-Ⅲ-Ⅳ、20-60-Ⅳ-Ⅳ-0。

2）按本幅图的西南角坐标公里数进行编号。如图 6-3 所示，带斜线的 1∶2000 比例尺地形图的图号为 21.0-10.0，1∶1000 比例尺地形图的图号为 21.5-11.5，1∶5000 比例尺地形图的图号为 20.00-10.75。图号的小数 1∶500 取至 0.01km，1∶1000 和 1∶2000 取至 0.1km，1∶5000 取至 1km。

（3）接合图表　为了说明本图幅与相邻图幅的联系，供索取和拼接相邻图幅时使用。接合图表标注在北图廓外左上方，如图 6-1 所示。

（4）坐标格网和图廓　测图时为了展绘控制点及其他用途，必须绘出坐标格网及图廓。大比例尺地形图的坐标格网一般只绘出纵横交叉的部分，坐标值注在内图廓外。

正方形分幅的图廓分为内图廓、外图廓。内图廓是图幅的实际范围，用细线绘出，内图廓线就是坐标格网线；外图廓用粗线绘出。

四、了解地物符号

地物符号是指地形图上表示各种物体的形状、大小和位置的符号。国家测绘管理机关制定的《地形图图式》规定了各种地物符号表示和使用的方法。根据地物大小和表示方法的不同，地物符号分为比例符号、半比例符号、非比例符号和地物注记，见表 6-4。

表 6-4 地物符号

编号	符号名称	图例	编号	符号名称	图例
1	坚固房屋 4—房屋层数	坚4　1.5	11	灌木林	0.5　1.0
2	普通房屋 2—房屋层数	2　0.5	12	菜地	2.0　2.0　10.0　10.0
3	窑洞 1—住人的 2—不住人的 3—地面上的	1　2.5　2　2.0　3	13	高压线	4.0
4	台阶	0.5　0.5　0.5	14	低压线	4.0
5	花圃	1.5　1.5　10.0　10.0	15	电杆	1.0
6	草地	1.5　0.8　10.0　10.0	16	电线架	
7	经济作物地	0.8　3.0　蔗　10.0　10.0	17	砖、石及混凝土围墙	10.0　10.0　0.5　0.3　10.0　0.5
8	水生经济作物地	3.0 藕　0.5	18	土围墙	
9	水稻田	0.2　2.0　10.0　10.0	19	栅栏、栏杆	1.0　10.0
10	旱地	1.0　2.0　10.0　10.0	20	篱笆	1.0　10.0

（续）

编　号	符号名称	图　例	编　号	符号名称	图　例
21	活树篱笆	3.5 0.5 10.0 1.0 0.8	31	水塔	2.0 3.0 1.0 1.2
22	沟渠 1—有堤岸的 2—一般的 3—有沟堑的	1 2 0.3 3	32	烟囱	3.5 1.0
			33	气象站（台）	3.0 4.0 1.2
			34	消火栓	1.5 1.5 2.0
23	公路	0.3 沥 砾 0.3	35	阀门	1.5 1.5 2.0
24	简易公路	8.0 2.0	36	水龙头	3.5 2.0 1.2
25	大车路	0.15 0.3 碎石	37	钻孔	3.0 1.0
26	小路	4.0 1.0 0.3	38	路灯	2.5 1.0
27	三角点 凤凰山—点名 394.468—高程	凤凰山 394.468 3.0	39	独立树 1. 阔叶 2. 针叶	1.5 1 3.0 0.7 2 3.0 0.7
28	图根点 1—埋石的 2—不埋石的	1 2.0 N16/84.46 2 1.5 D25/62.74 2.5	40	岗亭、岗楼	90° 3.0 1.5
29	水准点	2.0 Ⅱ京石5/32.804	41	等高线 1—首曲线 2—计曲线 3—间曲线	0.15 87 1 0.3 85 2 0.15 6.0 3 1.0
30	旗杆	1.5 4.0 1.0 1.0	42	高程点及其注记	0.5•158.3　65.6

1. 比例符号

将地物的形状和大小按比例尺缩绘在图的相应位置上的轮廓符号，称为比例符号。这类符号一般用实线或点线表示其外围轮廓，如房屋、草地、稻田等。比例符号既表示地物的形状和大小，又表示其平面位置。

2. 半比例符号

对于一些呈线状延伸的地物，如铁路、管道、围墙等，其长度可按比例尺缩绘，而其宽度则不能按比例尺缩绘，这种符号称为半比例符号，又称为线形符号。线形符号的中心线就是实际地物的中心线。

3. 非比例符号

当一些很重要而轮廓小的地物不能按比例缩绘在图纸上时，用规定的统一符号来表示，这类符号称为非比例符号，如水准点、消防栓、路灯等。非比例符号只表示地物的中心或中线的位置，不表示其大小和形状。

4. 地物注记

用文字、数字或特定的符号，对地物加以说明或补充，称为地物注记。如对行政名称、公路、河流等名称的注记；对河流的流速、深度，房屋的层数等的注记；用特定符号表示的地面植被种类，如草地、林地等符号。

五、了解地貌符号

在地形图上表示地貌的方法很多，通常用等高线来表示地貌。等高线不仅能表示地貌的起伏状态，而且能够表示出地面的坡度和地面点的高程。

1. 等高线

等高线是地面上高程相同的相邻点所连成的闭合曲线。

如图 6-4 所示，假设有一座小山全部被水淹没，设山顶的高程为 100m，如果水面下降 5m，则水平面与小山相截，构成一条闭合曲线，该曲线上各点的高程相同，这就是高程为 95m 的等高线。水面每下降 5m，就可分别得出 90m、85m、80m 等一系列的等高线，这些等高线都是闭合的曲线。将这些等高线沿铅垂方向投影到一个水平面上，并按规定的比例尺缩绘到图纸上，就获得与实际情况相似的一组等高线，从而能准确、形象地反映地面高低起伏的状态。

2. 等高距和等高线平距

相邻等高线的高差称为等高距，常用 h 表示。相邻等高线之间的水平距离称为等高线平距，常用 d 表示。相邻等高线之间的地面坡度 i 为

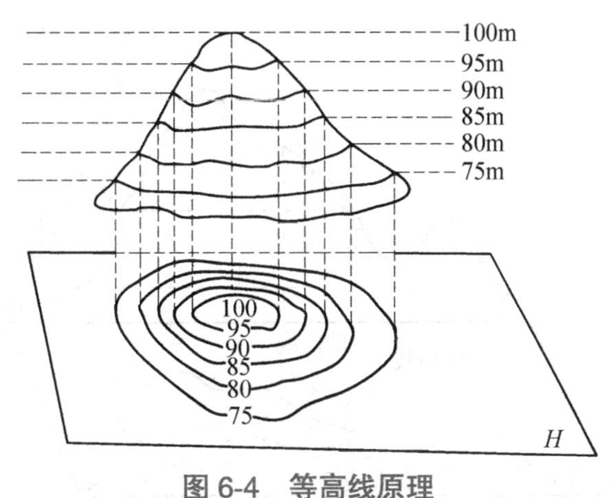

图 6-4　等高线原理

$$i=\frac{h}{dM}$$

式中　M——比例尺分母；

i——坡度（%）。

在同一幅地形图中，等高距是相同的，所以地面坡度与等高线平距的大小有关。地面坡度越陡，等高线平距越小；相反，坡度越缓，等高线平距越大；地面坡度均匀，则等高线平距相等。

用等高线表示地貌，等高距越小，显示地貌越详细；等高距越大，显示地貌就越简略。但是当等高距过小时，图上的等高线过于密集，将影响图面的清晰。因此，在测绘地形图时，基本等高距的大小是根据测图比例尺与测区地形情况来确定的，详见表 6-5。

表 6-5　地形图的基本等高距　（单位：m）

比 例 尺	地 形 类 别			
	平地	丘陵	山地	高山
1∶500	0.5	0.5	0.5 或 1.0	1.0
1∶1000	0.5	0.5 或 1.0	1.0	1.0 或 2.0
1∶2000	0.5 或 1.0	1.0	2.0	2.0

3. 等高线的分类

地形图上的等高线分为首曲线、计曲线、间曲线和助曲线四种，如图 6-5 所示。

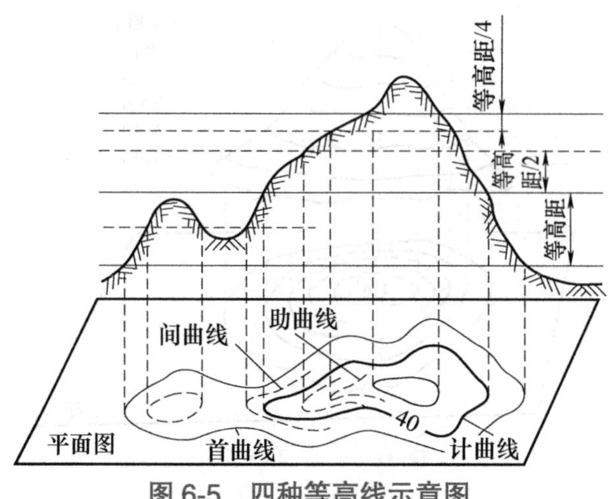

图 6-5　四种等高线示意图

1）首曲线。按照规定的基本等高距描绘的等高线，称为首曲线，又称为基本等高线。首曲线用 0.15mm 宽的细实线来绘制。

2）计曲线。为了计算和用图的方便，每隔四根基本等高线加宽描绘一条并注上高程的等高线，称为计曲线。计曲线用 0.25mm 宽的粗实线来绘制。计曲线的高程应是 5 倍等高距的整倍数。

3）间曲线。为了表示首曲线不能反映而又重要的局部地貌，按基本等高距的 1/2 来描绘的等高线，称为间曲线。间曲线用 0.15mm 宽的细长虚线来绘制。间曲线可以不闭合。

4）助曲线。为了表示别的等高线都不能表示的重要的局部地貌，按基本等高距的 1/4 来描绘的等高线，称为助曲线。助曲线用 0.15mm 宽的细短虚线来绘制。助曲线可以不闭合。

4. 几种典型地貌的等高线

（1）山头和洼地　如图 6-6 所示，表示山头和洼地的等高线都是一组闭合的曲线，形状相似。高程注记由外圈向内圈递增，表示山头；相反，由外圈向内圈递减，表示洼地。为了表示坡度递减的方向，在等高线上垂直绘出一条短线，称为示坡线。示坡线由内向外表示山头；由外向内表示洼地。

（2）山脊和山谷　山顶向山脚延伸的凸起部分，称为山脊，如图 6-7 所示。山脊上最高点的连线是山脊线。山脊的等高线是一组凸向低处的凸形曲线，它们与山脊线正交。

如图 6-8 所示，两山脊之间向一个方向延伸的低凹部分，称为山谷。山谷中，最低点的连线，也是雨水汇集流动的地方，称为山谷线或集水线。山谷的等高线是一组凸向高处的凸形曲线，它们与山谷线成正交。

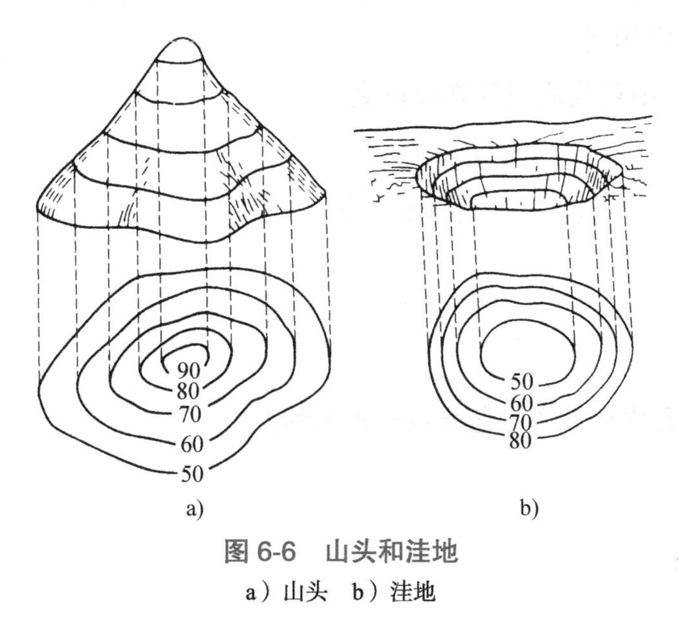

图 6-6　山头和洼地

a）山头　b）洼地

（3）鞍部　如图 6-9 所示，相邻两个山头之间的低凹部位，形似马鞍状的地貌，称为鞍部。鞍部是道路翻越山岭必经的部位，其等高线的特征是一组大的封闭曲线中，内套有两组闭合的曲线。

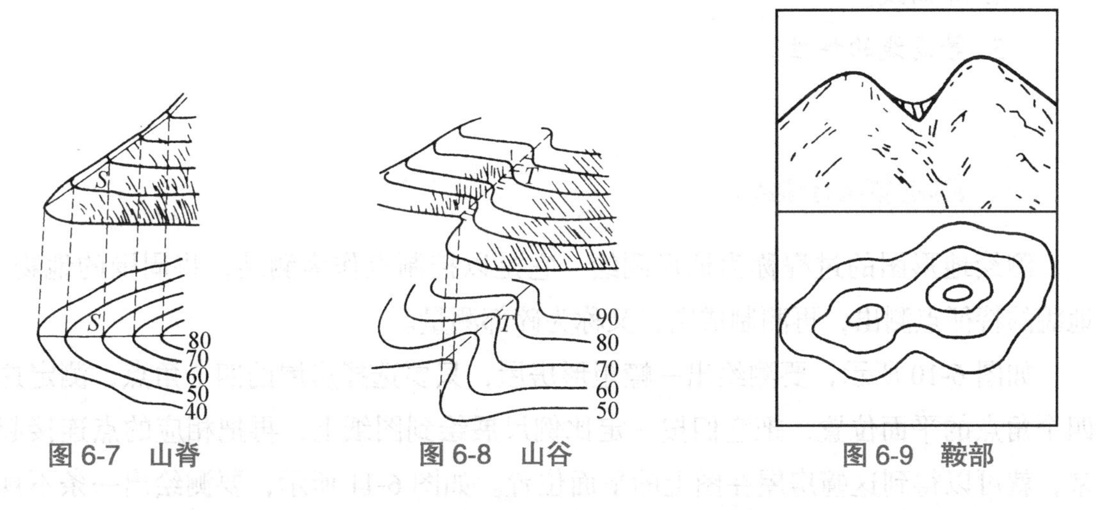

图 6-7　山脊　　图 6-8　山谷　　图 6-9　鞍部

此外，还有一些特殊地貌，如陡坎、悬崖、冲沟等，难以用等高线表示，可按《地形图图式》中规定的符号来表示。

5. 等高线的特征

1）同一条等高线上各点的高程都相同。

2）等高线是闭合的曲线，若不在本幅图内闭合，也必会在图外闭合。

3）除了在断崖、绝壁等处外，等高线在图上不能相交或重合。

4）在同一幅地形图上，等高线的平距小，表示坡度陡，平距大表示坡度缓。平距相等，则坡度相同。

5）山脊线、山谷线均与等高线正交。

任务二　学习大比例尺地形图的测绘

想一想：

平时我们看到的地形图是怎样绘制出来的？

知识回忆：

1. 地形图。
2. 比例尺。
3. 比例尺精度。
4. 等高线。
5. 等高线的特性。

一、地形测量的概述

测绘地形图的过程称为地形测绘。它是以控制点作为测站，将周围的地物、地貌的特征点测出，再测制成图，又称为碎部测量。

如图 6-10 所示，要测绘出一幢矩形房屋，只要选择房屋的四个角点，测定这四个角点的平面位置，把它们按一定比例尺展绘到图纸上，再把相应的点连接起来，就可以得到这幢房屋在图上的平面位置。如图 6-11 所示，要测绘出一条不规则的河流，先在不规则的曲线上适当选择若干点，如图中的 1、2、3 等，测定这些点的平面位置，并按照规定的比例尺展绘到图纸上，再参照实地情况，把图上相应的点连接起来，就得到河流在图上的平面位置。所选的这些点称为地物特征点，简称为地物点。

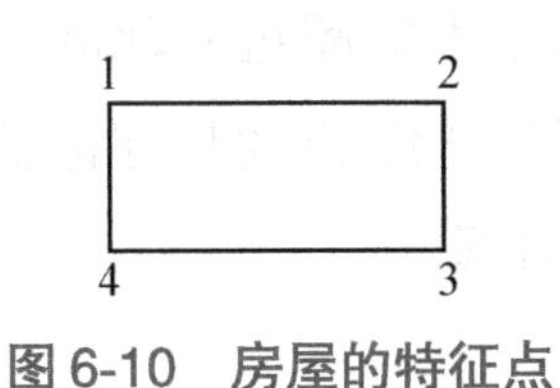

图 6-10　房屋的特征点

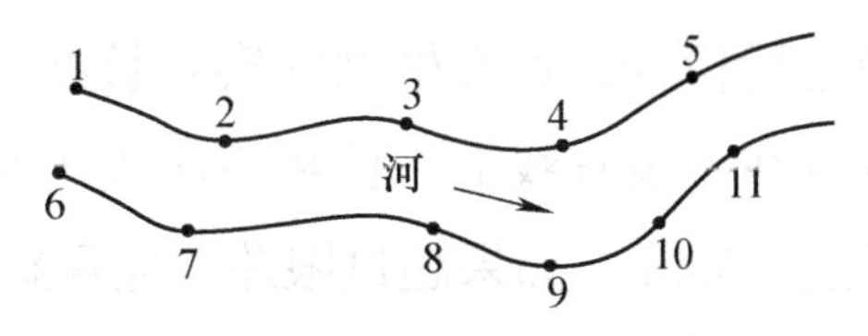

图 6-11　河流的特征点

同样，如图 6-12 所示，地貌也可以通过测定地面坡度变化点的平面位置和高程来确定。这些坡度变化的点称为地貌特征点，也称为碎部点。

图 6-12　地貌的特征点

二、学习测图前的准备工作

1. 图纸的准备

为了保证测图的精度，地形测量使用的图纸必须是质地坚韧、伸缩性小、不渗水的优质绘图纸。目前，我国测绘部门已广泛采用聚酯薄膜代替传统的绘图纸。这种薄膜具有伸缩性小、透明度好、不怕潮和蛀、便于携带和保存的特点，但它易燃、易折，在使用时应特别注意。在测图时，须将聚酯薄膜固定在测图纸上。

2. 绘制坐标方格网

大比例尺地形图的直角坐标方格网一般由每边 10cm 长的正方形组成，其绘制方法常用的有对角线法和坐标格网尺法。现在介绍用对角线法绘制方格网的方法。

如图 6-13 所示，按图纸的四角，用直尺先绘制出两条对角线，以其交点 *O* 为圆心，取适当长度为半径，在对角线上分别画出 *A*、*B*、*C*、*D* 四点，连接这四点得一矩形。再从 *A*、*D* 两点起，沿 *AB*、*DC* 每隔 10cm 取一点；同样，从 *A*、B 两点起，沿 *AD*、*BC* 每隔 10cm 取一点，用 0.1mm 宽的细实线连接对边相应各点，即得坐标方格网。

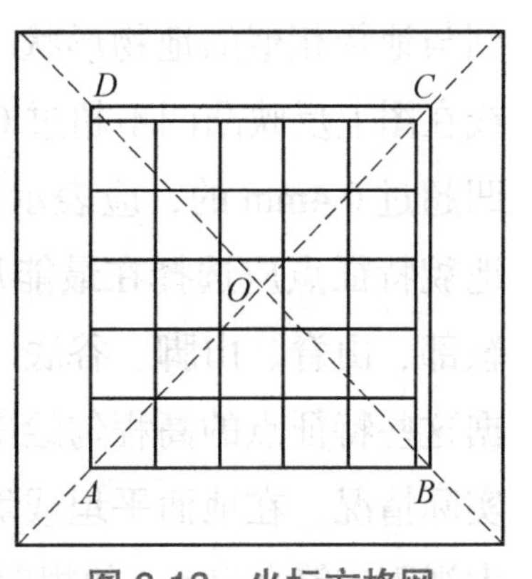

图 6-13　坐标方格网

为了保证坐标方格网的精度，坐标方格网绘制好后必须进行检查，各方格网的实际长度与理论长度之差不应超过 0.2mm，各方格的角点应在一条直线上，偏离不应大于 0.2mm，图廓对角线长度与理论长度之差不应超过 0.3mm。如果超过限差，应重新绘制坐标方格网。

3. 展绘控制点

展点前，先抄录本图幅西南角的坐标、图根点的点号、坐标、高程以及相邻图根点的距离。然后，根据本图幅西南角的坐标、比例尺将坐标格网线的坐标注在相应格网线的外侧。

展点时，首先确定图根点所在的方格。如图 6-14 所示，设 1 号图根点的坐标值 x=587.33m，y=185.77m，它所在的方格为 *EFGH*。其次，根据 1 号图根点与 *E* 点的坐标差值 Δx 和 Δy 定出 *a*、*b* 和 *c*、*d*。再次，连接 *ab* 和 *cd*，其交点即 1 号图根点的位置。同法，展绘其他图根点。最后，进行认真检查。图上相邻点的距离和已知边长比较，不应大于图上 0.3mm。符合要求后，用小针刺出点位，针孔不大于 0.1mm，按《地形图图式》绘出图根点，并在点的右侧画一横线，横线上方注点名，下方注高程。

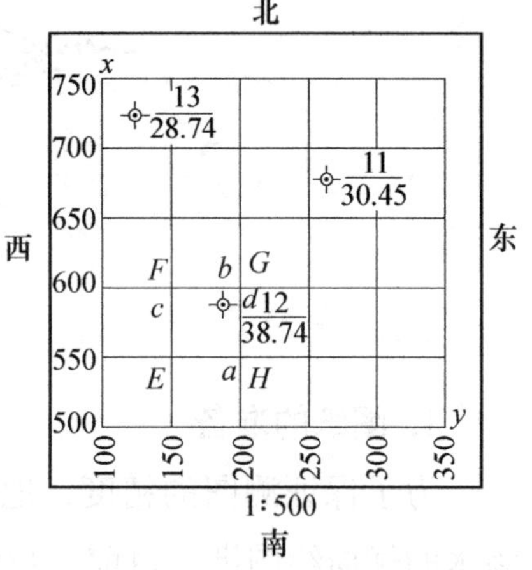

图 6-14　图根控制点的展绘

三、学习碎部测量

1. 碎部点的选择

图纸准备

碎部点的正确选择是保证成图质量和提高测图效率的关键。碎部点应选在地物和地貌的特征点上。地物特征点就是决定地物形状的地物轮廓线上的转折点、交叉点、弯曲点、独立地物的中心点等，连接这些特征点就得到与地物相似的地物形状。对于以轮廓线为曲线的地物，一般测图规定，凡轮廓线在图上反映凸凹不超过 0.4mm 的，可以当作直线看待；凡轮廓线在图上反映凸凹超过 0.4mm 的，应表示出来。总之，必须适当选择凸起点作为碎部点。同样，地貌特征点应选择在最能反映地貌特征的山脊线、山谷线等地形线上，如山顶、鞍部、山脊、山脚、谷底、谷口、洼地、河川湖池岸旁的坡度和方向变化处。根据这些特征点的高程勾绘等高线，可将地貌在图上表示出来。为了能真实地表示实际情况，在地面平坦或坡度无变化的地区，碎部点的最大间距和测碎部点的最大视距应符合表 6-6 的规定。

表 6-6　碎部点的最大间距和测碎部点的最大视距

测图比例尺	地貌最大间距 /m	最大视距 /m			
		主要地物点		次要地物点和地貌点	
		一般地区	城市地区	一般地区	城市地区
1∶500	15	60	50（量距）	100	70
1∶1000	30	100	80	150	120
1∶2000	50	180	120	250	200
1∶5000	100	300	—	350	—

2. 经纬仪测绘法

碎部测量的方法有经纬仪测绘法、小平板仪与经纬仪联合测绘法、大平板仪测绘法和全站仪等，这里仅介绍经纬仪测绘法。

经纬仪测绘法就是将经纬仪安置在控制点上，绘图板安置在测站旁。首先，用经纬仪测定碎部点的方向和已知方向之间的夹角；其次，用视距测量的方法测出控制点至碎部点的水平距离和碎部点的高程；然后，根据测定的水平角和距离，用量角器和比例尺将碎部点的平面位置展绘在图纸上，并在点的右侧注记其高程；最后，对照实地情况，按照《地形图图式》规定的符号勾绘地形图。如图 6-15 所示，现将经纬仪测绘法在一个测站上的操作步骤简述如下：

1）安置仪器。在控制点 A 安置仪器，完成对中和整平，量出仪器高 i，记入手簿（见表 6-7），后视另一控制点 B，置水平度盘为 0°0′0″，则 AB 方向称为起始方向；测定竖盘指标差。

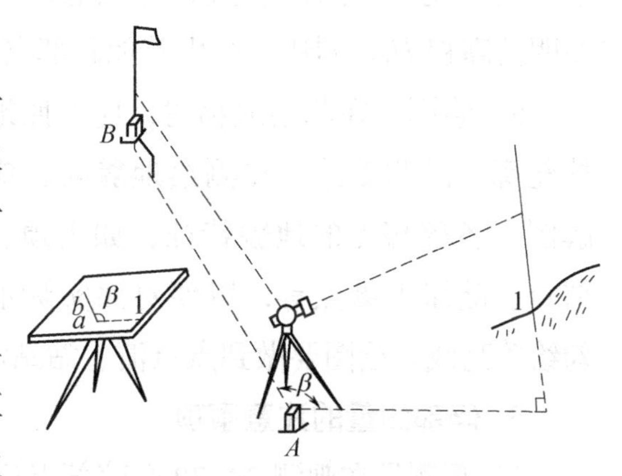

图 6-15　经纬仪测绘法

将小平板安置在测站附近，使图纸上控制边方向与地面上相应控制边方向大致一致。连接图上相应控制点 a、b，并适当延长 ab 线，ab 线即为图上起始方向线。然后，用细针通过量角器圆心的小孔并插在 a 点，使量角器圆心固定在 a 点上。

2）立尺。立尺员依次将尺立在地物和地貌特征点上。立尺员按立尺路线立尺，跑点应不零乱、不漏点、不一点多用，以方便绘图。

3）观测。将经纬仪照准碎部点 1 的标尺，使中丝读数在 i 附近，以便读数视距丝间隔 l；再将中丝对准 i 值，读竖盘读数，计算出与 B 点所形成的水平角，记入手簿。同法，测定其他碎部点。在观测中和结束时，应随时重新对准零方向。

4）记录和计算。将测得的视距、中丝读数、竖盘读数及水平角填入手簿。根据视距测量计算公式计算水平距离 D 和高程 H。

表 6-7　地形测量手簿

测站：A　后视点：B　仪器高：1.52m　竖盘指标差：x=0　测站高程：H_A=77.40m									
点号	视距 /m	中丝读数 /m	竖盘读数	竖直角	高差 /m	水平角	水平距离 D/m	高程 H/m	备注
1	20.5	1.52	90°02′30″	–0°02′30″	0.00	102°00′00″	20.5	77.40	山脚
2	22.0	1.52	88°08′00″	1°52′00″	0.72	175°45′00″	22.0	78.12	山脚
3	26.0	2.52	88°12′00″	1°48′00″	–0.18	236°38′00″	26.0	77.22	山脚
…									

5）展绘碎部点。绘图员转动量角器，将量角器上等于角值（碎部点 1 为 102°00′00″）的刻划线对准起始方向线，如图 6-16 所示。此时量角器的零方向（即 a1 方向）便是碎部点 1 的方向。然后，在此方向上根据测图比例尺，按所测得的水平距离，定出 1 点的位置，并在点的右侧注明其高程 H_1。同法，绘出其他碎部点。

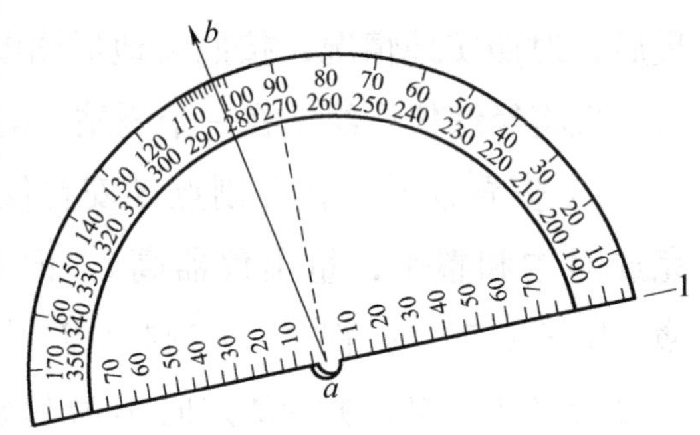

图 6-16　地形测绘量角器

6）绘图。在测绘地物时，应对照地物外轮廓，随测随绘。在测绘地貌时，应了解图上各碎部点的地貌特征，如山顶、鞍部点、陡崖上缘点等，以便对照实际地貌勾绘等高线。绘图要做到点点清、站站清、天天清。

3. 碎部测量的注意事项

1）观测员在观测 20~30 个碎部点后和测站结束时，应检查起始方向的变化。

2）立尺员应将视距尺立直，并将尺子立在特征点上。对于复杂的地形，需画出草图，协助绘图员做好绘图工作。

3）绘图员应对照实地情况绘图，应做到随测点、随展绘、随检查。

4）当一个测站工作结束时，应检查有无漏测、测错。当搬到下一测站时，应先观测前站所测的某些明显的碎部点，以检查由两点测得该点的平面位置和高程是否相符。如相差较大应查明原因，纠正错误，再继续进行测绘。

四、学习增设测站点的方法

碎部测量时，各级控制点均可作为测站点，当控制点的密度不能满足测图的需要时，可增设临时测站点。增设测站点常用方法有：

1. 支导线法

如图 6-17 所示，由图根点 A 测定支导线点 1。其测量方法是：

1）在 1 点处钉一木桩，在 A 点安置经纬仪，测量 AB 与 $A1$ 之间的水平夹角一个测回。

2）测定 D_{A1}。

3）用经纬仪视距测量方法测出高差 h_{A1}。

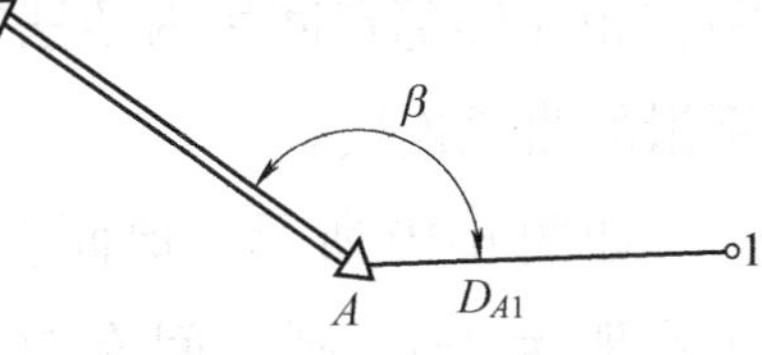

图 6-17　支导线法

4）仪器搬到 1 点之后，用同样的方法返测水平距离 D_{1A} 和高差 h_{1A}。

5）若距离往返的相对误差不大于 1/200，高差往返的较差不超过基本等高距的 1/7，则取往返距离和高差的平均值作为测量成果，并求出 1 点的高程。

6）根据水平角和水平距离 D_{A1}，将支导线点 1 展绘于图纸上，即可作为增补的测站点使用。

2. 内外分点法

内外分点法是一种在已知直线方向上按距离定位的方法。如图 6-18 所示，在控制点 A、B 的连线上选定点 1，称为内分点。或在 A、B 连线的延长线上选定点 1′，称为外分点。

A　1　B　1′

图 6-18　内外分点法

在 1 点处钉一木桩，可用经纬仪视距测量方法从 B 点和 1 点分别测出 D_{B1}、h_{B1}、D_{1B}、h_{1B}。若距离往返的相对误差不大于 1/200，高差往返的较差不超过基本等高距的 1/7，则取往返距离和高差的平均值作为测量成果，求出 1 点的高程，然后将其展绘于图纸上，即可作为增补测站点使用。同法定出 1′ 点。

五、学习地形图绘制的方法

1. 地物描绘

地物要按照《地形图图式》规定的符号来表示。例如，房屋要按其轮廓用直线连接；道路、河流的弯曲部分要用平滑的曲线连接；对于不能按其比例描绘的地物，应按照《地形图图式》规定的非比例符号来表示。

2. 勾绘等高线

地貌主要用等高线来表示。对于不能用等高线表示的特殊地貌，例如悬崖、峭壁、陡坎、冲沟等用图式规定的符号来表示。

勾绘等高线时，先轻轻描绘出山脊线、山谷线等地形线，并认为两碎部点之间地面坡度是均匀变化的，再根据碎部点的高程勾绘等高线。由于各等高线的高程是等高距的整数倍，而测得碎部点的高程往往不是等高距的整数倍，因此，必须在相邻碎部点间用内插法定出等高线通过的点位，再将相邻各相等高程的点用平滑的曲线连接。

如图 6-19 所示，地面上两碎部点 A、C 的高程分别为 207.4m 和 202.8m。若等高距为 1m，则其间有 203m、204m、205m、206m 及 207m 五条等高线通过。根据平距与高差成比例的原理，便可定出它们在图上的位置。先按比例关系目估定出高程为 203m 的点 m 和高程为 207m 的点 q，然后将 m、q 两点间的距离分成四等分，定出高程为 204m、205m、206m 的点 n、o、p。同法定出其他相邻碎部点间的等高线应通过的位置。将高程相等的相邻点连成光滑的曲线，即为等高线。

如图 6-19 所示，勾绘等高线时，要对照实地情况，先画出计曲线，后画出首曲线，并注意等高线通过山脊线、山谷线的走向。

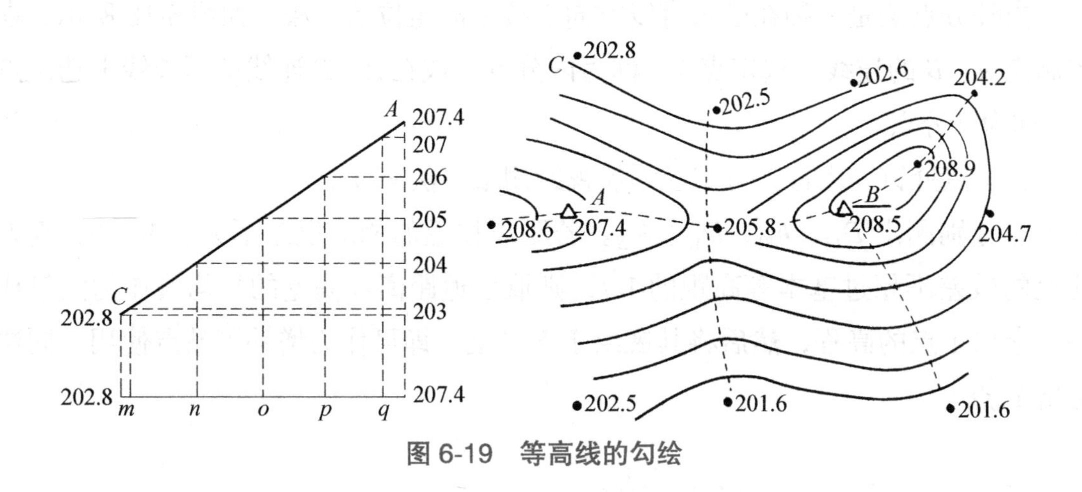

图 6-19　等高线的勾绘

六、学习地形图的拼接、检查与整饰

1. 地形图的拼接

当测区面积较大时，整理测区必须划分为若干幅图进行施测，使用时再把它们拼接起来。因图幅拼接需要，测绘时应测出图廓外0.5cm，如遇居民区应测出1cm。如果测图用的是图纸，如图6-20所示，可用宽约4cm稍长于图幅长度的透明纸条，蒙在左图幅的接图边上，用铅笔把坐标格网线、地物、地貌符号描绘在透明纸上；然后再把透明纸按坐标格网线位置蒙在右图幅对接边上，同样用铅笔描绘坐标格网线、地物、地貌符号。若地物、地貌偏差不超过表6-8和表6-9中规定的$2\sqrt{2}$倍时，则可在透明纸上用红墨水笔画线取其平均位置，然后在保持地物、地貌相互位置和走向正确的前提下，按照平均位置改正相邻两图幅的地物、地貌位置。

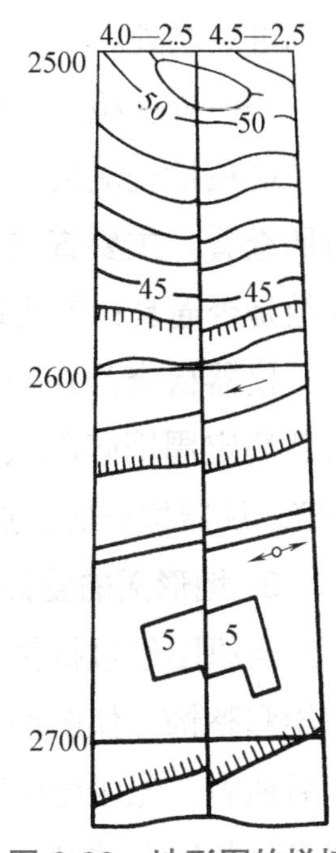

图6-20 地形图的拼接

表6-8 地物点位和高程的中误差

地区分类	点位中误差/m（图上为mm）	地物点间距误差/m（图上为mm）	注记点	高程中误差/m
城市建筑区、平地和丘陵地	0.5	0.4	城市建筑区和平坦铺装地面的高程注记点	0.07
旧街坊内部、山地和高山地	0.75	0.6	城市建筑和平坦地区的一般高程注记点	0.15

表6-9 等高线的高程中误差

地区类别	平地	丘陵地	山地	高山地
等高线的高程中误差（等高距）	1/3	1/2	2/3	1

若使用聚酯薄膜测图，可直接将相邻图幅的接图边按图廓线、格网线对齐进行拼接。拼接时如发现误差超限，则应到实地检查，补测修正。

2. 地形图的检查

为了保证成图的质量，在地形图测完后，必须对成图资料进行全面的严格检查。检查工作分为内业检查和外业检查。

（1）内业检查 上交成果、成图资料是否齐全；抽查各项外业记录和计算书；地形原图是否整饰，图边是否接妥，接边差有无超限；等高线勾绘有无错误、矛盾和可疑之处。

（2）外业检查　外业检查分为巡视检查和仪器检查。

巡视检查应携带测图板，根据内业检查的疑点，按预定的检查路线进行实地对照查看。主要查看地物、地貌勾绘是否正确、齐全，取舍是否得当；等高线的勾绘是否逼真；图式符号运用是否正确。

仪器检查是在内业检查和巡视检查的基础上进行的，是在原控制点上设站，重新测定周围碎部点的平面位置和高程，与原图相比，其误差不超过表 6-9 中的 2 倍。仪器检查的总点数一般是本幅地形图中总点数的 10%~20%。

3. 地形图的整饰

当原图经过拼接和检查后，还应按规定的地形图图式符号对地物、地貌进行清绘和整饰，使图面更加合理、清晰和美观。整饰的顺序是先图内后图外，先地物后地貌，先注记后符号。整饰总的要求是：图式符号运用正确；注记排列适当；线条、数字要清楚、端正、准确；图幅号、方格网坐标、测图单位、测图时间书写正确、齐全等。

任务三　学习大比例尺地形图的应用

想一想：

如何应用地形图获取各项工程规划、设计、施工中所需的数据来解决各项实际问题？

知识回忆：

1. 大比例尺地形图测图前的准备工作。
2. 碎部点的选择。
3. 碎部测量时增设测站点的方法。
4. 勾绘等高线。
5. 地形图的整饰。

地形图具有丰富的信息，在地形图上可以获取地貌、地物、居民点、水系、交通、通信、管线、农林等多方面的自然地理和社会政治经济信息，因此，地形图是工程规划、设计、施工的基本资料和信息。在地形图上可以确定点位、点与点间的距离、直线的方向、点的高程和两点间的高差；还可以在地形图上勾绘出分水线、集水线，确定某区域的汇水面积，在图上计算土石方量等。此外，在地形图上可以进行道路设计，绘出道路经过处的纵断面图、横断面图等。

1. 确定点位的平面坐标

根据地形图上的坐标格网线，可以求出地面上任意点位的平面坐标。如图 6-21 所示，求 *m* 点坐标，可先将 *m* 点所在的小方格用直线连接，即得正方形 *abcd*，然后过 *m* 点分别作平行于直线 *ab*、*ad* 的直线 *gh*、*ef*。则 *m* 点的坐标为

$$\begin{cases} x_m = x_a + L_{ag}M \\ y_m = y_a + L_{ae}M \end{cases} \tag{6-2}$$

式中　L_{ag}、L_{ae}——图上 *ag*、*ae* 的长度（mm）；

M——地形图比例尺分母。

如果精度要求较高，则应考虑图纸伸缩，按线性内插法计算为

$$\begin{cases} x_m = x_a + \dfrac{100}{L_{ad}} L_{ag} M \\ y_m = y_a + \dfrac{100}{L_{ab}} L_{ae} M \end{cases} \tag{6-3}$$

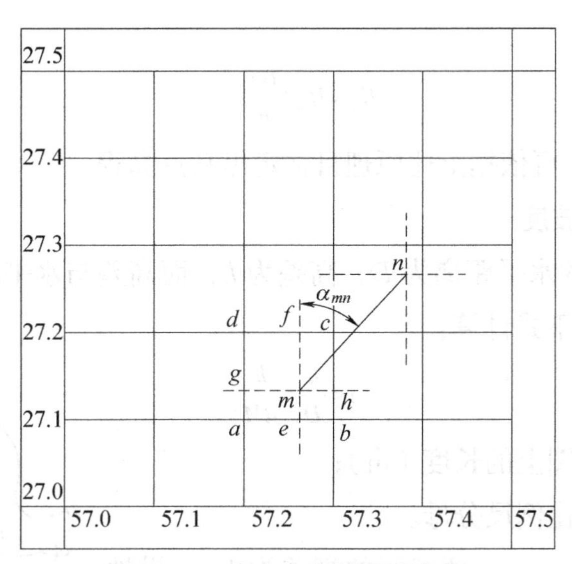

图 6-21　确定点位的平面坐标

2. 确定两点间距离

要确定直线 *mn* 的水平距离（图 6-21），可采用解析法或图解法求算。

（1）图解法　用圆规在图上直接量出 mn 的长度，再与图上图示比例尺比量。如果没有图示比例尺，且精度要求不高，可用三棱尺或直尺直接量测图上距离，然后换算成实际距离。

（2）解析法　当精度要求高或两点不在同一幅图上时，可用解析法量测。即先按前述方法求出 m 点、n 点的平面坐标，再按两点间距离公式计算，即

$$D_{mn}=\sqrt{(x_m-x_n)^2+(y_m-y_n)^2} \tag{6-4}$$

3. 确定直线坐标方位角

求直线的坐标方位角（图 6-21），可采用图解法和解析法。

（1）图解法　分别过 m 点、n 点作平行于坐标纵线的直线，然后用量角器量测 α_{mn}、α_{nm}，取其中数作为最后结果。

（2）解析法　当精度要求较高，或者 m 点、n 点不在同一幅图上时，可用解析法计算，即先求出 m、n 两点的平面坐标，然后通过坐标反算，计算出 mn 的方位角。

$$\alpha_{mn}=\arctan\frac{y_m-y_n}{x_m-x_n} \tag{6-5}$$

4. 确定点位的高程

如果某点位置恰好位于某条等高线上，则这点的高程就等于该等高线的高程（图 6-22），H_A=78m。如果所求点位于两条等高线之间，则可用线性比例内插法计算。如图 6-22 中的 B 点，过 B 点作大致垂直于相邻等高线的线段 mn，设等高距为 h，则

$$H_B=H_m+\frac{Bm}{mn}h \tag{6-6}$$

在实际应用中，可依据上述原理目估定出某点高程。

5. 确定直线的坡度

设地面两点间的水平距离为 D，高差为 h，而高差与水平距离之比称为坡度，以 i 表示，则 i 可用下式计算：

$$i=\frac{h}{D}=\frac{h}{dM} \tag{6-7}$$

式中　d——两点间图上的长度（m）；

　　M——地形图比例尺分母。

如图 6-22 所示，m、n 两点间的高差为 1m，设地形图的比例尺为 1∶1000，若从图上量得 mn 的距离为 1cm，则 mn 的地面实际坡度为

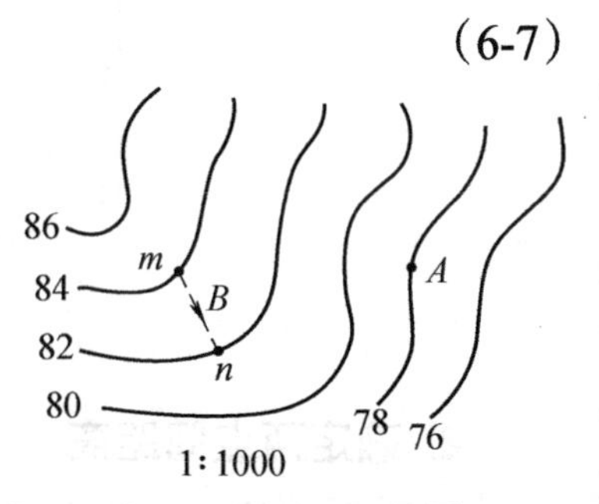

图 6-22　确定点的坡度

$$i=\frac{h}{dM}=\frac{1}{0.01\times1000}=\frac{1}{10}=10\%$$

坡度常以百分率或千分率表示。

如果两点间的距离较长，中间通过疏密不等的等高线，则式（6-7）所求的地面坡度为两点间的平均坡度。

思考与习题

一、填空题

1. 地物和地貌总称为 ________。

2. 测绘 1∶1000 的地形图时，距离测量精度需要达到 ________m 就可以了。

3. 地物符号包括 ________、________、________、________。

4. 相邻等高线的高差称为 ________，常用 ________ 表示；相邻等高线之间的水平距离称为 ________，常以 ________ 表示。

5. 在同一幅地形图中，地面坡度越陡，等高线 ________；坡度越缓，等高线 ________；地面坡度均匀，则等高线 ________。

二、选择题

1. 地形测量中，若比例尺精度为 b，测图比例尺分母为 M，则比例尺精度与测图比例尺分母大小的关系为（　　）。

A. 与 M 无关　　B. 与 M 成正比　　C. 与 M 成反比　　D. 与 M 相等

2. 在地形图上，量得 A 点的高程为 21.17m，B 点的高程为 16.84m，AB 距离为 279.50m，则直线的坡度为（　　）。

A. 6.8%　　B. 1.5%　　C. −6.8%　　D. −1.5%

三、名词解释

1. 地形图：

2. 等高线：

3. 示坡线：

四、简答题

1. 比例尺精度的用途是什么？

2. 什么是地物？什么是地貌？森林、平原和湖泊是地物还是地貌？

五、计算题

1. 某地形图上 10cm 直线对应地面实际水平距离为 100m，该地形图的比例尺为多少？其比例尺精度为多少？

2. 请确定图 6-23a 中 A、B 两点坐标，A、B 两点间的水平距离及直线 AB 的坐标方位角。

3. 计算图 6-23b 中 A 点和 B 点的高程。

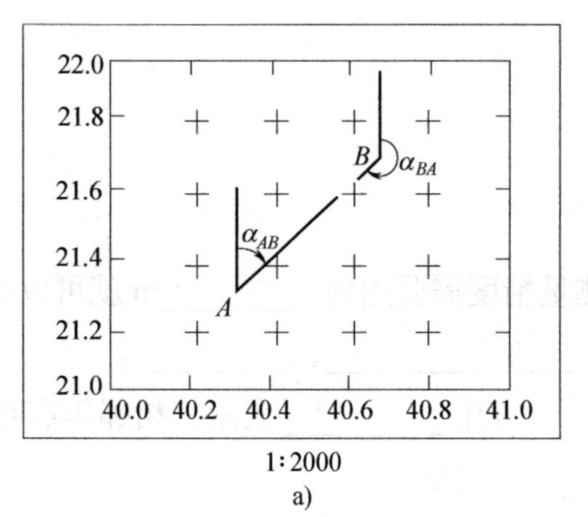

a)

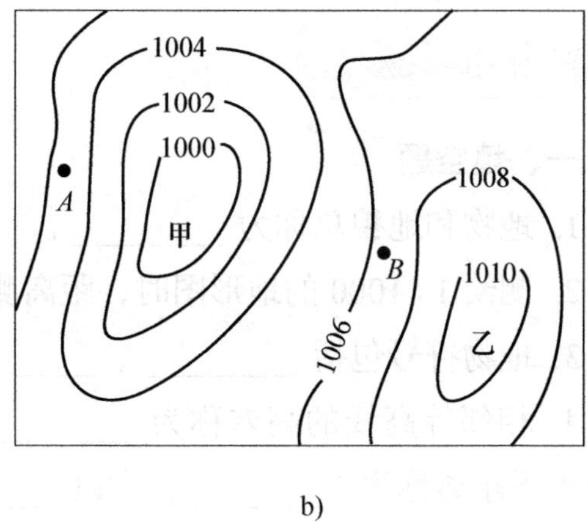

b)

图 6-23　计算题 2、3 图

项目七 学习小地区控制测量

项目概述

控制测量是建筑施工中经常遇到的内容之一。本项目主要是以导线测量为主要教学内容，以《工程测量标准》（GB 50026—2020）为标准，要求掌握闭合导线的测量和有关计算。在导线测量的外业观测中需要测角和量边，要熟练掌握导线测量的基本方法和有关计算。

思政目标

实践课是思政元素项目最多、频度最大的承载体，通过本项目的学习让学生体会精雕细琢、精益求精的“工匠精神”，培养学生的专业自信，引导学生积极践行社会主义核心价值观。

任务一 了解控制测量基本知识

想一想：

1. 测量工作的原则是什么？
2. 为什么在进行测量工作时，要先控制后碎部？
3. 控制测量的作用是什么？
4. 在建筑施工测量中，如何建立控制点？

知识回忆：

1. 等高线。
2. 比例尺。
3. 比例尺精度。
4. 等高线的特性。

一、学习控制测量的概念

为了控制误差的传播范围，保证测图、放样精度和提高效率，无论是测绘地形图还是施工测量，都必须遵循“从整体到局部，先控制后碎部”的原则。为此，必须先建立控制网，然后根据控制网进行碎部测量和测设。

控制测量为建立测量控制网而进行的测量工作，也就是根据测量原则，在测区范围内选择若干个起控制作用的点，构成一定的几何图形，用比较精密的测量仪器、工具和比较严密的测量方法，精确测定这些控制点的平面位置和高程。控制测量分为平面控制测量和高程控制测量。前者即精密测定控制点平面位置（x，y）的工作，后者即精密测定控制点高程（H）的工作。

二、学习图根控制网和图根点

如图 7-1 所示，由控制点组成的几何图形，称为控制网。控制网分为平面控制网和高程控制网。在全国范围内和城市地区建立的控制网，起到总体的控制作用，分别称为国家基本控制网和城市控制网。国家基本控制网按精度从高到低分为四个等级，依次为一等、二等、三等和四等。

在面积小于 15km^2 范围内建立的控制网，称为小地区控制网。在小地区范围内，根据面积大小和精度要求，分级建立控制网。在测区范围内建立统一的精度最高的控制网，称为首级控制网。由于小地区控制测量，面积不大，所有国家等级控制点的密度不能满足测图需要，建立直接为测图服

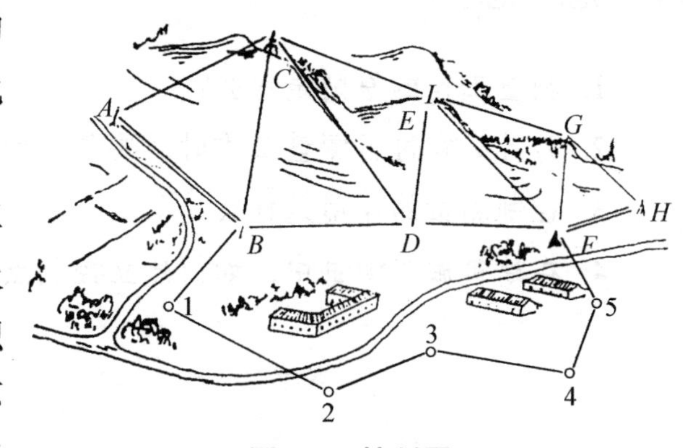

图 7-1　控制网

务的控制网，称为图根控制网。

组成图根控制网的点，也就是直接用于测绘地形图的控制点，称为图根控制点，简称图根点：图根点的作用：一是直接作为测站点，进行碎部测量；二是作为临时增设测站点的依据。图根点的密度应根据测图比例尺和地形条件而定，平坦开阔地区的密度不应低于表 7-1 的规定。对于地形复杂、隐蔽以及城市建筑区，可适当加大图根点的密度。

表 7-1　图根点的密度

测图比例尺	1 : 500	1 : 1000	1 : 2000
每平方千米图根点数	150	50	15
每幅图图根点数	9	12	15

图根控制网通常采用图根导线测量来测定图根点的平面位置，采用图根水准测量或者图根三角高程测量方法来测定图根点的高程。

任务二　导线测量的外业工作

想一想：

1. 导线测量的目的是什么？
2. 导线测量包括哪些外业工作？
3. 导线测量的注意事项有哪些？

知识回忆：

1. 控制测量。
2. 图根点。
3. 控制网的类型。

在地面上按作业要求选定一系列点（导线点），将相邻控制点用直线连接而构成的折线，称为导线。构成导线的控制点称为导线点。折线边称为导线边。导线测量就是依次测定各导线边的边长和各转折角，根据起始数据，求出各导线点的坐标。

图根导线测量就是利用导线测量的方法测定图根控制点平面位置的测量工作。

一、图根导线的布设形式

根据测区的条件和需要，图根导线的布设形式一般可分为以下三种形式。

1. 闭合导线

如图 7-2a 所示，由一个已知控制点出发，最终仍回到这一点，形成一个闭合多边形。在闭合导线的已知控制点上必须有一条边的坐标方位角是已知的。

2. 附合导线

如图 7-2b 所示，导线起始于一个已知控制点而终止于另一个已知控制点。已知控制点上可以有一条或几条已知坐标方位角的边，也可以没有已知坐标方位角的边。

3. 支导线

如图 7-2c 所示，从一个已知控制点出发，既不附合到另一个已知控制点，也不回到原来的起始点。由于支导线没有检核条件，故一般只限于地形测量的图根导线中采用。

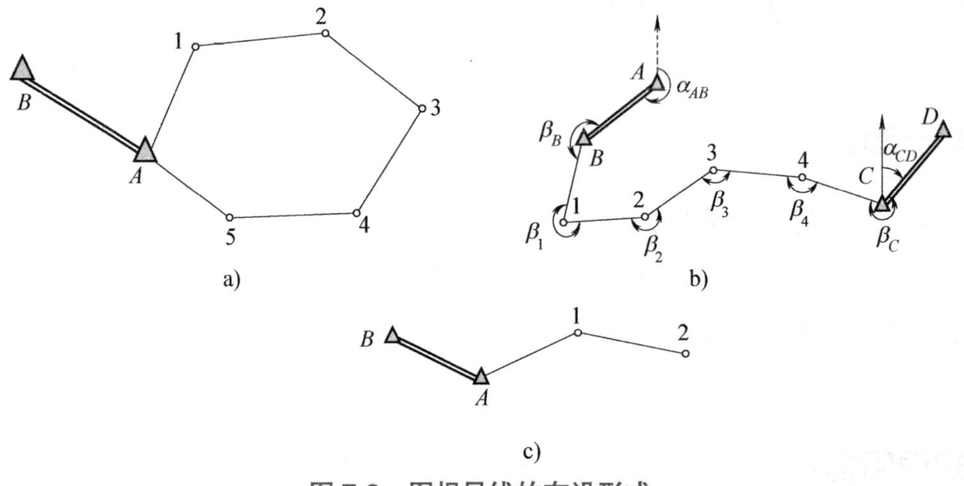

图 7-2 图根导线的布设形式

a）闭合导线 b）附合导线 c）支导线

二、学习图根导线测量的外业工作

图根导线测量的外业工作主要包括踏勘选点、建立标志、转折角测量、导线边长测量和联测。

1. 踏勘选点

在选点前，应先收集测区已有地形图和高一级控制点的成果资料。然后到现场踏勘，了解测区现状和寻找已知控制点，再拟定导线的布设方案。最后到野外踏勘，选定导线点的位置。

选点时应注意下列事项：

1）相邻导线点间应通视良好，地势平坦，以便于角度测量和距离测量。

2）点位应选在土质坚实、便于长期保存标志和安置仪器的地方。

3）视野开阔，方便测绘周围的地物和地貌。

4）导线边长应大致相等，其平均边长应符合表 7-2 的技术指标。

5）导线点应有足够的密度，分布均匀，便于控制整个测区。

表 7-2 图根导线测量技术指标

等级	测角中误差/(″)	方向角闭合差	附合导线长度/km	平均边长/km	测距中误差/mm	全长相对闭合差	备注
三等	±1.5	$\pm 3'' \sqrt{n}$	15	3	±18	1∶6 万	光电测距导线
四等	±2.5	$\pm 5'' \sqrt{n}$	10	1.6	±18	1∶4 万	
一级	±5.0	$\pm 10'' \sqrt{n}$	3.6	0.3	±15	1∶1.4 万	
二级	±8.0	$\pm 16'' \sqrt{n}$	2.4	0.2	±15	1∶1 万	
三级	±12	$\pm 24'' \sqrt{n}$	1.5	0.12	±15	1∶6000	
图根	±20	$\pm 40'' \sqrt{n}$	$1.0M$	1.5 倍测图最大视距		1∶2000	钢尺量距导线

2. 建立标志

导线点选定后，应在点位上建立标志。一般的图根点，常在点位上打一个木桩，在桩顶钉一小钉作为点的标志，如图 7-3a 所示。必要时在木桩周围灌上混凝土。对于需要长期保存的导线点，应埋入石桩或混凝土桩，桩顶刻凿十字或顶端具有十字的钢筋，如图 7-3b 所示。导线点在地形图上的表示方法如图 7-3c 所示。为了便于寻找，应量出导线点与附近明显地物的距离，绘出草图，注明尺寸，称为“点之记”，如图 7-3d 所示。

3. 转折角测量

导线的转折角即相邻导线边的夹角。导线转折角分为左角和右角，在导线前进方向左侧的水平角称为左角，右侧的水平角称为右角。一般在附合导线中测量导线左角，闭合导线通常观测多边形的内角。导线测量的相关技术要求可参照

表 7-2。对于图根导线，一般用光学经纬仪测一个测回，盘左、盘右测得角值的较差不超过 ±40″，取平均值作为最后角值。

测角时，为了便于瞄准，可在已埋设的标志上用标杆、测钎或觇标作为照准标志。角度观测的外业工作结束后，必须仔细检查外业成果，尤其要注意手簿的记录和计算是否符合规范要求，其精度是否在规定的限差以内。

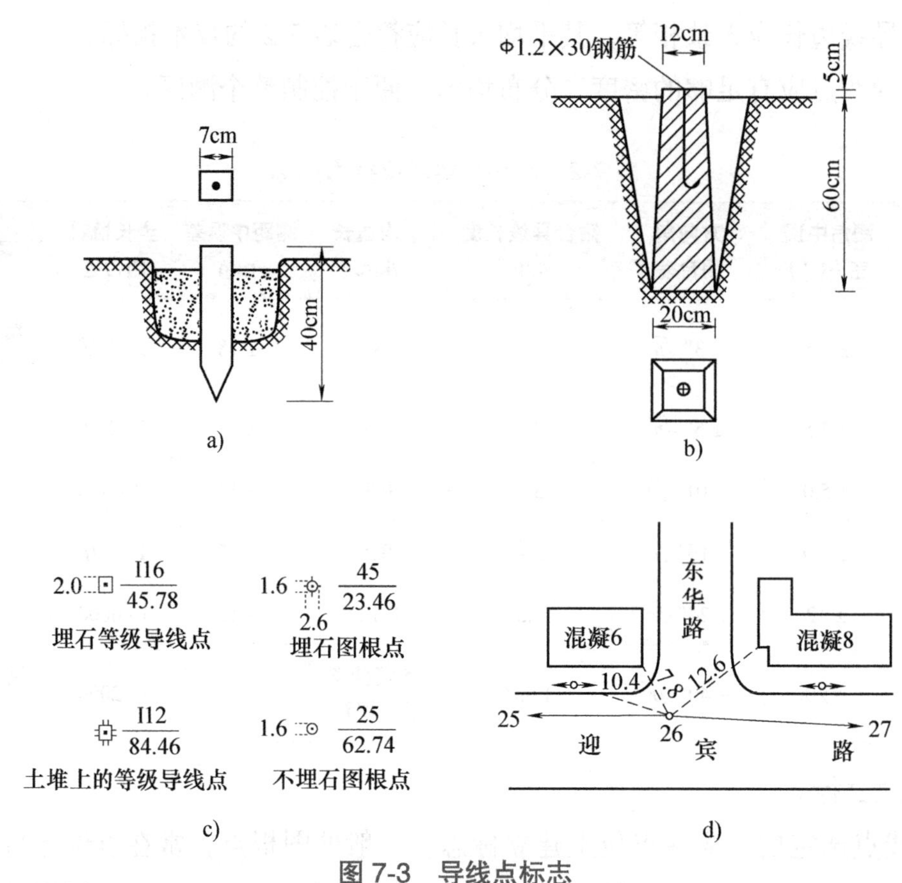

图 7-3　导线点标志

a）临时性标志　b）永久性标志　c）导线点在地形图上的符号　d）点之记

4. 导线边长测量

导线边长可采用光电测距仪测量，由于测得的是斜距，还需要观测竖直角，用以将倾斜距离转化为水平距离。采用光电测距仪测定导线边长时，对图根导线，通常只需在各导线边的一个端点上安置仪器测一个测回，无须气象改正，即可满足精度要求；对一、二级导线，应在导线边的一端测两个测回，或在两端各测一个测回，取其平均值，并加气象改正，作为该导线边长。也可采用全站仪在测定导线转折角的同时测得导线边长。

5. 联测

导线必须与高一级控制点连接，以取得坐标和方位角的起始数据。与已知边相连的水平角称为连接角，如图 7-2 所示 β_1 与 β_4。若导线直接与高一级控制点相连，则只要观测连接角；如果导线没有直接与高一级控制点相连，则观测连接边与连接角；如果在测区内没有高一级控制点可连，或是在测区布设独立的闭合导线，需要测出第一条边的磁方位角，或是假设一条边的方位角作为起始方位角。

三、了解图根导线测量外业工作的注意事项

1）布设和观测图根导线控制网，是测图的基础。如果出了错误或精度不够，就会给将来的工程设计和施工造成损失，因此应严格按照测量规范的要求，以细致认真的科学精神来做好这项工作。

2）布设和观测图根导线控制网，应尽量与测区附近的高一级控制点连接，以便求得起始点的坐标和起始边的坐标方位角。若测区附近没有高一级控制点，则建立独立的控制网，用罗盘仪测起始边的磁方位角为坐标方位角，并假定起始点的坐标。

3）城市地区图根导线测量，由于交通频繁，建筑物密集，图根点一般选在人行道上。为了方便测图，图根点应设在道路交叉口、胡同口、主要建筑物附近等处。由于城市干扰较大，白天量边、测角时，注意人和仪器的安全。

4）进行图根导线测量时，当选好导线点后，最好先画出图根导线草图，根据导线草图确定每个角先照准哪个方向，后照准哪个方向，以免将左角测成右角，将内角测成外角。

任务三　导线测量的坐标计算

想一想：

1. 如何检核导线测量的外业工作的精度？
2. 导线测量的内业计算包括哪些内容？
3. 导线的布设形式不同，其内业计算有何区别？

知识回忆：

1. 图根导线的布设形式。
2. 导线测量的外业工作。
3. 导线测量外业工作的注意事项。

在计算坐标之前，应先检查外业记录和计算是否正确，观测成果是否符合精度要求。检查无误后，才能进行计算。

一、学习图根闭合导线的坐标计算

1. 角度闭合差的计算及其调整

（1）角度闭合差　如图 7-4 所示，闭合多边形内角和的理论值为

$$\Sigma\beta_{理}=(n-2)\times180° \tag{7-1}$$

式中　n——导线边数或转折角数。

由于测角有误差，实测内角总和与理论值不符，两者之差称为角度闭合差，用 f_β 表示，即

$$f_\beta=\Sigma\beta_{测}-(n-2)\times180° \tag{7-2}$$

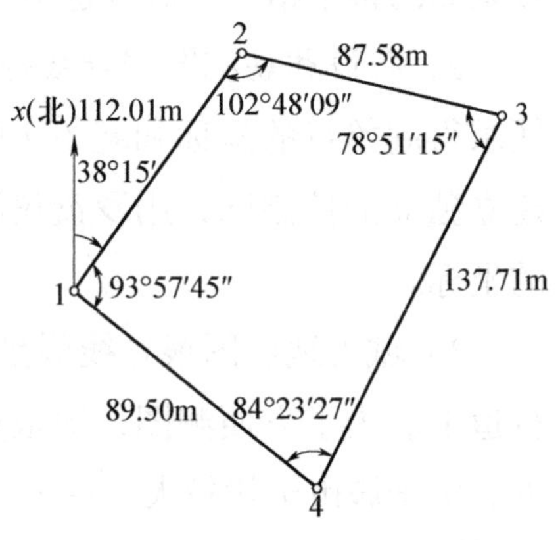

图 7-4　闭合导线坐标计算

（2）容许闭合差　角度闭合差应不超过图根导线规定的容许闭合差 $f_{\beta容}$。图根导线角度容许闭合差 $f_{\beta容}$ 的计算公式为

$$f_{\beta容}=\pm40''\sqrt{n} \tag{7-3}$$

（3）角度改正数　如果角度闭合差不超过容许闭合差，则将闭合差按相反符号平均分配到各观测角中，也就是每个角加相同的改正数 v_β，即

$$v_\beta=\frac{-f_\beta}{n} \tag{7-4}$$

（4）改正后的角度

$$\beta_i'=\beta_i+v_\beta \tag{7-5}$$

2. 推算各边的坐标方位角

根据起始边的坐标方位角和改正后的内角，按式（4-8）来推算各边的坐标方位角，注意左右角的区分。如图 7-4 所示，各边的坐标方位角分别为

$$\alpha_{23}=\alpha_{12}+180°-\beta_2'$$

$$\alpha_{34}=\alpha_{23}+180°-\beta_3'$$

……

【例 7-1】如图 7-4 所示，测得的图根闭合导线各转折角、各边长的值标于图上，求角度闭合差和各边的方位角。

解：（1）求角度闭合差

$$f_\beta=\Sigma\beta_{测}-(n-2)\times180°=360°00'36''-360°=36''$$

$$f_\beta=\pm40''\sqrt{n}=\pm40''\times\sqrt{4}=\pm80''$$

因为｜f_β｜<｜$f_{\beta容}$｜，所以角度观测精度符合要求。

（2）计算角度改正数

$$v_{\beta i}=\frac{-f_\beta}{n}=-\frac{36''}{4}=-9''$$

则各角改正后的角度为

$$\beta_2'=\beta_1+v_\beta=102°48'09''-9''=102°48'00''$$

$$\beta_3'=\beta_2+v_\beta=78°51'15''-9''=78°51'06''$$

$$\beta_4'=\beta_3+v_\beta=84°23'27''-9''=84°23'18''$$

$$\beta_1'=\beta_4+v_\beta=93°57'45''-9''=93°57'36''$$

（3）计算各边的方位角

$$\alpha_{23}=\alpha_{12}+180°-\beta_2'=115°27'00''$$

$$\alpha_{34}=\alpha_{23}+180°-\beta_3'=216°35'54''$$

$$\alpha_{41}=\alpha_{34}+180°-\beta_4'=312°12'36''$$

$$\alpha_{12}=\alpha_{41}+180°-\beta_1'=38°15'00''$$

3. 坐标增量的计算与闭合差的调整

（1）各边坐标增量 Δx、Δy 的计算　坐标增量是相邻两点的坐标差，用 Δx、Δy 表示。如图 7-5 所示，在直角三角形中，可以得到

$$\Delta x=D\cos\alpha \tag{7-6}$$

$$\Delta y=D\sin\alpha \tag{7-7}$$

（2）坐标增量闭合差 f_x、f_y 的计算　对于图根闭合导线，如图 7-6 所示，各边 x 坐标增量总和与 y 坐标增量总和的理论值应等于零，即

$$\sum\Delta x_{理}=0 \tag{7-8}$$

$$\sum\Delta y_{理}=0 \tag{7-9}$$

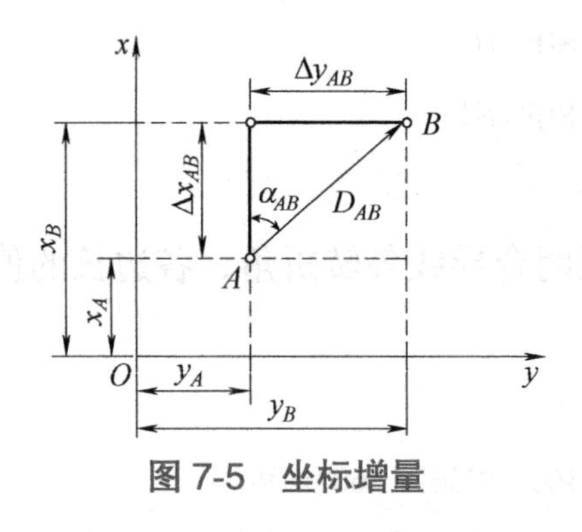

图 7-5　坐标增量

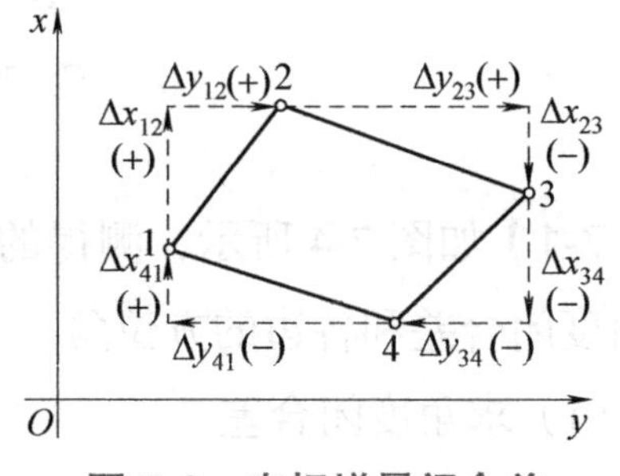

图 7-6　坐标增量闭合差

由于观测值不可避免地包含误差，所以计算的坐标增量总和一般不等于零，其不符合值称为纵、横坐标增量闭合差，分别用f_x、f_y表示，即

$$f_x=\sum\Delta x \tag{7-10}$$

$$f_y=\sum\Delta y \tag{7-11}$$

（3）导线全长闭合差f_D和相对误差K的计算　导线全长闭合差f_D即从A点出发，根据各边坐标增量计算值算出各点坐标后，不能闭合于A点，而位于A'点，AA'的长度称为导线全长闭合差，如图 7-7 所示。f_x即f_D在x轴上的投影，f_y即f_D在y轴上的投影，则

$$f_D=\sqrt{f_x^2+f_y^2} \tag{7-12}$$

$$K=\frac{f_D}{\Sigma D}=\frac{1}{\dfrac{\Sigma D}{f_D}} \tag{7-13}$$

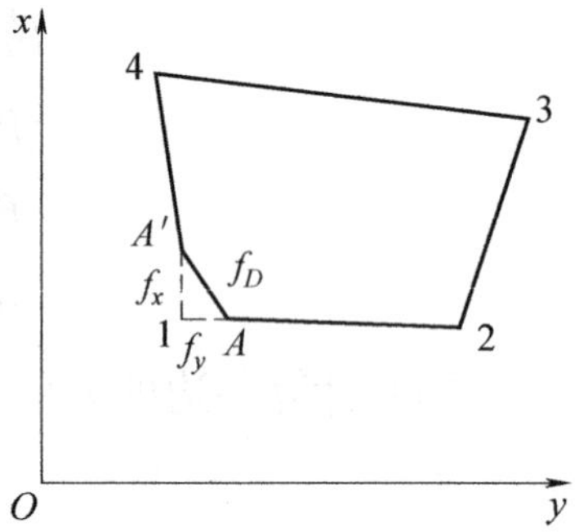

图 7-7　闭合导线全长闭合差

对于图根导线，$K_{容}$=1/2000。

当$K\leqslant K_{容}$时，导线测量精度合格，则调整坐标增量闭合差；否则，说明成果不合格，应先检查内业计算有无错误，再检查外业成果，必要时重测。

4. 坐标增量闭合差的调整

调整的原则是将f_x、f_y以相反符号并按与边长成正比的原则分配到相应的纵、横坐标增量中去。以v_{xi}、v_{yi}分别表示第i边的纵、横坐标增量改正数，即

$$v_{xi}=-\frac{f_x}{\Sigma D}D_i \tag{7-14}$$

$$v_{yi}=-\frac{f_y}{\Sigma D}D_i \tag{7-15}$$

5. 改正后的坐标增量的计算

各边坐标增量计算值加相应改正数，即得各边的改正后的坐标增量。

$$\Delta x_i' = \Delta x_i + v_{xi} \tag{7-16}$$

$$\Delta y_i' = \Delta y_i + v_{yi} \tag{7-17}$$

6. 计算各导线点的坐标

根据起始点的已知坐标和改正后的坐标增量，按下列公式依次推出其他各导线点的坐标：

$$x_i = x_{i-1} + \Delta x_{i-1}' \tag{7-18}$$

$$y_i = y_{i-1} + \Delta y_{i-1}' \tag{7-19}$$

【例 7-2】已知 x_1=200.00m，y_1=500.00m，求图 7-4 闭合导线中 2 点、3 点、4 点的坐标。

解：闭合导线坐标计算见表 7-3。

表 7-3　闭合导线坐标计算表

点名	观测角	改正后角度	坐标方位角	边长 D/m	坐标增量		改正后增量		坐标	
					Δx/m	Δy/m	Δx′/m	Δy′/m	x/m	y/m
1	2	3	4	5	6	7	8	9	10	11
1									200.00	500.00
			38°15′00″	112.01	+3 87.96	−1 69.34	87.99	69.33		
2	−9″ 102°48′09″	102°48′00″							287.99	569.33
			115°27′00″	87.58	+2 −37.64	0 79.08	−37.62	79.08		
3	−9″ 78°51′15″	78°51′06″							250.37	648.41
			216°35′54″	137.71	+4 −110.56	−1 −82.10	−110.52	−82.11		
4	−9″ 84°23′27″	84°23′18″							139.85	566.30
			312°12′36″	89.50	+2 60.13	−1 −66.29	60.15	−66.30		
1	−9″ 93°57′45″	93°57′36″							200.00	500.00
			38°15′00″							
2										
Σ	360°00′36″	360°00′00″		426.80	−0.11	0.03	0.00		0.00	

$f_\beta = \Sigma\beta_{测} - (n-2)\times 180° = 36''$　$\Sigma D = 426.80\text{m}$　$f_x = \Sigma\Delta x = -0.11\text{m}$　$f_y = \Sigma\Delta y = 0.03\text{m}$

$f_{\beta容} = \pm 40''\sqrt{n} = \pm 40''\times\sqrt{4} = \pm 80''$　$|f_\beta| < |f_{\beta容}|$（精度合格）

$f_D = \sqrt{f_x^2 + f_y^2} = 0.114\text{m}$　$K = \dfrac{f_D}{\Sigma D} = \dfrac{1}{\frac{\Sigma D}{f_D}} = \dfrac{1}{3744} < \dfrac{1}{2000}$（符合精度要求）

二、学习附合导线的坐标计算

附合导线的坐标计算与闭合导线的坐标计算基本相同，仅在角度闭合差的计算和坐标增量闭合差的计算两方面不同。

1. 角度闭合差的计算及调整

如图 7-8 所示，根据起始边 AB 的坐标方位角 α_{AB} 及各转折角，计算 CD 边的坐标方位角。

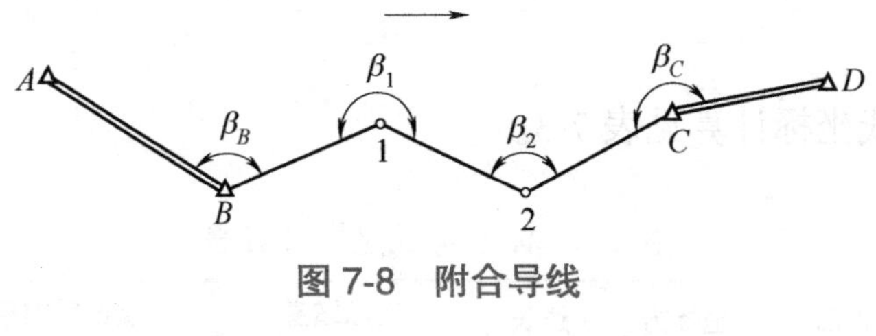

图 7-8 附合导线

$$\alpha_{B1}=\alpha_{AB}+180°+\beta_B$$

$$\alpha_{12}=\alpha_{B1}+180°+\beta_1$$

$$\alpha_{2C}=\alpha_{12}+180°+\beta_2$$

$$\alpha_{CD}=\alpha_{2C}+180°+\beta_C$$

$$\alpha_{CD}=\alpha_{AB}+4\times180°+\Sigma\beta_{测}$$

写成一般公式为

$$\alpha_{终}=\alpha_{始}+\Sigma\beta_{左}+n\times180° \tag{7-20}$$

若观测右角，则按下式计算

$$\alpha'_{终}=\alpha_{始}+\Sigma\beta_{右}+n\times180° \tag{7-21}$$

式中 n——水平角观测个数

附合导线的角度闭合差 f_β 为

$$f_\beta=\alpha'_{终}-\alpha_{终} \tag{7-22}$$

2. 坐标增量闭合差的计算

附合导线的各边坐标增量代数和理论上等于终、始两点的坐标值之差，即

$$\Sigma\Delta x_{理}=x_{终}-x_{始} \tag{7-23}$$

$$\Sigma\Delta y_{理}=y_{终}-y_{始} \tag{7-24}$$

纵、横坐标增量闭合差为

$$f_x=\Sigma\Delta x-\Sigma\Delta x_{理}=\Sigma\Delta x-(x_{终}-x_{始}) \tag{7-25}$$

$$f_y=\Sigma\Delta y-\Sigma\Delta y_{理}=\Sigma\Delta y-(y_{终}-y_{始}) \tag{7-26}$$

三、了解支导线的坐标计算

支导线中没有检核条件，因此没有闭合差产生，导线转折角和计算的坐标增量均不需要进行改正。支导线的计算步骤如下：

1）根据观测的转折角推算各边的坐标方位角。

2）根据各边坐标方位角和边长计算坐标增量。

3）根据各边的坐标增量推算各点的坐标。

任务四　高程控制测量

想一想：

1. 高程控制测量的方法有哪些？
2. 高程控制测量外业中使用哪种测量仪器？

知识回忆：

1. 闭合导线、附合导线及支导线的检核条件。
2. 不同布设形式的导线测量，其内业计算的区别。

除了需要确定图根控制点的平面位置外，还需测定图根点的高程，这就是图根高程控制测量。图根点应尽可能用图根水准测量方法测定其高程。对于丘陵地区或山区，可用三角高程测量方法测定图根点的高程。

一、了解图根水准测量

图根水准测量是指用水准测量的方法测定图根点高程的测量工作。其精度低于四等水准测量，又称为普通水准测量（或等外水准测量）。图根水准测量主要技术指标的要求见表 7-4。

表 7-4　图根水准测量主要技术指标的要求

水准路线长度 / km	视线长度 /m	观测次数		闭合差容许值 /mm	
		与已知点联测	附合或闭合路线	平　地	山　地
≤ 5	≤ 100	往返各一次	往一次	$\pm 40\sqrt{L}$	$\pm 12\sqrt{n}$

二、了解三角高程测量

1. 三角高程测量原理

如图 7-9 所示，欲测定 A、B 两点间的高差，可在已知点 A 上安置经纬仪，用望远镜中丝瞄准 B 点的觇标顶，观测竖直角，并用钢尺量出仪器高 i（从桩顶量至仪器水平轴），同时量出觇标高，则高差为

$$h_{AB}=D\tan\alpha+i-v$$

式中　D——A、B 两点间的水平距离（m）；

α——竖直角；

i——仪器高（m）；

v——觇标高（m）。

B 点的高程 H_B 按下式计算：

$$H_B=H_A+h_{AB}=H_A+D_{AB}\tan\alpha+i-v$$

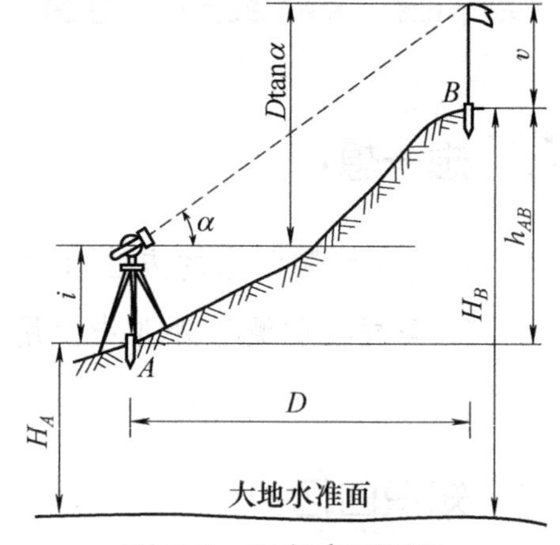

图 7-9　三角高程测量

2. 对向观测

为了提高精度和检核，高差应进行对向观测，也称为直、反觇观测。对向观测可消除地球曲率和大气折光的影响。由 A 点向 B 点观测，称为直觇；反之，由 B 点向 A 点观测，称为反觇。对向观测的高差较差不应大于 $0.1D$（m），D 为 A、B 两点间的水平距离，以 km 为单位。若符合要求，取两次高差的平均值作为最终高差。

3. 三角高程测量的实施

1）将经纬仪安置在测站 A 上，用钢尺量仪器高 i 和觇标高 v，分别量两次，精确到 0.5cm，两次的结果之差不大于 1cm，取其平均值记入表 7-5。

2）用十字丝的中丝瞄准 B 点觇标顶端，盘左、盘右观测，读取竖直度盘读数 L 和 R，计算出竖直角。

3）将经纬仪搬至 B 点，同法对 A 点进行观测，求出竖直角。竖盘指标差之差不应超过 ±25″。

4. 高程计算

外业观测结束后，先检核外业成果有无错误，观测精度是否符合要求，数据是否齐全。经检核无误后计算高差，三角高程测量对向观测所求得的高差较差不应大于 0.1D（m），若符合要求，则取两次高差的平均值作为计算高程的依据。

【例 7-3】三角高程测量时，已知 A 点的高程为 105.72m，AB 的水平距离 D 为 286.36m，由 A 点测向 B 点的竖直角 α_A 为 10°32′26″，仪器高为 1.52m，觇标高为 2.76m。由 B 点测向 A 点的竖直角为 −9°58′41″，仪器高为 1.48m，觇标高为 3.20m。求 B 点的高程是多少？

解：三角高程测量结果见表 7-5。

表 7-5　三角高程测量结果

所求点	B	
起算点	A	
觇法	直	反
平距 D/m	286.36	286.36
竖直角 α	10°32′26″	−9°58′41″
$D\tan\alpha$ /m	53.28	−50.38
仪器高 i/m	1.52	1.48
觇标高 v/m	2.76	3.20
高差 h/m	52.04	−52.10
平均高差 /m	52.07	
起算点高程 /m	105.72	
所求点高程 /m	157.79	

思考与习题

一、填空题

1. 测定控制点________的工作，称为平面控制测量。测定控制点________的工作，称为高程控制测量。

2. 图根导线分为__________、____________和__________。

二、名词解释

1. 控制测量：

2. 导线：

3. 导线测量：

三、问答题

1. 选择导线点的原则有哪些？为什么？
2. 图根导线测量的外业工作有哪些？图根导线测量的主要技术要求有哪些？
3. 三角高程测量的计算公式是什么？采取对向观测有什么作用？

四、计算题

根据图 7-10 所示数据，计算图根闭合导线各点坐标，有关计算填写到表 7-6 中。

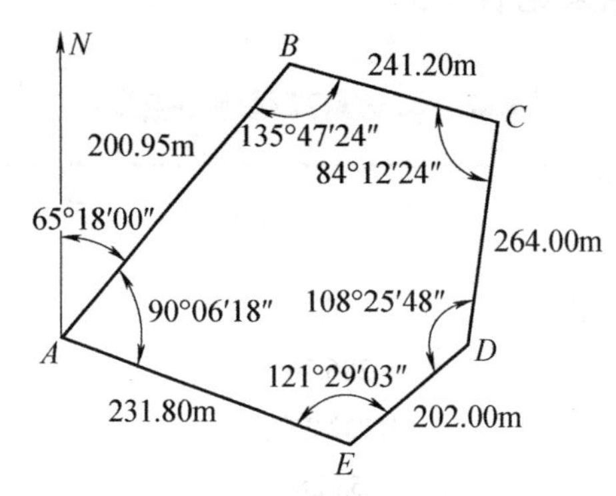

图 7-10　某闭合导线

表 7-6　导线坐标计算表

点　名	观测角 / (°) (′) (″)	坐标方位角 / (°) (′) (″)	边长 D/m	Δx/m	Δy/m	x/m	y/m
1	2	3	4	5	6	7	8
						2507.69	1215.63
						2507.69	1215.63
Σ				f_x= f_y=			
辅助计算	$f_\beta=$　　$f_{\beta容}=\pm 60''\sqrt{n}=$　　$\lvert f_\beta \rvert < \lvert f_{\beta容} \rvert$ $f_D=\sqrt{f_x^2+f_y^2}=$　　$\Sigma D=$　　$K=\dfrac{f_D}{\Sigma D}=$						

项目八　学习全站仪的应用

项目概述

全站仪是全站型电子速测仪的简称，它集电子经纬仪、光电测距仪和微处理器于一体，在测站上一经观测，必要的观测数据如斜距、天顶距（竖直角）、水平角等均能自动显示，而且几乎在同一瞬间内得到平距、高差和坐标。通过传输接口把全站仪野外采集的数据终端与计算机、绘图机连接起来，配以数据处理软件和绘图软件，即可实现某些工程上的需要。目前，各类先进的全站仪在我国测绘业与建筑业等领域已广泛使用。本项目主要是以建筑施工测量中全站仪的应用为教学内容，以《工程测量标准》（GB 50026—2020）为标准，要求掌握全站仪工作的原理与使用方法。

思政目标

随着城市现代化建设的加速，工程测量人员作为基础数据的采集人员，在社会发展的进程中发挥的作用越来越重要。在对工程测量专业的人才培养中，要积极引导学生磨炼工匠精神、测绘精神，培养学生的专业自信，以此满足新时期对工程测量专业人才培养质量的要求。

任务一　全站仪的构造

想一想：

1. 同学们对全站仪的认识有哪些？
2. 在建筑施工测量中，全站仪的应用十分广泛，那么全站仪是由哪些部件组成的？

知识回忆：

1. 控制测量的基本思想。
2. 导线测量的外业工作。
3. 导线测量的内业计算。

一、了解全站仪的组成

全站仪是由电子测角、光电测距、微处理器与机载软件组合而成的智能光电测量仪器。它的基本功能是可以同时进行角度（水平角、竖直角）测量、距离（斜距、平距、高差）测量和数据处理。由于只需一次安置，仪器便可以完成测站上所有的测量工作，故被称为“全站仪”。

全站仪的组成如图 8-1 所示。

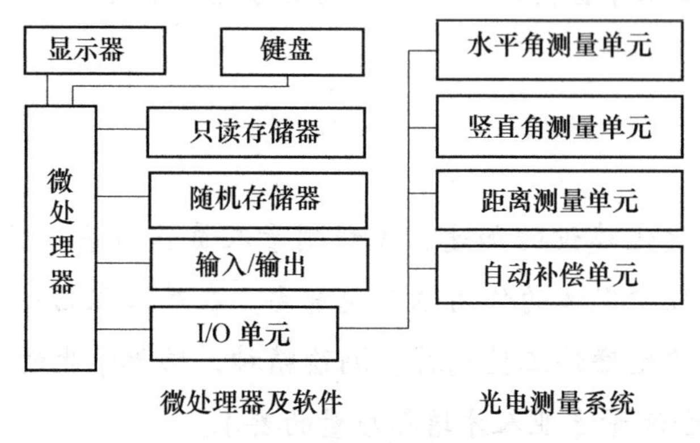

图 8-1 全站仪的组成

二、掌握全站仪的特点

1）采用同轴双速制、微动机构，使照准更加快捷、准确。

2）控制面板具有人机对话功能。控制面板由键盘和显示屏组成。除照准以外的各种测量功能和参数均可通过键盘来实现。仪器的两侧均有控制面板，操作十分方便。

3）设有双向倾斜补偿器，可以自动对水平和竖直方向进行修正，以消除竖轴倾斜误差的影响。

4）机内设有测量应用软件，可以方便地进行三维坐标测量、导线测量、对边测量、悬高测量、偏心测量、后方交会和放样测量等工作。

5）具有双路通信功能，可将测量数据传输给电子手簿或外部计算机，也可接收电子手簿和外部计算机的指令和数据。这种传输系统有助于开发专用程序系统，提高数据的可靠性与存储安全性。

三、了解全站仪各部件名称

由于全站仪生产厂家不同，全站仪的外形、结构、性能和各部件名称略有区别，但总的来讲是大同小异，以苏一光 RTS900 系列为例，如图 8-2 所示。

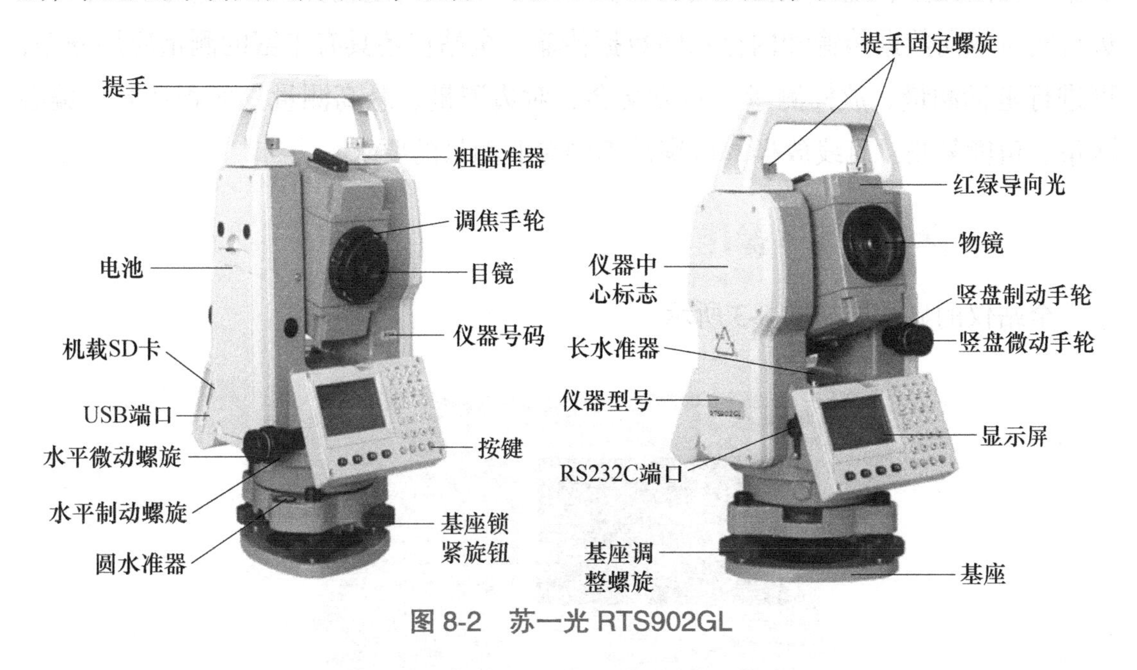

图 8-2　苏一光 RTS902GL

任务二　掌握全站仪的使用

想一想：

1. 在建筑施工测量中，全站仪能够进行哪些测量工作？
2. 全站仪的具体操作会不会比其他仪器更快捷呢？

知识回忆：

1. 全站仪。
2. 全站仪的组成。
3. 全站仪的基本部件。

全站仪使用的 APD 光电二极管和集成电路，性能可靠，测距部分采用欧洲进口的人眼安全红外发光二极管。全站仪内存管理功能强大，具有可存储 50000 点数据大容量内存，并可以方便地进行内存管理，可自动记录各种测量数据（角度数据、距离数据、坐标数据、测站数据），采用开放的通信方式，可直接与计算机进行实时双向数据传输和内存双向数据传输。全站仪还具有丰富的测量应用程序，可进行坐标测量、放样测量、后方交会、对边测量、悬高测量、面积计算、偏心测量、角度复测、直线放样，可满足不同专业测量的要求。

一、掌握键盘基本操作

全站仪的显示屏如图 8-3 所示。

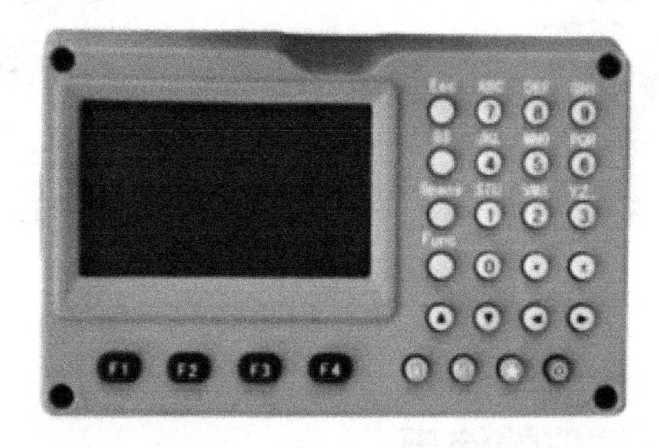

图 8-3　苏一光 RTS902GL 全站仪显示屏

全站仪显示屏界面按键名称及功能见表 8-1。

表 8-1　全站仪显示屏界面按键名称及功能

按　键	名　称	功　能
F1~F4	软键	功能参考显示屏幕最下面一行所显示的信息
9~ ±	数字、字符键	1. 在输入数字时，输入按键相对应的数字 2. 在输入字母或特殊字符时，输入按键上方对应的字符

（续）

按　键	名　称	功　能
POWER	电源键	控制仪器电源的开、关
	星键	用于若干仪器常用功能的操作
Esc	退出键	退回到前一个菜单显示或前一个模式
Shift	切换键	1. 在输入屏幕显示下，在输入字母或数字间进行转换 2. 在测量模式下，用于测量目标的切换
BS	退格键	1. 在输入屏幕显示下，删除光标左侧的一个字符 2. 在测量模式下，用于打开电子水泡显示
Space	空格键	在输入屏幕显示下，输入一个空格
Func	功能键	1. 在测量模式下，用于软键对应功能信息的翻页 2. 在程序菜单模式下，用于菜单翻页
ENT	确认键	选择选项或确认输入的数据

二、了解显示符号

在测量模式下要用到若干符号，这些符号及含义见表 8-2。

表 8-2　显示符号及含义

符　号	含　义	符　号	含　义
PC	棱镜常数	ZA	天顶距
PPM	气象改正数	VA	竖直角
S	斜距	HAR	右角
H	平距	HAL	左角
V	高差	HAh	水平角锁定

三、学习苏一光 RTS900 系列全站仪的使用

1. 测量前的准备工作

（1）仪器开箱　轻轻地放下箱子，让其盖朝上，打开箱子的锁栓，开箱盖，取出仪器。

（2）开机设置

1）设置温度和气压　设置大气改正时，须量取温度和气压，由此即可求得大气改正值。

2）设置棱镜常数　棱镜常数一般为 0 和 –30。

2. 全站仪的使用步骤

1）安置仪器：将全站仪安置在测站点上，并进行对中、整平，过程与经纬仪基本相同。

2）打开电源开关：确认显示屏中显示有足够的电池电量，如图 8-4 所示。当电池电量不多时，应及时更换电池或对电池进行充电。

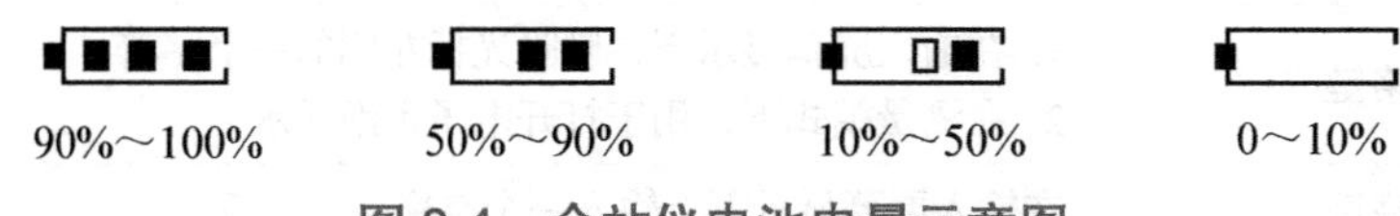

图 8-4　全站仪电池电量示意图

3）放置反射棱镜。全站仪在进行距离测量等作业时，需在目标处放置反射棱镜。反射棱镜分为单棱镜组和三棱镜组（图 8-5a、b），可通过基座连接器将棱镜组与基座连接，再安置到三脚架上，也可直接安置在对中杆（图 8-5c）上。棱镜组由用户根据作业需要自行配置。

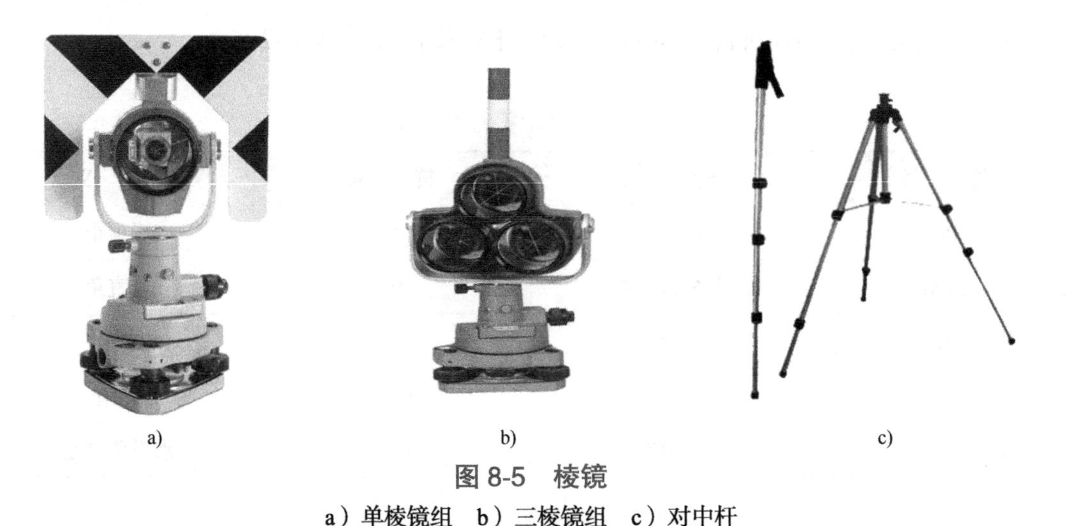

图 8-5　棱镜

a）单棱镜组　b）三棱镜组　c）对中杆

4）望远镜目镜调整和目标照准与经纬仪操作基本相同。

四、学习角度测量

1. 两点间角度测量

步骤：

1）按图 8-6 所示，仪器照准目标点 A。

2）在测量模式第 1 页菜单下按〈F4〉（置零）键，此时“置零”开始闪动，如图 8-7 所示。

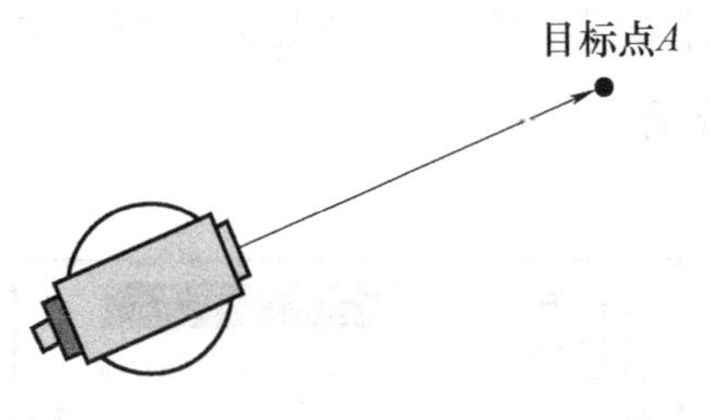

图 8-6　照准目标点 *A*

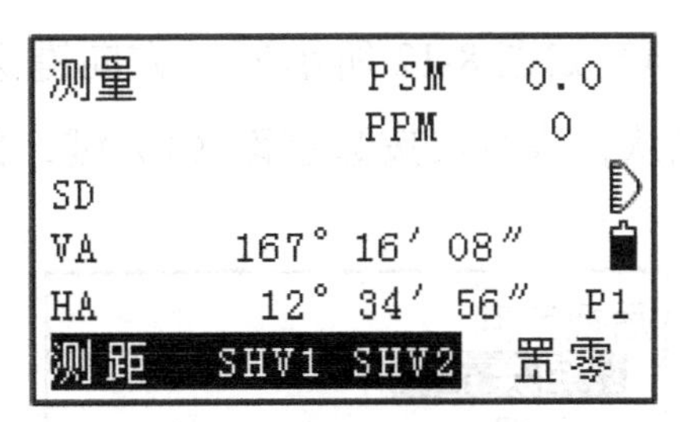

图 8-7　按〈F4〉键

3）再次按〈F4〉（置零）键，此时目标点 *A* 方向值已设置为零，如图 8-8 所示。

4）照准目标点 *B*，如图 8-9 所示。

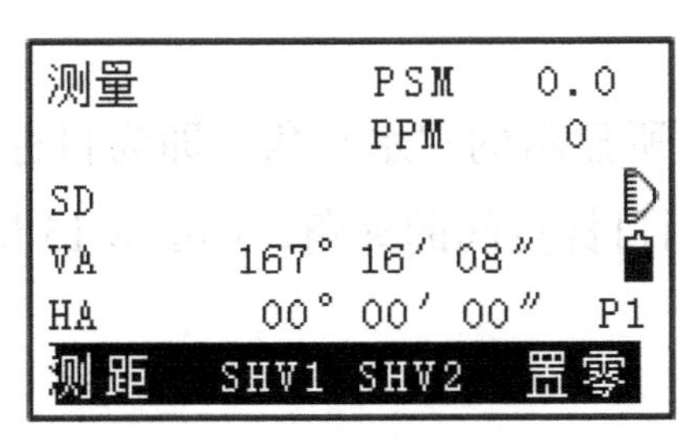

图 8-8　目标点 *A* 方向值设置为零

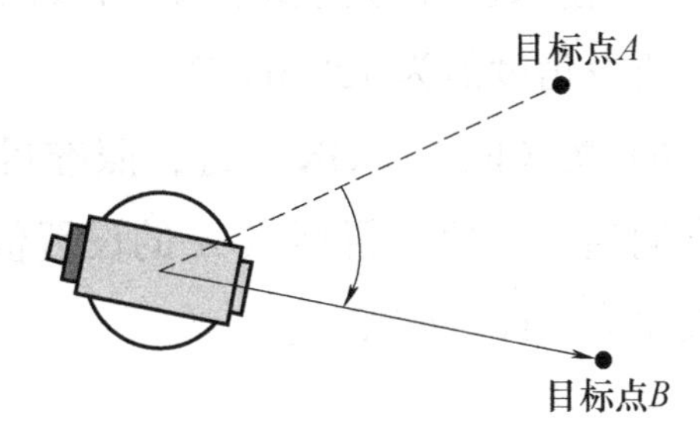

图 8-9　照准目标点 *B*

5）如图 8-10 所示：水平角“36°05′19″”即为目标点之间的夹角。

2. 已知方向设置

利用水平角设置功能“设角”可将照准方向设置为所需值，然后进行角度测量。

步骤：

1）仪器照准目标点 *A*。

2）按〈Func〉键翻页进入测量模式第 2 页，如图 8-11 所示。

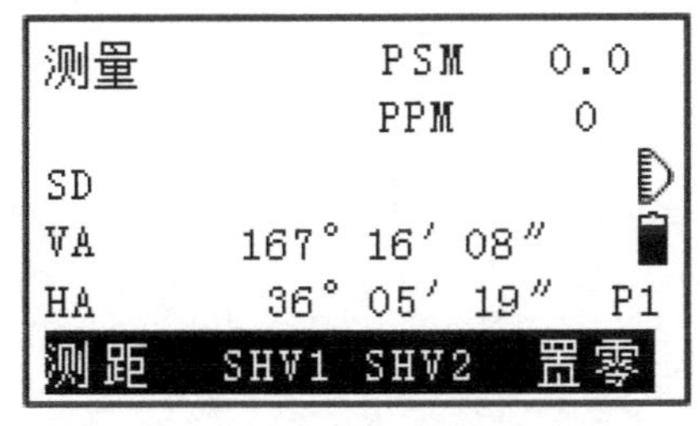

图 8-10　目标点之间的夹角

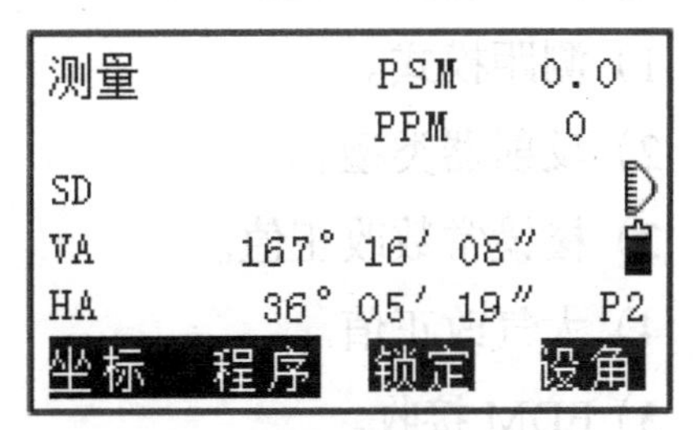

图 8-11　测量模式第 2 页（一）

3）按〈F4〉（设角）键，如图 8-11 所示。

4）如图 8-12 所示通过方向键选择“角度定向”，使其反黑显示，按〈ENT〉键确认，或直接按数字键〈1〉键，如图 8-13 所示。

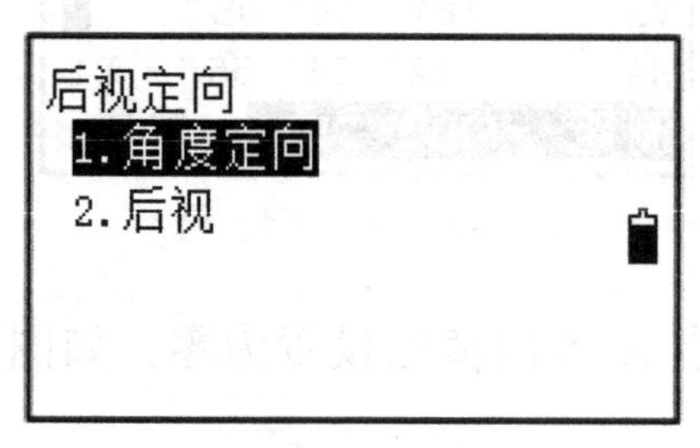

图 8-12 设角

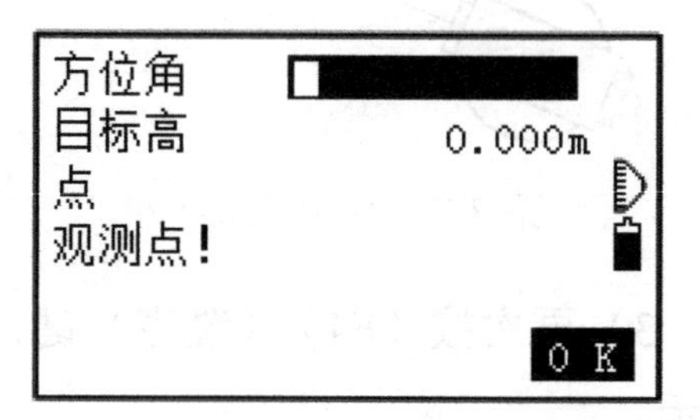

图 8-13 确认

5）输入已知方向值后按〈ENT〉键将照准方向设置为所需值。如图 8-14 所示，所设角度值为 12°30′05″。

6）按〈F4〉（OK）键，照准目标点 *B*。所显示的“水平角”即为目标点 *B* 的方向值，该值与目标点 *A* 的设置值之差为两目标点间的夹角，如图 8-15 所示，则夹角为“111°06′13″”。

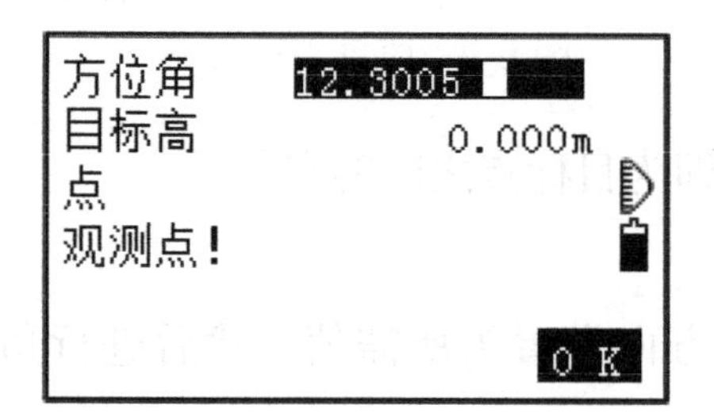

图 8-14 设置照准方向角度值

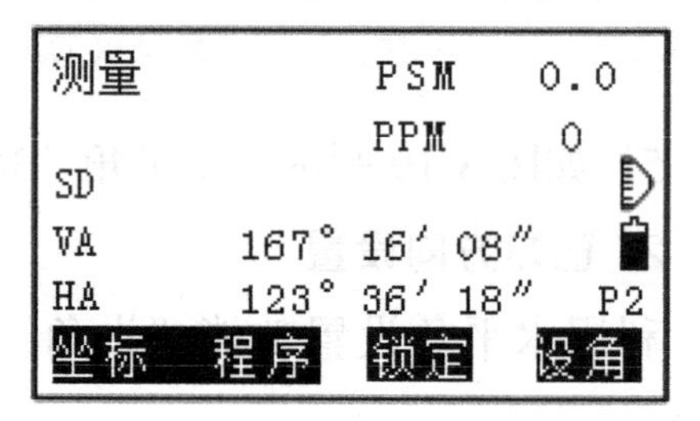

图 8-15 目标点 *B* 的方向值

五、学习距离测量

进行距离测量前应首先完成以下设置：

1）测距模式。

2）反射器类型。

3）棱镜常数改正值。

4）大气改正值。

5）EDM 接收。

六、学习距离和角度测量

仪器可以同时对距离和角度进行测量。

步骤：

1）照准目标。

2）进入测量模式第 1 页，如图 8-16 所示。

3）按〈F1〉（测距）键开始距离测量。测距开始后，仪器闪动显示测距模式、棱镜常数改正值、气象改正值等信息，如图 8-17 所示。

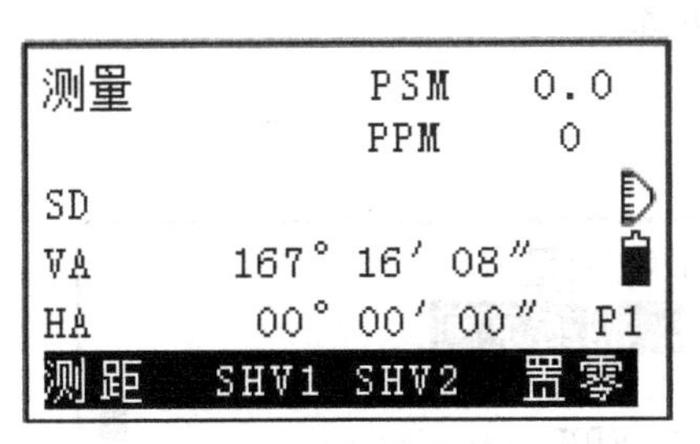

图 8-16 测量模式第 1 页

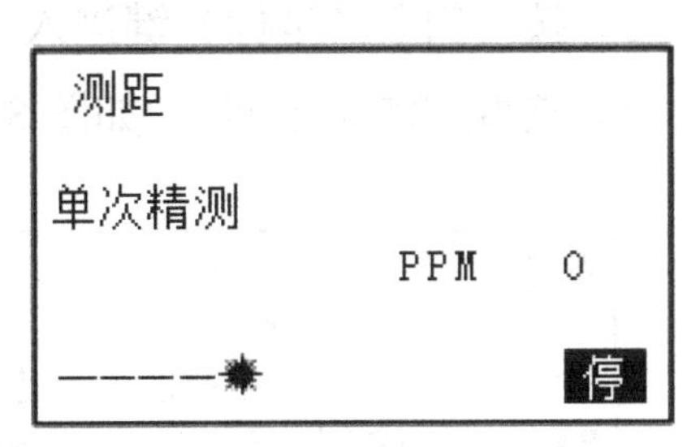

图 8-17 开始距离测量

一声短响后屏幕上显示出斜距、竖直角和水平角的测量值。

4）按〈F4〉（停）键停止距离测量。

按〈F2〉（SHV2）键可使距离值的显示在斜距、平距和高差之间切换，如图 8-18 所示。

提示：

若将测距模式设置为单次精测，则每次测距完成后测量自动停止。

若将测距模式设置为平均精测，则显示的距离值为“距离 -1，距离 -2，…，距离 -9”，测量完成后在距离 -*A* 行上显示距离的平均值。

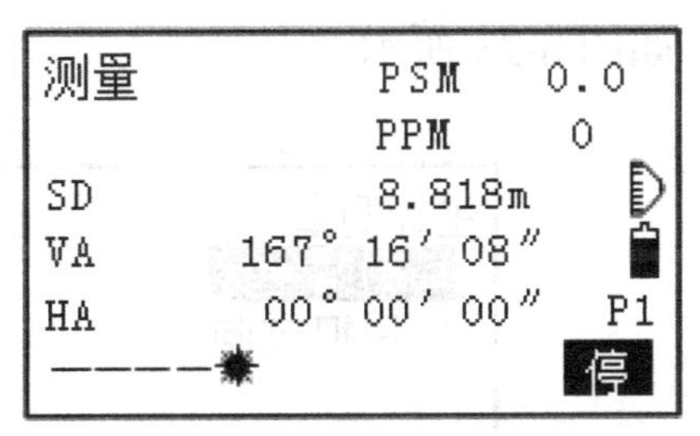

图 8-18 停止距离测量

七、学习坐标测量

坐标测量是全站仪的常用功能之一，在输入测站点坐标、仪器高、目标高和后视方位角后，用坐标测量功能可以测定目标点的三维坐标，如图 8-19 所示。

1. 测站点的设置

1）量取仪器高和目标高。

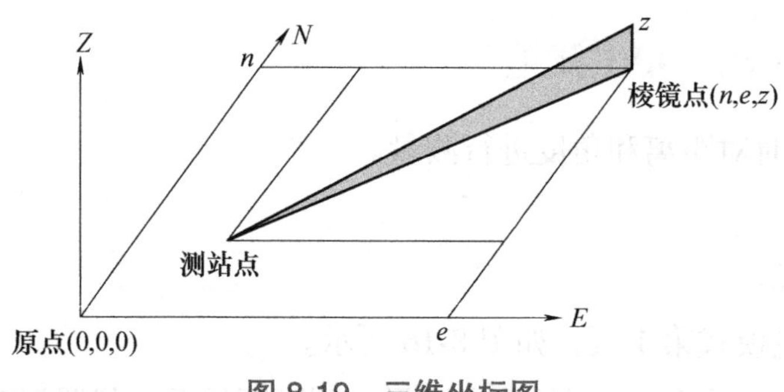

图 8-19　三维坐标图

2）进入测量模式第 2 页，如图 8-20 所示。

3）按〈F1〉（坐标）键进入“坐标测量”屏幕。

4）选取“测站定向”，如图 8-21 所示。

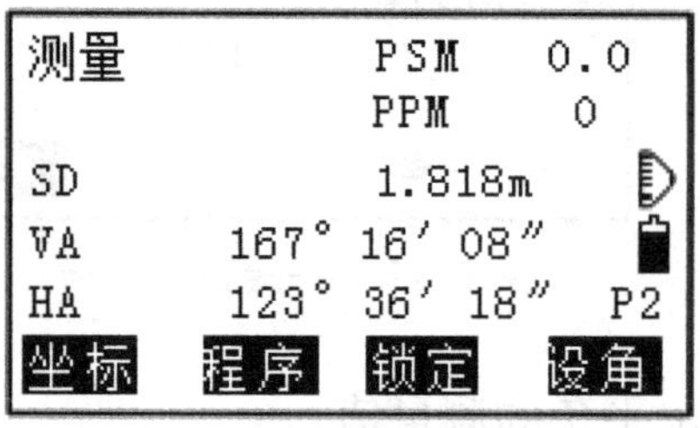

测量　　PSM　0.0
PPM　0
SD　1.818m
VA　167° 16′ 08″
HA　123° 36′ 18″　P2
坐标　程序　锁定　设角

图 8-20　测量模式第 2 页（二）

图 8-21　选取“测站定向”（一）

5）选取“测站坐标”，如图 8-22 所示。

6）输入点名、仪器高、测站坐标、代码、用户名以及天气温度和气压数据，如图 8-23 所示。

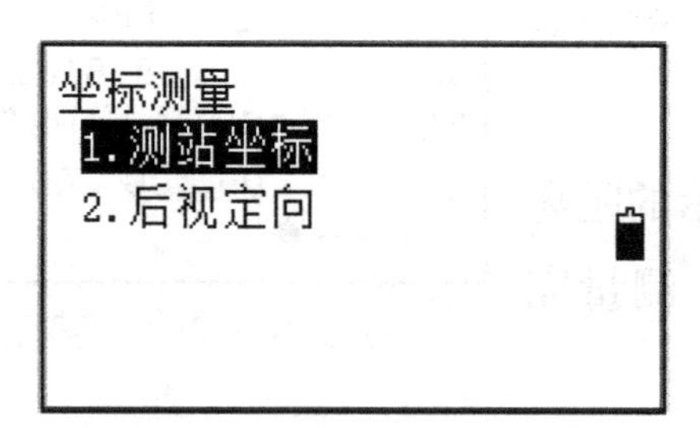

图 8-22　选取“测站坐标”

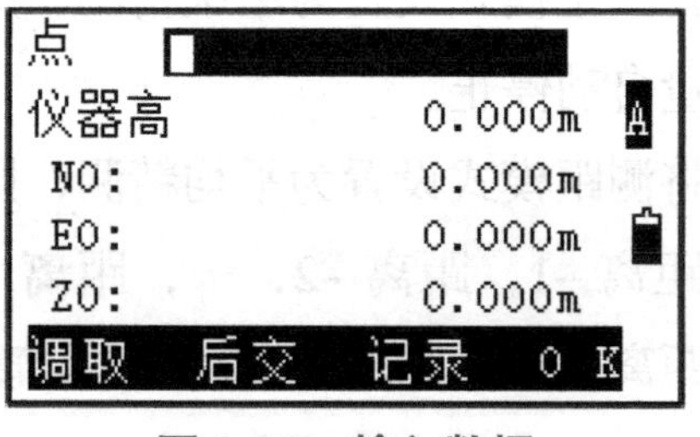

图 8-23　输入数据

若需要调用仪器内存中已知坐标数据，请按〈F1〉（调取）键，如图 8-24 所示。

7）按〈F4〉（OK）键确认输入的坐标值，仪器自动进入“后视定向”菜单，如图 8-25 所示。

存储测站数据请按〈F2〉（记录）键。

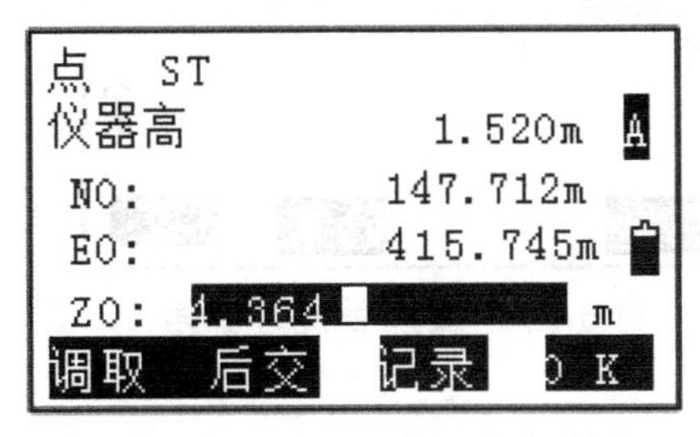

如图 8-24　调用已知坐标数据

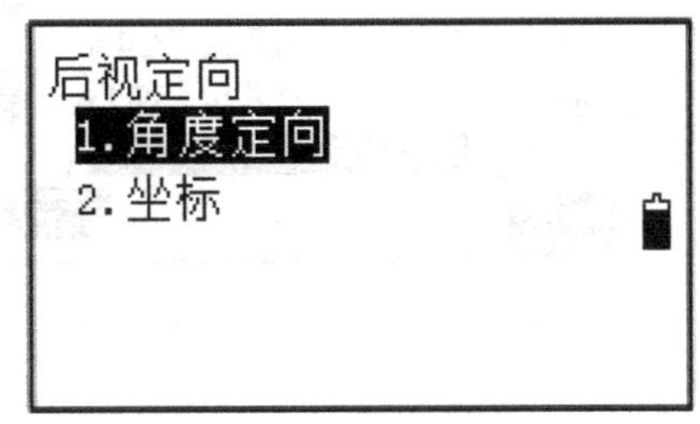

图 8-25　“后视定向”菜单

2. 后视方位角设置

后视坐标方位角可以通过测站点坐标和后视点坐标反算得到，如图 8-26 所示。

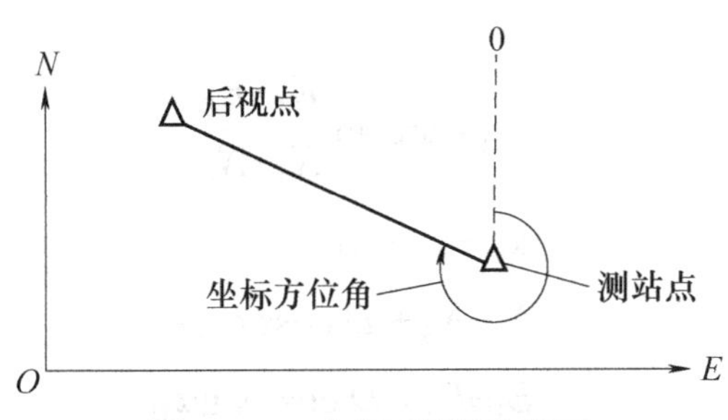

图 8-26　坐标反算示意图

步骤：

1）在“坐标测量”屏幕下选取“测站坐标”，如图 8-22 所示。

2）选取“后视定向”，如图 8-27 所示。

3）选取“坐标”并输入后视点的坐标，如图 8-28、图 8-29 所示。

若需要调用仪器内存中已知坐标数据，请按〈F1〉（调取）键。

图 8-27　选取“后视定向”

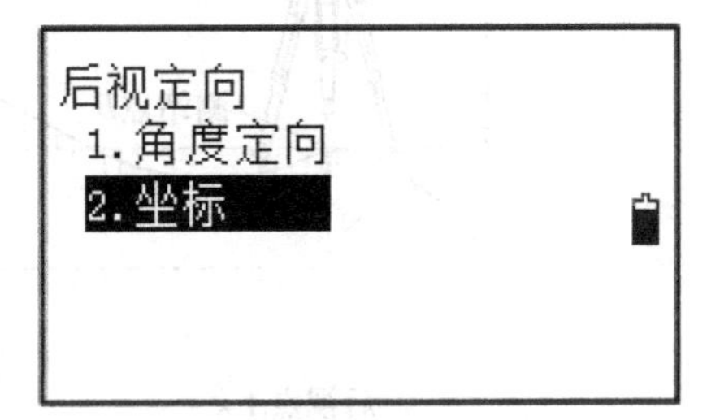

图 8-28　选取“坐标”

4）按〈F4〉（OK）键确认输入的后视点数据。

5）照准后视点按〈F4〉（OK）键设置后视方位角，如图 8-30 所示。

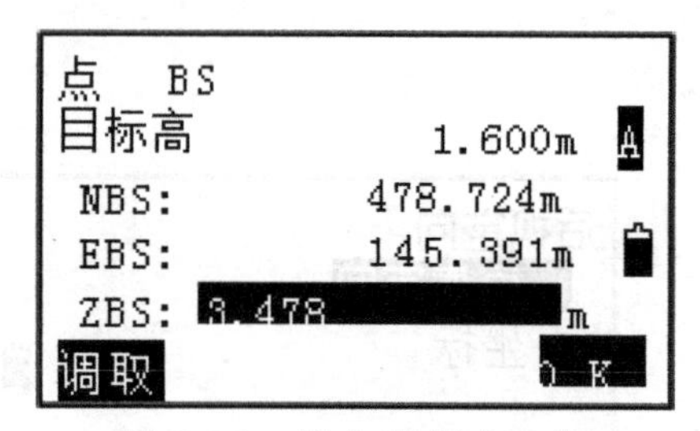

图 8-29 输入后视点坐标

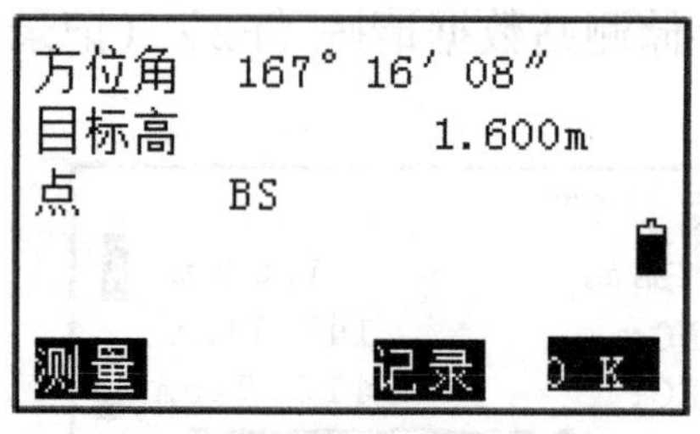

图 8-30 设置后视方位角

八、全站仪三维坐标测量的原理与方法

如图 8-31 所示，B 为测站点，A 为后视点，已知 A、B 两点的三维坐标分别为（N_A、E_A、Z_A）和（N_B、E_B、Z_B），用全站仪测量 1 点的三维坐标（N_1、E_1、Z_1）的计算原理公式如下

$$\alpha_{BA}=\arctan\frac{E_A-E_B}{N_A-N_B}$$

$$\alpha_{B1}=\alpha_{BA}+\beta$$

$$N_1=N_B+D\cos\tau\cos\alpha_{B1}$$

$$E_1=E_B+D\cos\tau\sin\alpha_{B1}$$

$$Z_1=Z_B+D\cos\tau+i-l$$

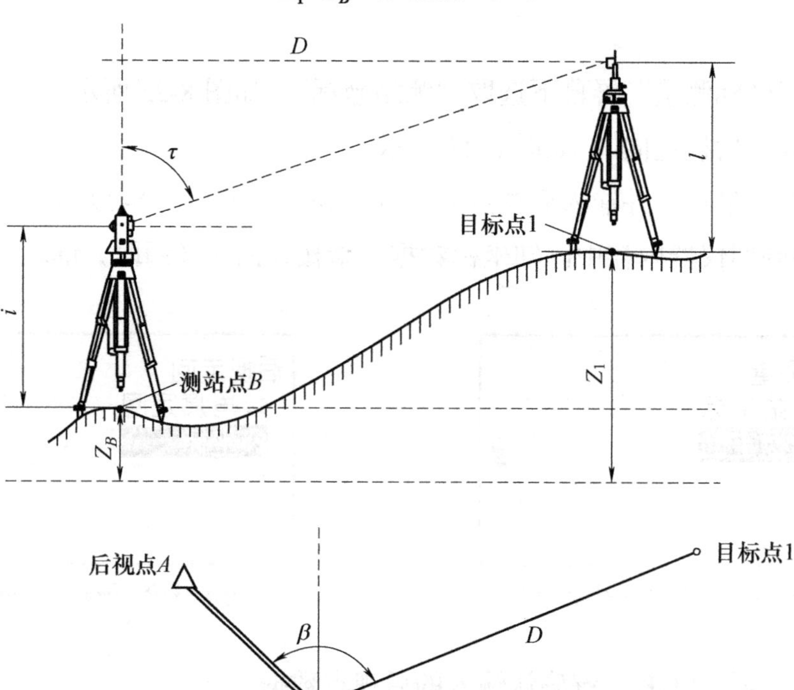

图 8-31 三维坐标原理图

式中　D——测站点至测点的斜距；

τ——测站点至测点的竖直角；

α_{BA}——后视方向方位角；

α_{B1}——测站点至测点的方位角；

i——仪器高；

l——棱镜高。

上述计算是由全站仪机内软件计算的，通过操作键盘即可直接得到测点坐标。全站仪三维坐标测量的观测程序如下：

1）照准目标点上安置的棱镜。

2）进入“坐标测量”界面，如图 8-32 所示。

3）选取“测量”开始坐标测量（图 8-32），在屏幕上显示出所测目标点的坐标值。按〈F2〉（标高）键可重新输入测站数据。

当待观测目标点的目标高不同时，开始观测前先将目标高输入。观测前或观测后，按〈F2〉（标高）键可输入目标高，目标点 Z 坐标随之更新，如图 8-33 所示。

图 8-32　“坐标测量”界面

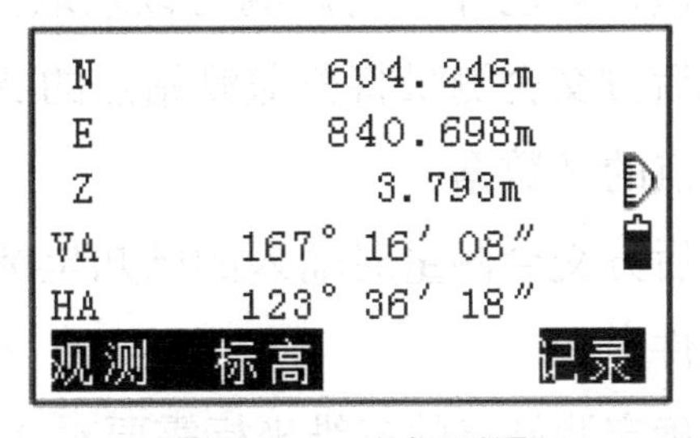

图 8-33　坐标测量

4）照准下一目标点后按〈F1〉（观测）键开始测量。用同样的方法对所有目标点进行测量。

5）按〈Esc〉键结束坐标测量返回“坐标测量”界面。

九、后方交会测量

后方交会测量通过对多个已知点的观测来确定出测站点的坐标，如图 8-34 所示。保存在内存中的坐标可作为已知数据调用，需要时还可以检查各点的残差。

输入值和观测值　　　　　　　　输出值

已知点坐标：X_i，Y_i，Z_i　　　　测站点坐标：X_0，Y_0，Z_0

水平角观测值：H_i

竖直角观测值：V

i 记录观测值：D_i

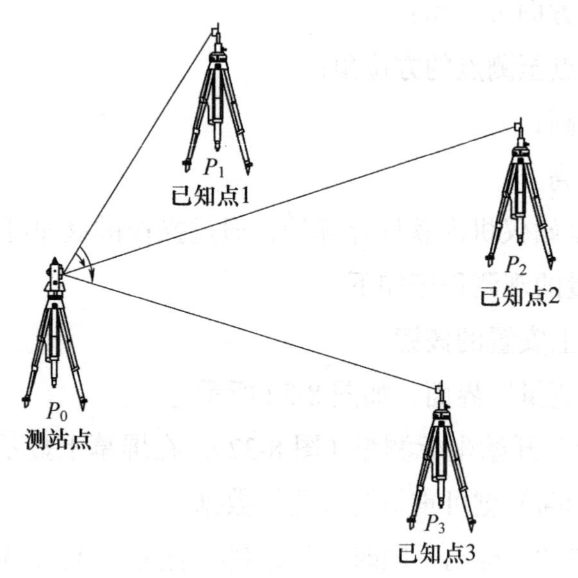

图 8-34　后方交会测量

通过对已知点的观测可以求取测站点的三维坐标或者只求取测站点的高程。坐标后方交会测量将覆盖测站点的 N、E 和 Z 数据，而高程后方交会测量只覆盖测站点的 Z 数据。

后方交会测量时输入的已知坐标数据和交会得到的测站点数据可以存储到当前文件中。

确定测站点的三维坐标需要对 2~5 个已知点进行距离和角度观测。

步骤：

1）进入测量模式第 2 页。

2）按〈F2〉（程序）键进入“程序菜单”界面，并按〈Func〉键翻至第 2 页，如图 8-35 所示。

3）选取“后方交会”，如图 8-36 所示。

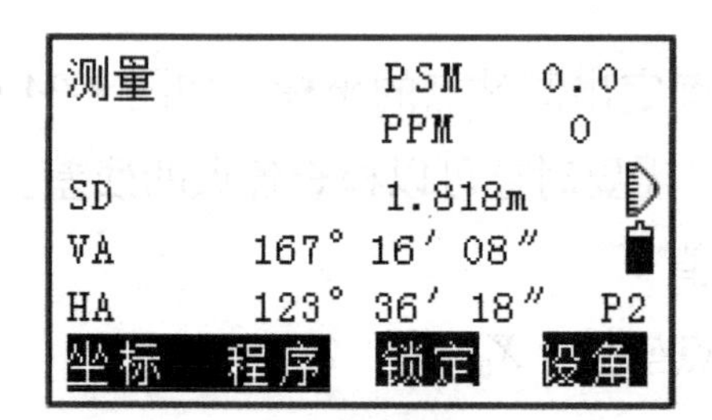

图 8-35　进入测量模式第 2 页

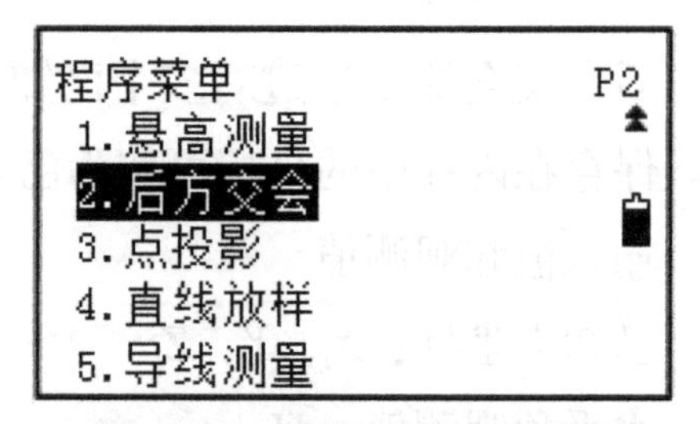

图 8-36　选取“后方交会”

4）选取“坐标”并输入已知点数据，如图 8-37 所示。

5）输入已知点 1 的坐标数据后按〈F3〉（往下）键，接着输入已知点 2 的坐标数据。用同样的方法输入全部已知点坐标数据，如图 8-38 所示。

按〈F1〉（调取）键可调用内存中的已知坐标数据。

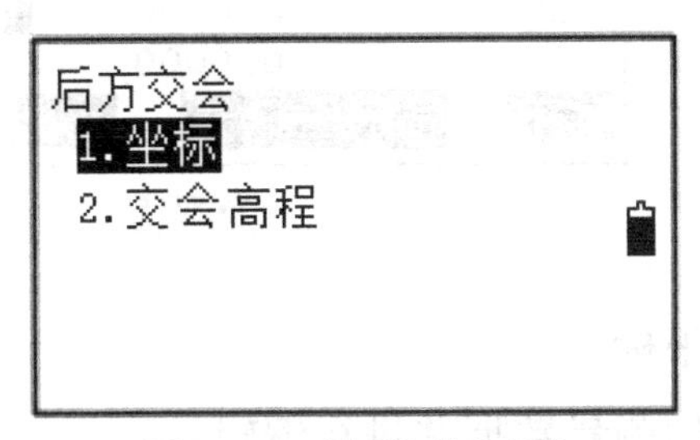

图 8-37　选取“坐标”

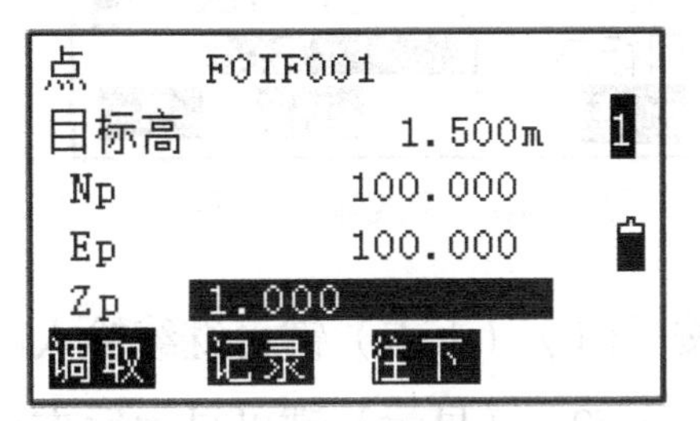

图 8-38　输入已知点坐标

6）按〈F4〉（测量）键开始后方交会测量，如图 8-39 所示。

7）照准已知点 1 后按〈F1〉（测距）键开始测量，如图 8-40 所示。

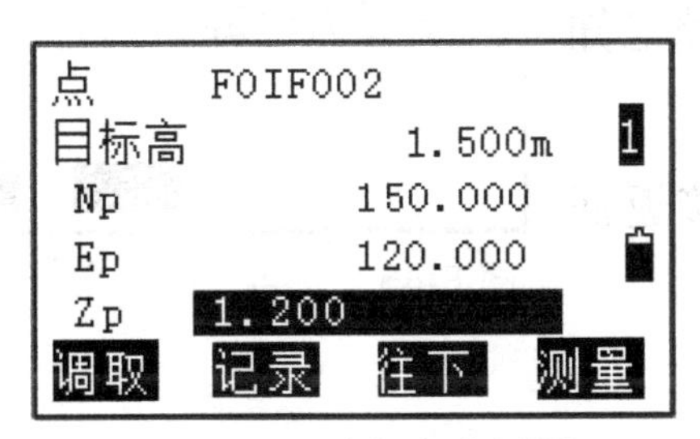

图 8-39　后方交会测量

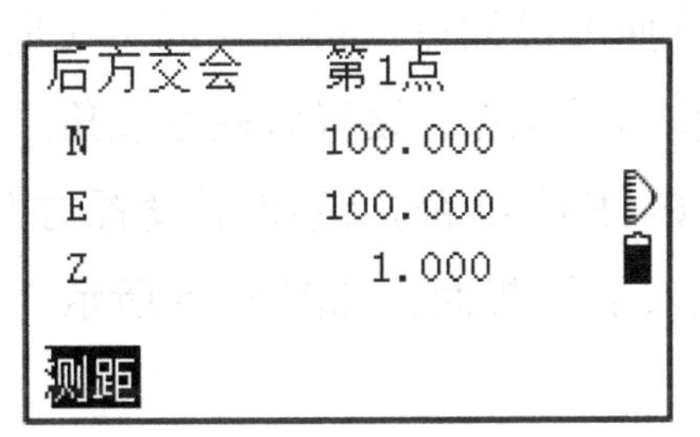

图 8-40　开始测量第 1 点

8）按〈F4〉（是）键确认并采用已知点 1 的观测值。此时也可进行目标高输入，如图 8-41 所示。

9）重复步骤 7）和 8）顺序观测各已知点，如图 8-42 所示。当观测量足以计算测站点坐标时屏幕上将显示出“计算”，如图 8-43 所示。

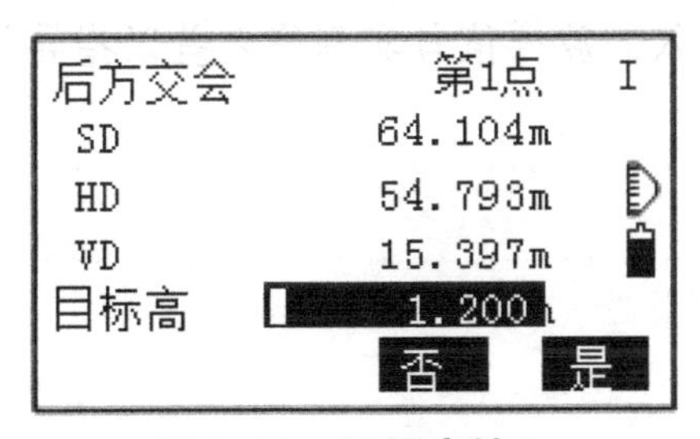

图 8-41　目标高输入

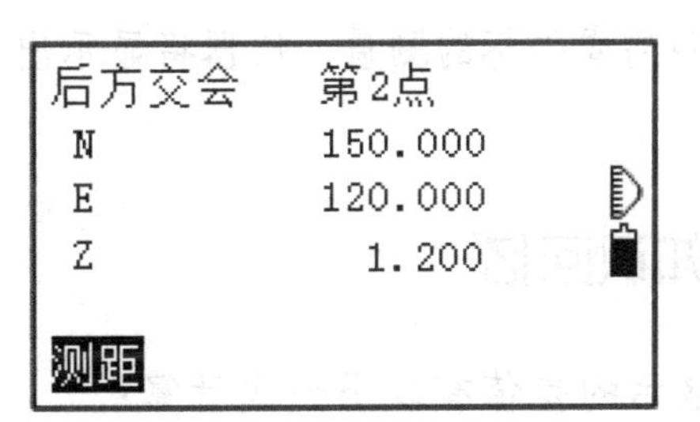

图 8-42　测量第 2 点

10）所有已知点观测完成后按〈F1〉（计算）键进行测站点坐标计算。计算完成后将显示测站点坐标及其标准差，如图 8-44 所示。

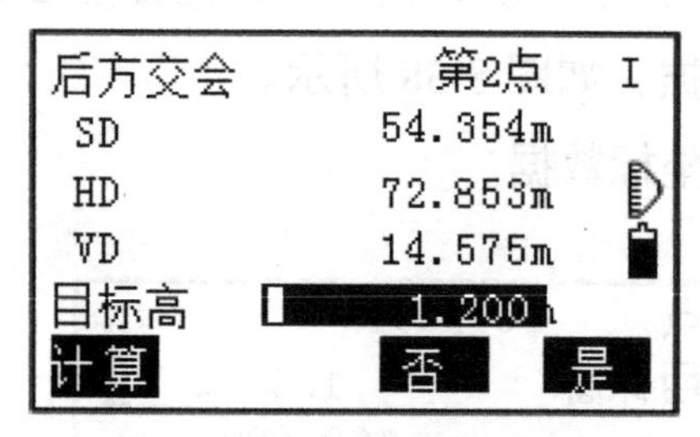

图 8-43 完成第 2 点测量

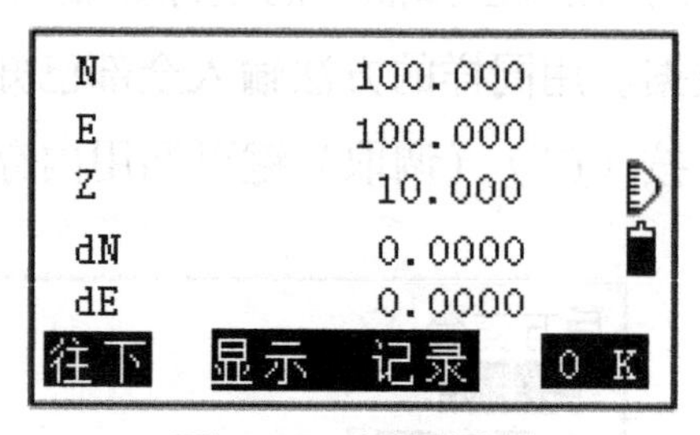

图 8-44 测量界面

按〈F1〉（下点）键可继续输入已知点坐标。

按〈F2〉（显示）键可显示后方交会点的测量数据并进行编辑。

按〈F3〉（记录）键记录测量结果。

按〈F4〉（OK）键结束后方交会测量，如图 8-44 所示。

先照准已知点，再按〈F4〉（是）键可将已知点 1 作为后视点，设置后视方位角。

按〈F3〉（否）键将不设置方位角直接返回“后方交会”界面，如图 8-45 所示。

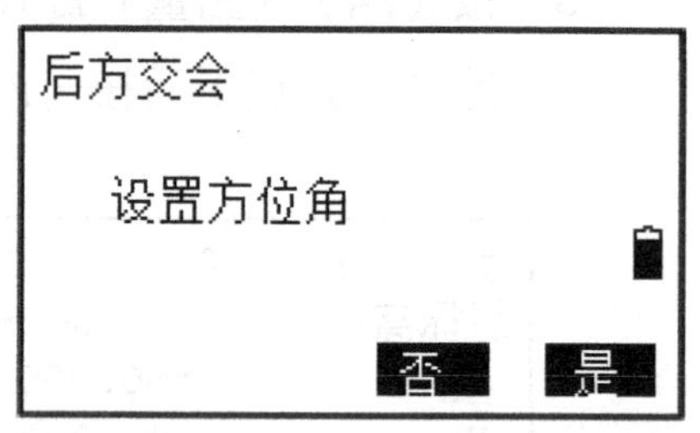

图 8-45 返回“后方交会”界面

任务三 放样测量

想一想：

什么是放样？

放样测量用于在实地上测设出所要求的点位。在放样过程中，通过对照准点角度、距离或坐标的测量，仪器将显示出预先输入的放样值与实测值之差以指导放样。

知识回忆

显示的差值有以下公式计算：

水平角差值

dHA= 水平角放样值 – 水平角实测值距离值

S–OS= 斜距实测值 – 斜距放样值

S–OH= 平距实测值 – 平距放样值

S–OV= 高差实测值 – 高差放样值

放样可以采用斜距、平距、高差、坐标或悬高方式进行。

电子测距参数设置可以在放样测量菜单下进行。

一、学习角度和距离放样

角度和距离放样是根据相对于某参考方向转过的角度和至测站点的距离测设出所需点位，如图 8-46 所示。

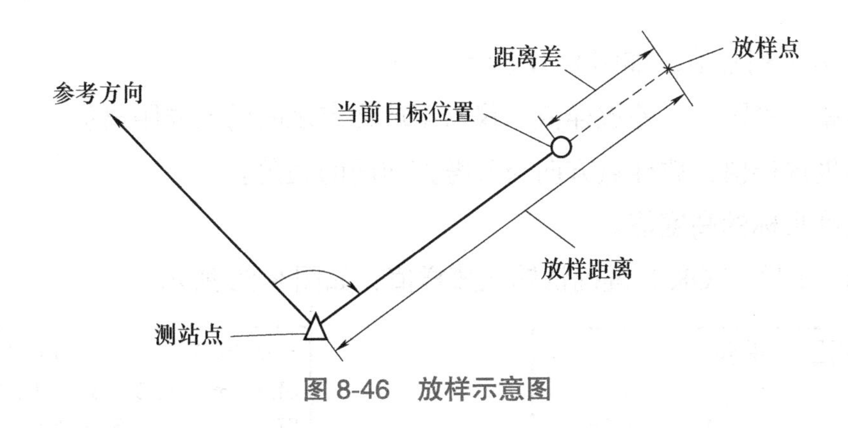

图 8-46　放样示意图

步骤：

1）进入测量模式第 2 页，按〈F2〉（程序）键进入“程序菜单”界面，选取“放样测量”，如图 8-47 所示。

2）选取“测站定向”进入，如图 8-48 所示。

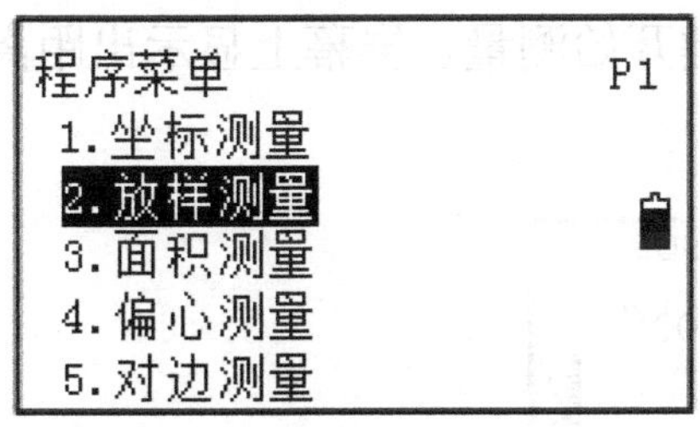

图 8-47　选取“放样测量”

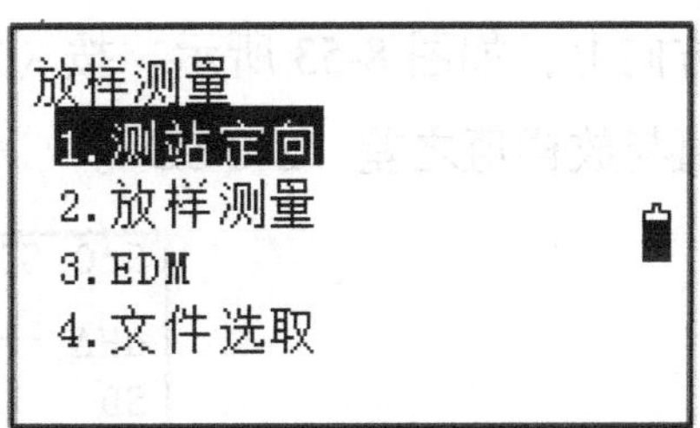

图 8-48　选取“测站定向”（二）

3）输入测站数据。

4）设置后视坐标方位角。

5）选取“放样测量”进入。

6）选取“角度距离”进入，如图 8-49 所示。按〈F2〉（切换）键选择距离输入模式。每按一次〈F2〉（切换）键，输入模式将在斜距、平距、高差之间切换，如图 8-50 所示。

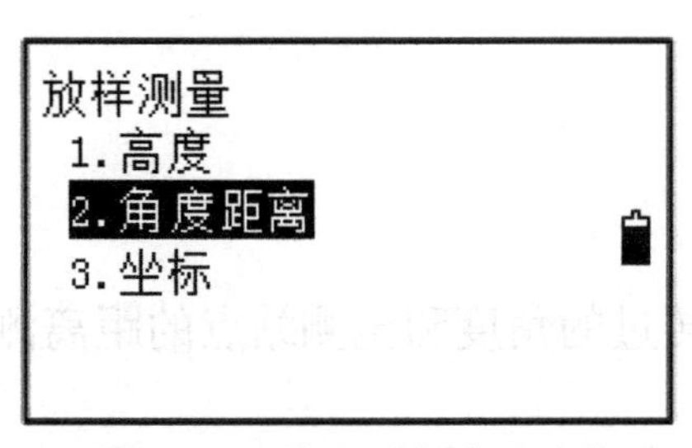

图 8-49 选取“角度距离”

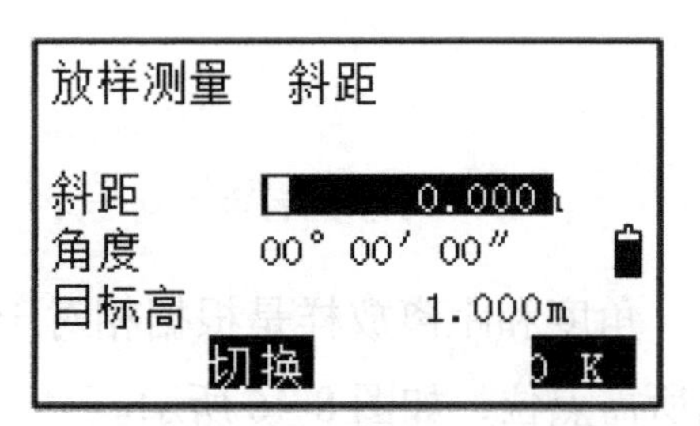

图 8-50 按〈F2〉键切换

7）输入下列各值，如图 8-51 所示。

① 斜距、平距、高差放样值：仪器至放样点之间的放样距离值。

② 角度放样值：放样点方向与参考方向间的夹角。

③ 照准目标的高度值。

8）按〈F4〉（OK）键确认输入放样值，如图 8-52 所示。

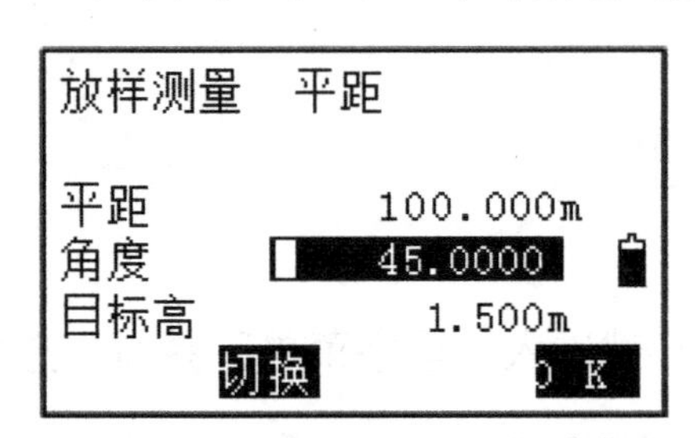

图 8-51 平距、角度、目标高数值

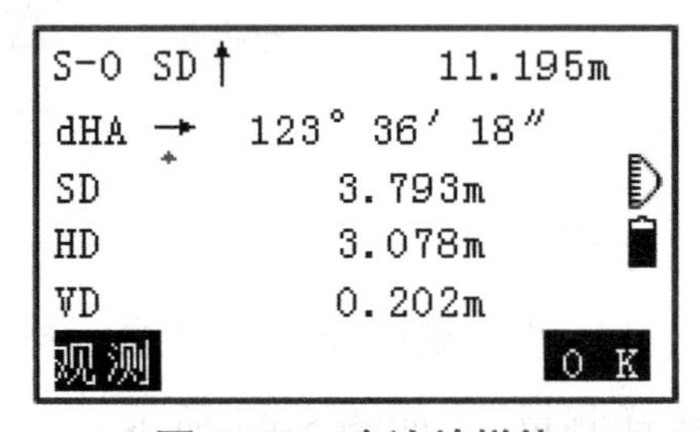

图 8-52 确认放样值

9）转动仪器照准部使显示的“dHA”值为“0°00′00″”，并将棱镜设立到所照准方向上，如图 8-53 所示。按〈F1〉（观测）键开始测量。屏幕上显示出距离实测值与放样值之差“S-0 SD”。

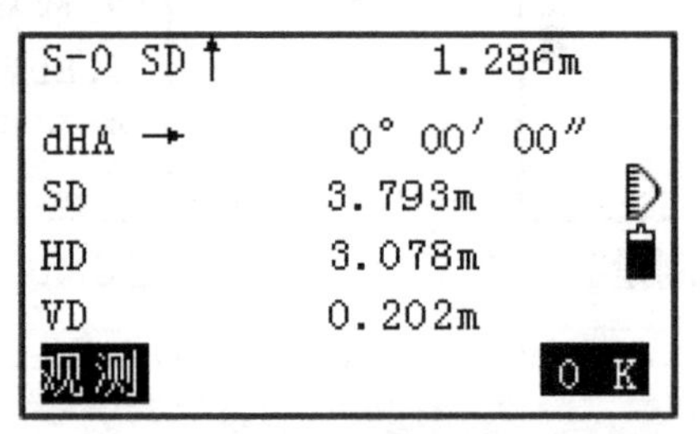

图 8-53 “dHA”值为“0°00′00″”

10）在照准方向上将棱镜移向或远离测站使“S-0 SD”的值为“0m”。移动的方向如下：

←：将棱镜左移。

→：将棱镜右移。

↓：将棱镜移向测站。

↑：将棱镜远离测站。

11）按〈F4〉（OK）键结束放样返回“放样测量”界面。

二、学习坐标放样测量

在给定放样点的坐标后，仪器自动计算出放样的角度和距离值，利用角度和距离放样功能可测设出放样点的位置，如图 8-54 所示。

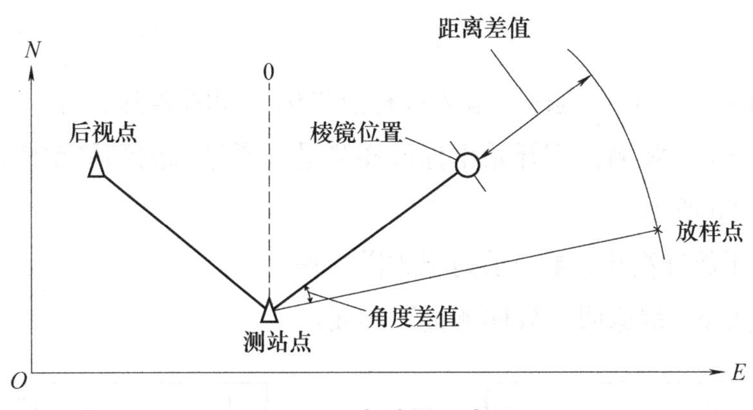

图 8-54　点放样示意图

为确定 Z 坐标，将目标设置在同高度测杆等物上。

步骤：

1）进入测量模式第 2 页，按〈F1〉（程序）键进入“程序菜单”界面，如图 8-55 所示。

2）选取“放样测量”进入，如图 8-56 所示。

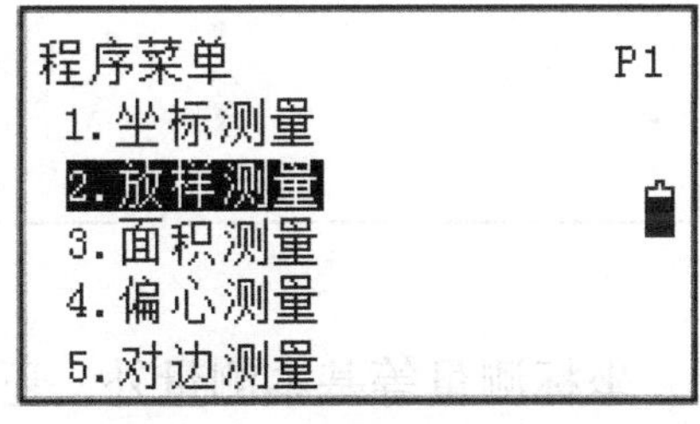

图 8-55　“程序菜单”界面

图 8-56　“放样测量”界面

3）输入测站数据。

4）设置后视坐标方位角。

5）选取“放样测量”进入。

6）选取“坐标”进入，如图 8-57 所示。

7）输入放样点坐标，如图 8-58 所示。

按〈F1〉（调取）键可调用内存中的已知坐标数据。

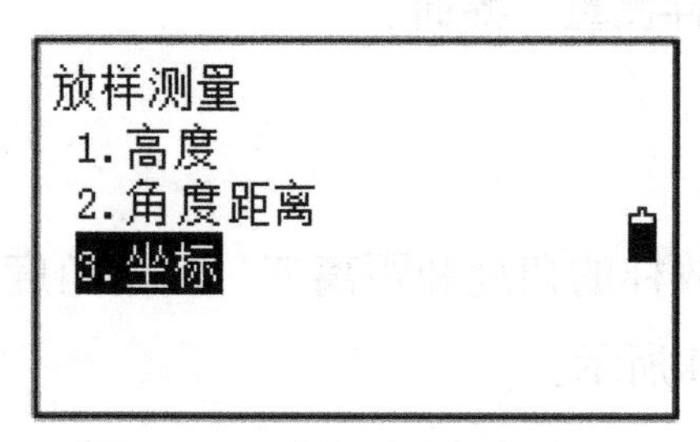

图 8-57　选取“坐标”进入

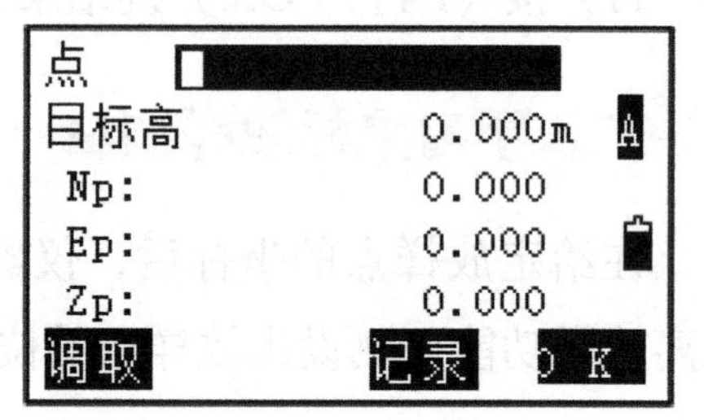

图 8-58　输入放样点坐标

8）按〈F4〉（OK）键确认输入放样点坐标，如图 8-59 所示。

9）按〈F1〉（观测）键开始坐标放样测量。通过观测和移动棱镜测设出放样点位，如图 8-60 所示。

▲表示低于放样高程；▼表示高于放样高程。

10）按〈Esc〉键返回“放样测量”界面。

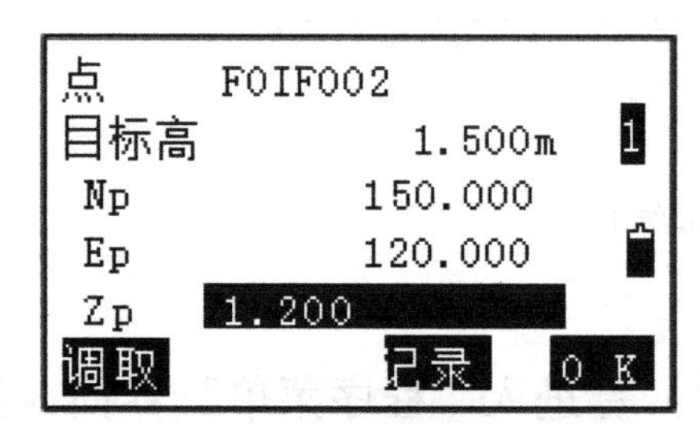

图 8-59　确认放样点坐标

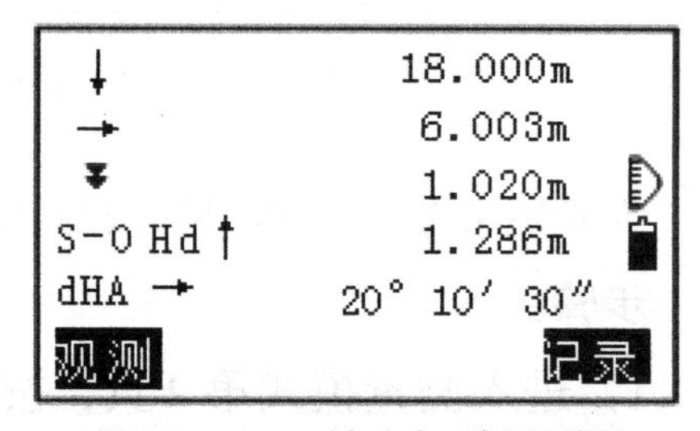

图 8-60　开始坐标放样测量

思考与习题

一、填空题

1. 全站仪全称为________，是能够自动________、________、________、________的测绘仪器。

2. 全站仪除了能进行角度测量、距离测量、坐标测量等基本测量外，还能进行一些其他测量，如__________、__________、__________等。

3. 全站型电子速测仪的基本组成包括________、________和________。

二、问答题

1. 简述全站仪的使用步骤。
2. 简述利用全站仪进行角度测量的操作步骤。
3. 简述利用全站仪进行距离测量的操作步骤。
4. 简述利用全站仪进行点位放样的操作步骤。

项目九　了解三维激光扫描仪

项目概述

三维激光扫描技术又被称为实景复制技术，作为20世纪90年代中期开始出现的一项高新技术，是测绘领域继GPS技术之后的又一次技术革命。通过高速激光扫描测量的方法，可大面积、高分辨率地快速获取物体表面各个点的坐标、反射率、颜色等信息，由这些大量、密集的点信息可快速复建出1∶1的真彩色三维点云模型，为后续的内业处理、数据分析等工作提供准确依据。三维激光扫描技术具有快速性，效益高、不接触性、穿透性、动态、主动性，高密度、高精度，数字化、自动化、实时性强等特点，很好地解决了空间信息技术发展实时性与准确性的瓶颈。它突破了传统的单点测量方法，具有高效率、高精度的独特优势。三维激光扫描技术能够提供扫描物体表面的三维点云数据，因此可以用于获取高精度、高分辨率的数字地形模型，是快速建立物体的三维影像模型的一种全新的技术手段。

三维激光扫描技术使工程大数据的应用在众多行业成为可能。如工业测量的逆向工程、对比检测，建筑工程中的竣工验收、改扩建设计，测量工程中的位移监测、地形测绘，考古项目中的数据存档与修复工程等。

三维激光扫描技术在我国的应用时间较短，但已经成为测绘领域的研究与应用热点。本项目在介绍基本概念的基础上，着重阐述三维激光扫描系统的基本原理与分类以及地面三维激光扫描系统的特点，最后介绍国内外主要设备的基本情况，对国内外研究现状进行分析，并指出目前存在的问题与未来的发展趋势。

思政目标

三维激光扫描技术的发明让我们认识到，在对工程测量专业人才的培养中，要始终贯彻创新发展理念，突出创新兴国、科技强则测绘强的大国工匠理念，培育学生的科学精神、合作能力，让学生心怀科学梦想，树立科技报国志向，为建设科技强国贡献自己的力量。

任务一　了解三维激光扫描技术的基本概念

想一想：

大家对三维激光扫描技术的认识有哪些？思考一下，它会在哪些领域应用？

知识回忆：

1. 全站仪进行角度测量的操作步骤。
2. 全站仪进行距离测量的操作步骤。
3. 全站仪进行点位放样的基本步骤。

激光的英文 Laser 是 Light Amplification by the Stimulated Emission of Radiation（受激辐射光放大）的缩写，它是 20 世纪一项重大的科学发现。激光又被称为神奇之光，因为它的四大特性（方向性好、亮度高、单色性好、相干性好）是其他普通光所无法企及的。激光技术是探索、开发、产生激光的方法以及研究应用激光的这些特性为人类造福的技术总称。自激光产生以来，激光技术得到了迅猛的发展，不仅研制出不同特色的各种各样的激光器，而且激光的应用领域也在不断拓展。

物理学家爱因斯坦在 1916 年首次发现激光的原理。1960 年，世界上第一台红宝石激光器在美国诞生，激光第一次被制造出来。之后，激光技术在世界各国的重视和科学家们的辛勤努力下得到了飞速的发展。与传统光源不同，激光具有相干性、高亮度、颜色极纯、定向发光和能量密度极大等特点，并且需要用激光器产生。

激光器是用来发射激光的装置。1954年科学家研制成功了世界上第一台微波量子放大器，在随后的几年里，科研人员又先后研制出红宝石激光器、氦氖激光器、砷化镓半导体激光器。之后，激光器得到了蓬勃、快速的发展，激光器的种类也越来越多。激光器按工作介质大体上可分为固体激光器、气体激光器、染料激光器和半导体激光器四大类。

激光以其高亮度和能量密度极大的特性广泛用于医疗保健领域。在光学加工工业和精密机械制造工业中，精密测量长度是关键技术之一。随着传感器技术和激光技术的发展，激光位移传感器出现了。它常被用于振动、速度、长度、方位、距离等物理量的测量，还被用于无损探伤和对大气污染物的监测等。在机械行业中，常使用激光传感器来测量长度。

伴随着激光技术和电子技术的发展，激光测量也已经从静态的点测量发展到动态的跟踪测量和三维测量领域。20世纪末，美国的CYRA公司和法国的MENSI公司已率先将激光技术运用到三维测量领域。三维激光测量技术的产生为测量领域提供了全新的测量手段。

三维激光扫描测量，常见的英文翻译有“Light Detection and Ranging”（缩写为LiDAR）、“Laser Scanning Technology”等。雷达是发射无线电信号遇到物体后返回接收信号，对物体进行探查与测距的技术，英文名称为“Radio Detection and Ranging”，简称为“Radar”，译成中文就是“雷达”。由于LiDAR和Radar的原理是一样的，只是信号源不同，又因为LiDAR的光源一般都采用激光，所以都将LiDAR译为“激光雷达”，也可称为激光扫描仪。

由国家测绘地理信息局发布的《地面三维激光扫描作业技术规程》（CH/Z 3017—2015）（以下简称《规程》），于2015年8月1日开始实施，对地面三维激光扫描技术（Terrestrial Three Dimensional Laser Scanning Technology）给出了定义：基于地面固定站的一种通过发射激光获取被测物体表面三维坐标、反射光强度等多种信息的非接触式主动测量技术。

三维激光扫描技术又称为高清晰测量（High Definition Surveying，HDS），它是利用激光测距的原理，通过记录被测物体表面大量密集点的三维坐标信息和反射率信息，将各种大实体或实景的三维数据完整地采集到计算机中，进而快速复建出被测目标的三维模型及线、面、体等各种图件数据。结合其他领域的专业应用软件，所采集点云数据还可进行各种后处理应用。

随着三维激光扫描设备在性能方面（主要包括扫描精度、扫描速度、易操作性、易携带性、抗干扰能力）的不断提升，而在价格方面的逐步下降，性价比越来越高，20 世纪末期，测绘领域也掀起了三维激光扫描技术的研究热潮，扫描对象越来越多，应用领域越来越广，在高效获取三维信息应用中逐渐占据了主要地位。

传统的测量方式是单点测量，获取单点的三维空间坐标，而三维激光扫描则自动、连续、快速地获取目标物体表面的密集采样点数据，即点云；实现由传统的点测量跨越到了面测量，实现了质的飞跃；同时，获取信息量也从点的空间位置信息扩展到目标物的纹理信息和色彩信息。

任务二　了解三维激光扫描系统的基本原理

想一想：

三维激光扫描系统的基本原理是什么？点云数据中包含哪些信息？主要特点有哪些？

知识回忆：

1. LiDAR 的英文全称及中文含义。
2. 三维激光扫描技术的基本概念。

一、了解激光测距技术原理与类型

三维激光扫描系统主要由三维激光扫描仪、计算机、电源供应系统、支架以及系统配套软件构成。而三维激光扫描仪作为三维激光扫描系统的主要组成部分之一，又由激光发射器、接收器、时间计数器、马达控制可旋转的滤光镜、控制电路板、微型计算机、CCD 相机以及软件等组成。

激光测距技术是三维激光扫描仪的主要技术之一，激光测距的原理主要有基于脉冲测距法、相位测距法、激光三角法、脉冲 - 相位式测距法四种类型。目前，测绘领域所使用的三维激光扫描仪主要是基于脉冲测距法，近距离的三维激光扫描仪主要采用相位测距法和激光三角法。激光测距技术类型介绍如下：

1. 脉冲测距法

脉冲测距法是一种高速激光测时测距技术。脉冲式扫描仪在扫描时激光器发射出单点的激光，记录激光的回波信号。通过计算激光的飞行时间（Time of Flight，TOF），利用光速来计算目标点与扫描仪之间的距离。这种原理的测距系统的测距范围可以达到几百米到上千米。激光测距系统主要由发射器、接收器、时间计数器和微型计算机组成。

此方法也称为脉冲飞行时间差测距，由于采用的是脉冲式的激光源，适用于超长距离的距离测量，测量精度主要受到脉冲计数器工作频率与激光源脉冲宽度的限制，精度可以达到米数量级。

2. 相位测距法

相位式扫描仪是发射出一束不间断的整数波长的激光，通过计算从物体反射回来的激光波的相位差，来计算和记录目标物体的距离。基于相位测量原理主要用于进行中等距离的扫描测量系统中。扫描范围通常在100m内，它的精度可以达到毫米数量级。

由于采用的是连续光源，功率一般较低，所以测量范围也较小，测量精度主要受相位比较器的精度和调制信号的频率限制，增大调制信号的频率可以提高精度，但测量范围也随之变小，所以为了在不影响测量范围的前提下提高测量精度，一般都设置多个调频频率。

3. 激光三角法

激光三角法是利用三角形几何关系求得距离。先由扫描仪发射激光到物体表面，利用在基线另一端的CCD相机接收物体反射信号，记录入射光与反射光的夹角，已知激光光源与CCD之间的基线长度，由三角形几何关系推求出扫描仪与物体之间的距离。为了保证扫描信息的完整性，许多扫描仪扫描范围只有几米到数十米。这种类型的三维激光扫描系统主要应用于工业测量和逆向工程重建中。它可以达到亚毫米级的精度。

4. 脉冲 - 相位式测距法

将脉冲式测距和相位式测距两种方法结合起来，就产生了一种新的测距方法：脉冲 - 相位式测距法。这种方法利用脉冲式测距实现对距离的粗测，利用相位式测距实现对距离的精测。

三维激光扫描仪主要由测距系统和测角系统以及其他辅助功能系统构成，如内置相机以及双轴补偿器等。三维激光描仪的工作原理是通过测距系统获取扫描仪到待测物体的距离，再通过测角系统获取扫描仪至待测物体的水平角和竖直角，进而计算出待测物体的三维坐标信息。在扫描的过程中再利用本身的垂直和水平马达等传动装置完成对物体的全方位扫描，这样连续地对空间以一定的取样密度进行扫描测量，就能得到被测目标物体密集的三维彩色散点数据，称为点云。

二、了解点云数据的特点

地面三维激光扫描测量系统对物体进行扫描后采集到的空间位置信息是以特定的坐标系统为基准的，这种特殊的坐标系称为仪器坐标系，不同仪器采用的坐标轴方向不尽相同，通常其定义为：坐标原点位于激光束发射处，Z 轴位于仪器的竖向扫描面内，向上为正；X 轴位于仪器的横向扫描面内与 Z 轴垂直；Y 轴位于仪器的横向扫描面内与 X 轴垂直，同时，Y 轴正方向指向物体，且与 X 轴、Z 轴一起构成右手坐标系。

三维激光扫描仪在记录激光点三维坐标的同时也会将激光点位置处物体的反射强度值记录，可称为“反射率”。内置数码相机的扫描仪在扫描过程中可以方便、快速地获取外界物体真实的色彩信息，在扫描、拍照完成后，不仅可以得到点的三维坐标信息，还可获取物体表面的反射率信息和色彩信息。所以包含在点云信息里的不仅有 X、Y、Z、In-tensity，还包含每个点的 RGB 数字信息。

依据 Helmut Cantzler 对深度图像的定义，三维激光扫描是深度图像的主要获取方式，因此激光雷达获取的三维点云数据就是深度图像，也可以称为距离影像、深度图、XYZ 图、表面轮廓、2.5 维图像等。

三维激光扫描仪的原始观测数据主要包括：

1）根据两个连续转动的用来反射脉冲激光镜子的角度值得到激光束的水平方向角和竖直方向角。

2）根据激光传播的时间计算出仪器到扫描点的距离，再根据激光束的水平方向角和竖直方向角，可以得到每一扫描点相对于仪器的空间相对坐标值。

3）扫描点的反射强度等。

《规程》中对点云（Point Cloud）给出了定义：三维激光扫描仪获取的以离散、不规则方式分布在三维空间中的点的集合。

点云数据的空间排列形式根据测量传感器的类型分为：阵列点云、线扫描点云、面扫描点云以及完全散乱点云。大部分三维激光扫描系统完成数据采集是基于线扫描方式，采用逐行（或列）的扫描方式，获得的三维激光扫描点云数据具有一定的结构关系。点云的主要特点如下：

① 数据量大。三维激光扫描数据的点云量较大，一幅完整的扫描影像数据或一个站点的扫描数据中可以包含几十万至上百万个扫描点，甚至达到数亿个。

② 密度高。扫描数据中点的平均间隔在测量时可通过仪器设置，一些仪器设置的间隔可达 1.0mm（拍照式三维扫描仪可以达到 0.05mm），为了便于建模，目标物的采样点通常都非常密。

③ 带有扫描物体光学特征信息。由于三维激光扫描系统可以接收反射光的强度，因此，三维激光扫描的点云一般具有反射强度信息，即反射率。有些三维激光扫描系统还可以获得点的色彩信息。

④ 立体化。点云数据包含了物体表面每个采样点的三维空间坐标，记录的信息全面，因而可以测定目标物表面立体信息。由于激光的投射性有限，无法穿透被测目标，因此点云数据不能反映实体的内部结构、材质等情况。

⑤ 离散性。点与点之间相互独立，没有任何拓扑关系，不能表征目标体表面的连接关系。

⑥ 可量测性。地面三维激光扫描仪获取的点云数据可以直接量测每个点云的三维坐标、点云间距离、方位角、表面法向量等信息，还可以通过计算得到点云数据所表达的目标实体的表面积、体积等信息。

⑦ 非规则性。激光扫描仪是按照一定的方向和角度进行数据采集的，采集的点云数据随着距离的增大、扫描角越大，点云间距离也增大，加上仪器系统误差和各种偶然误差的影响，点云的空间分布没有一定的规则。

以上这些特点使得三维激光扫描数据得到十分广泛的应用，同时也使得点云数据处理变得十分复杂和困难。

任务三　了解三维激光扫描系统的分类

想一想：

三维激光扫描仪系统是如何进行分类的？分类标准有哪些？

知识回忆：

1. 激光测距技术原理与分类。
2. 点云数据的特点。

三维激光扫描技术是继 GPS 技术问世以来测绘领域的又一次大的技术革命。目前，许多厂家都提供了不同型号的激光扫描仪，它们无论在功能还是在性能指标方面都不尽相同，如何根据不同的应用目的，从繁杂多样的激光扫描仪中进行正确和客观的选择，就必须对三维激光扫描系统进行分类。

借鉴一些学者的相关研究成果，一般分类的依据有搭载平台、扫描距离、扫描仪成像方式、扫描仪测距原理，下面做简要介绍。

1. 依据搭载平台划分

当前从三维激光扫描测绘系统的空间位置或系统运行平台来划分，可分为如下四类：

（1）机载激光扫描测量系统　机载激光扫描测量系统（Airborne Laser Scanning System，ALSS；也有称为 Laser Range Finder，LRF；或者 Airborne Laser Terrain Mapper，ALTM），也称为机载 LiDAR 系统。这类系统由激光扫描仪（LS）、飞行惯导系统（INS）、DGPS、成像装置（UI）、计算机以及数据采集器、记录器、处理软件和电源构成。DGPS 给出成像系统和扫描仪的精确空间三维坐标，飞行惯导系统给出其空中的姿态参数，由激光扫描仪进行空对地式的扫描来测定成像中心到地面采样点的精确距离，再根据几何原理计算出采样点的三维坐标。

空中机载三维激光扫描系统的飞行高度最大可以达到 1km，这使得机载三维激光扫描不仅能用在地形图绘制和更新方面，还在大型工程的进展监测、现代城市规划和资源环境调查等诸多领域都有较广泛的应用。

（2）地面激光扫描测量系统　地面激光扫描测量系统（Ground-based Laser Scanning System，GLSS；Vehicle-brone Laser Mapping System，VLMS）可划分为两类：一类是移动式扫描系统，也称为车载激光扫描系统，还可称为车载 LiDAR 系统；另一类是固定式扫描系统，也称为地面三维激光扫描系统（地面三维激光扫描仪），还可称为地面 LiDAR 系统。

所谓移动式扫描系统，是集成了激光扫描仪、CCD 相机以及数字彩色相机的数据采集和记录系统、GPS 接收机，基于车载平台，由激光扫描仪和摄影测量获得原始数据作为三维建模的数据源。移动式扫描系统具有如下优点：能够直接获取被测目标的三维点云数据坐标；可连续快速扫描；效率高，速度快。目前市场上的车载激光扫描系统的价格比较昂贵，单位拥有的数量较少。车载激光扫描系统，一般能够扫描到路面和路面两侧各 50m 左右的范围，它广泛应用于带状地形图测绘以及特殊现场的机动扫描。

而固定式扫描仪系统类似于传统测量中的全站仪，它由一个激光扫描仪和一个内置或外置的数码相机以及软件控制系统组成。两者的不同之处在于固定式扫描仪采集的不是离散的单点三维坐标，而是一系列的“点云”数据。这些点云数据可以直接用来进行三维建模，而数码相机的功能就是提供对应模型的纹理信息。地面三维激光扫描系统是一种利用激光脉冲对目标物体进行扫描，可以大面积、大密度、快速、高精度地获取地物的形态及坐标的一种测量设备。

（3）手持型激光扫描系统　手持型激光扫描系统是一种便携式的激光测距系统，可以精确地测出物体的长度、面积和体积，一般配备有柔性的机械臂。优点是快速、简洁、精确，可以帮助用户在数秒内快速地测得精确、可靠的成果。此类设备大多应用于机械制造与开发、产品误差检测、影视动画制作以及医学等众多领域。此类型的仪器配有联机软件和反射片。

（4）星载激光扫描仪　星载激光扫描仪也称为星载激光雷达，是安装在卫星等飞行器上的激光雷达系统，运行轨道高并且观测视野广，可以触及世界的每一个角落，对于国防和科学研究具有十分重大的意义。星载激光扫描仪在植被垂直分布测量、海面高度测量、云层和气溶胶垂直分布测量以及特殊气候现象监测等方面可以发挥重要作用。

另外，在特定非常危险的或难以到达的环境中，如地下矿山隧道、溶洞洞穴、人工开凿的隧道等狭小、细长型空间范围内，三维激光扫描技术也可以进行三维扫描，此类设备如 Optech 公司的 Cavity Moni-toring System，可以在洞径 25cm 的狭小空间内开展扫描操作。

2. 依据扫描距离划分

按三维激光扫描仪的有效扫描距离进行分类，目前国家无相应的分类技术标准，大概可分为以下四种类型：

（1）短距离激光扫描仪　这类扫描仪最长扫描距离只有几米，一般最佳扫描距离为 0.6~1.2m，通常主要用于小型模具的量测。该扫描仪不但扫描速度快且精度较高，还可以在短时间内精确地给出物体的长度、面积、体积等信息。手持式三维激光扫描仪都属于这类扫描仪。

（2）中距离激光扫描仪　最长扫描距离只有几十米的三维激光扫描仪属于中距离激光扫描仪，它主要用于室内空间和大型模具的测量。

（3）长距离激光扫描仪　扫描距离较长，最大扫描距离超过百米的三维激光扫描仪属于长距离激光扫描仪，它主要应用于建筑物、大型土木工程、煤矿、大坝、机场等的测量。

（4）机载（或星载）激光扫描系统　机载激光扫描系统最长扫描距离大于1km，一般采用直升机或固定翼飞机作为平台，应用激光扫描仪及实时动态GPS对地面进行高精度、准确实时测量。

3. 依据扫描仪成像方式划分

按照扫描仪成像方式分为如下三种类型：

（1）全景扫描式　全景式激光扫描仪采用一个纵向旋转棱镜引导激光束在竖直方向扫描，同时利用伺服电动机驱动仪器绕其中心轴旋转。

（2）相机扫描式　它与摄影测量的相机类似。它适用于室外物体扫描，特别对长距离的扫描很有优势。

（3）混合型扫描式　它的水平轴系旋转不受任何限制，垂直旋转受镜面的局限，集成了上述两种类型的优点。

4. 依据扫描仪测距原理划分

依据扫描仪测距原理，可以将三维激光扫描系统划分成脉冲式、相位式、激光三角式、脉冲 - 相位式四种类型。

任务四　了解地面三维激光扫描系统的特点

想一想：

地面三维激光扫描技术有哪些特点？它与全站仪测量技术的区别主要体现在哪些方面？

知识回忆:

三维激光扫描系统的分类及其标准。

传统的测量设备主要是通过单点测量获取三维坐标信息。与传统的测量技术手段相比，三维激光扫描测量技术是现代测绘发展的新技术之一，也是一项新兴的获取空间数据的方式，它能够快速、连续和自动地采集物体表面的三维数据信息，即点云数据，并且拥有许多独特的优势。它的工作过程就是不断地采集信息和处理，并通过具有一定分辨率的三维数据点组成的点云图来表示对物体表面的采样结果。地面三维激光扫描技术具有以下特点：

1）非接触测量。三维激光扫描技术采用非接触扫描目标的方式进行测量，不需要反射棱镜，对扫描目标物体不需要进行任何表面处理，直接采集物体表面的三维数据，所采集的数据完全真实可靠。非接触测量可以用于解决危险目标、环境（或柔性目标）及人员难以企及的情况，具有传统测量方式难以完成的技术优势。

2）数据采样率高。三维激光扫描仪采样率可达到每秒百万点，这个采样率是传统测量方式难以比拟的。

3）主动发射扫描光源。三维激光扫描技术采用主动发射扫描光源（激光），通过探测自身发射的激光回波信号来获取目标物体的数据信息，因此在扫描过程中，可以实现不受扫描环境的时间和空间的约束，可以全天候作业，不受光线的影响，工作效率高，有效工作时间长。

4）具有高分辨率、高精度的特点。三维激光扫描技术可以快速、高精度获取海量点云数据，可以对扫描目标进行高密度的三维数据采集，从而达到高分辨率的目的。单点精度可达 2mm，间隔最小 1mm。

5）数字化采集，兼容性好。三维激光扫描技术所采集的数据是直接获取的数字信号，具有全数字特征，易于后期处理及输出。用户界面友好的后处理软件能够与其他常用软件进行数据交换及共享。

6）可与外置数码相机、GPS 配合使用。这些功能大大扩展了三维激光扫描技术的使用范围，对信息的获取更加全面、准确。外置数码相机的使用，增强了彩色信息的采集，使扫描获取的目标信息更加全面。GPS 的应用使得三维激光扫描技术的应用范围更加广泛，与工程的结合更加紧密，进一步提高了测量数据的准确性。

7）结构紧凑、防护能力强，适合野外使用。目前常用的扫描设备一般具有体积小、质量轻、防水、防潮，对使用条件要求不高，环境适应能力强，适于野外使用等特点。

8）直接生成三维空间结果。结果数据直观，进行空间三维坐标测量的同时，获取目标表面的激光强度信号和彩色信息，可以直接在点云上获取三维坐标、距离、方位角等，并且可应用于其他三维设计软件。

9）全景化的扫描。目前水平扫描视场角可实现360°，竖直扫描视场角可达到320°。更加灵活，更加适合复杂的环境，提高了扫描效率。

10）激光的穿透性。激光的穿透性使地面三维激光扫描系统获取的采样点能描述目标表面不同层面的几何信息。它可以通过改变激光束的波长，穿透一些比较特殊的物质，如水、玻璃以及低密度植被等。奥地利 Riegl 公司的 V 系列扫描仪基于独一无二的数字化回波和在线波形分析功能，实现了超长测距能力。VZ-4000 甚至可以在沙尘、雾天、雨天、雪天等能见度较低的情况下使用并进行多重目标回波的识别，在矿山等困难的环境下也可轻松使用。

三维激光扫描技术与全站仪测量技术的区别如下：

1）对观测环境的要求不同。三维激光扫描仪可以全天候地进行测量。而全站仪因为需要瞄准棱镜，必须在白天或者较明亮的地方进行测量。

2）对被测目标获取方式不同。三维激光扫描仪不需要照准目标，是采用连续测量的方式进行区域范围内的面数据获取。全站仪则必须通过照准目标来获取单点的位置信息。

3）获取数据的量不同。三维激光扫描仪可以获取高密度的观测目标的表面海量数据，采样速率高，对目标的描述细致。而全站仪只能够有限度地获取目标的特征点。

4）测量精度不同。三维激光扫描仪和全站仪的单点定位精度都是毫米级，部分全站式三维激光扫描仪已经可以达到全站仪的精度，但是整体来讲，三维激光扫描仪的定位精度比全站仪略低。

虽然地面三维激光扫描测量与近景摄影测量在操作过程上有不少相近之处，但它们的工作原理却相差甚远，实际应用中也差别很大。主要区别如下：

1）数据格式不同。激光扫描数据是包含三维坐标信息的点云集合，能够直接在其中量测；而摄影测量的数据是影像照片，显然单独一张影像是无法量测的。

2）数据拼接方式不同。激光扫描数据拼接时主要是坐标匹配，而摄影测量数据拼接时主要是相对定向与绝对定向。

3）测量精度不同。激光扫描测量精度显然高于摄影测量精度，且前者精度分布均匀。

4）外界环境要求不同。激光扫描测量对光线亮度和温度没有要求，而摄影测量则要求相对较高。

5）建模方式不同。激光扫描的建模是直接对点云数据操作的。而摄影测量首先要匹配像片，才能进一步建模，其过程相对复杂。

6）实体纹理信息获取方式不同。激光扫描系统是根据激光脉冲的反射强度匹配数码影像中的纹理信息，然后粘贴特定的纹理信息。而摄影测量则是直接获取影像中的真彩色信息。

任务五　了解国外地面三维激光扫描仪

想一想：

大家了解哪些国外三维激光扫描仪的产品？其性能如何？

知识回忆：

1. 地面三维激光扫描技术的特点。
2. 三维激光扫描技术与全站仪测量技术的主要区别。

目前，生产地面三维激光扫描仪的公司比较多，随着地面三维激光扫描技术应用普及程度的不断提高，国外产品在我国的市场目前还占主导地位。它们各自的产品在性能指标上有所不同，以下简要介绍有代表性的公司产品。

一、了解奥地利 Riegl 公司的产品

自 Riegl 公司于 1998 年向市场成功推出首台三维激光扫描仪以来，并于 2002 年全球首家实现地面三维激光扫描仪和专业化的尼康和佳能数码单反相机的结合。其强大的软件功能，可根据用户的需要，提供极为丰富的三维立体空间模型（AutoCAD）、立体影像（MAYA）及三维定量分析。经过改装，该系统可装载在

汽车上，进行连续的三维数据的采集。

Riegl 激光扫描仪具有的主要特点包括扫描速度快、拼接时间短、产品质量好、具备的功能多、配套的软件多、合作的厂家多、产品的种类多、产品的信誉好、设备所能达到的各项技术指标均优于厂家公开的技术指标。

Riegl 公司于 1999 年推出 LPM-2K 扫描仪，2002 年推出 LMS-Z360 扫描仪，之后陆续推出多种型号的扫描仪。2014 年推出的 VZ-2000 扫描仪如图 9-1 所示，兼容应用于地面激光扫描仪的 RiSCAN PRO 软件、RiVLib 数据库和工作流程优化软件 RiMining，还可选配软件 RiMTA 3D 和 RiSOLVE。

图 9-1　VZ-2000 扫描仪

仪器主要技术参数见表 9-1。

表 9-1　Riegl 公司地面三维激光扫描仪主要技术参数

面市时间	1999 年	2000 年	2001 年	2003 年
产品型号	LPM-2K	LMS-390i	LMS-Z210	LMS-Z420i
测距范围 /m	10~2500	2~400	4~400	2~1000
扫描速度 /（点 /s）	—	11000	12000	11000
扫描精度 /mm	50/100m	2/50m	15/100m	10/50m
扫描视场角 /（°）	360/195	360/80	360/80	360/80
角度分辨率 /（″）	—	3.6	18	9
扫描数据存储	—	外接计算机存储	外接计算机存储	外接计算机存储
尺　寸	232mm × 300mm × 320mm	ϕ 210mm × 463mm	ϕ 200mm × 438mm	ϕ 210mm × 463mm
质量 /kg	14.6	15	14.5	16
面市时间	1999 年	2000 年	2001 年	2003 年
产品型号	LPM-321	LMS-Z620	VZ-400	VZ-1000
测距范围 /m	10~6000	2~2000	1.5~600	2.5~1400
扫描速度 /（点 /s）	2600	11000	300000	300000
扫描精度 /mm	25/50m	5/50m	3/100m	5/100m
扫描视场角 /（°）	360/150	360/80	360/100	360/100
角度分辨率 /（″）	32.4	9	优于 1.8	优于 1.8
扫描数据存储	外接计算机存储	外接计算机存储	内置 32GB 闪存	内置 32GB 闪存
尺　寸	315mm × 370mm × 445mm	ϕ 210mm × 463mm	ϕ 180mm × 308mm	ϕ 200mm × 380mm
质量 /kg	16	16	9.3	9.8

（续）

面 市 时 间	1999 年	2000 年	2001 年	2003 年
产 品 型 号	VZ-4000	VZ-6000	VZ-2000	VZ-400i
测距范围 /m	5~4000	5~6000	2.5~2050	1.5~800
扫描速度 /（点 /s）	300000	300000	400000	500000
扫描精度 /mm	15/150m	15/150m	8/150m	5/100m
扫描视场角 /（°）	360/60	360/60	360/100	360/100
角度分辨率 /（″）	优于 1.8	优于 1.8	优于 1.8/5.4	优于 1.8/2.5
扫描数据存储	内置 80GB 固态硬盘	内置 80GB 固态硬盘	内置 64GB 闪存	内置 256GB 固态硬盘
尺　　寸	236mm × 226mm × 450mm	236mm × 226mm × 450mm	ϕ 200mm × 308mm	ϕ 206mm × 308mm
质量 /kg	14.5	14.5	9.9	9.7

二、了解加拿大 Optech 公司的产品

加拿大 Optech 公司的主要产品有机载激光地形扫描系统、机载激光扫描系统、机载激光水深测量仪、三维激光测量车、三维激光影像扫描仪、空区三维激光扫描测量系统。

图 9-2　ILRIS-LR 超长距三维激光扫描仪

三维激光影像扫描仪目前主要有三个型号的仪器。ILRIS-LR 超长距三维激光扫描仪（图 9-2）具有最高点密度的扫描能力，ILRIS-LR 的设计使得冰、雪的扫描以及湿的地物表面的扫描成为可能。优势在于可以快速获取数据、减少测站设置、雪及冰川的建模、全天候扫描。

仪器的主要技术参数见 9-2。

表 9-2　Optech 公司地面三维激光扫描仪主要技术参数

面 市 时 间	2002 年	2004 年	2011 年
产 品 型 号	ILRIS-3D	ILRIS-HD	ILRIS-LR
测距能力 @80% 反射率 /m	1700	1800	3000
原始距离精度（平均值）/mm	7/100m	4/100m	4/100m

（续）

原始角度精度 /urad	80	80	80
扫描视场角 /（°）	40/40	40/40	40/40
最大点间距 /cm	2@100m	1.3@100m	2@100m
激光波长 /nm	1535	1535	1064
尺　寸	320mm × 320mm × 220mm	320mm × 320mm × 240mm	320mm × 320mm × 240mm
质量 /kg	13	14	14
扫描数据存储	USB 接口存储设备	USB 接口存储设备	USB 接口存储设备

三、了解瑞士 Leica（徕卡）公司的产品

徕卡测量系统贸易有限公司（即徕卡公司）（北京 / 上海 / 香港）隶属于海克斯康，HDS 高清晰测量系统部门是三维激光扫描解决方案的供应商，该部门的前身是 1993 年成立的 Cyra 技术公司，2001 年徕卡收购该公司。1995 年推出了世界上第一个三维激光扫描仪的原型产品；1998 年推出了第一台三维激光扫描仪实用产品 Cyrax2400，扫描速度为 100 点 /s；2001 年推出第二代产品 Cyrax2500，扫描速度增加到 1000 点 /s。Cyrax2500 即为徕卡 HDS2500 及后来的 HDS3000 的前身。

除了提供硬件产品，徕卡测量系统还为用户提供了一体化的后处理软件 Cyclone。Cy-clone 软件具有扫描、拼接、建模、数据管理和成果发布等几大功能，相应的，具有数十个应用模块。另外，还有基于 AutoCAD 的插件 CloudWorx 和基于互联网的 TruView 插件可供用户使用。

2015 年，徕卡公司全新打造的第八代三维激光扫描仪 ScanStation P30/P40（图 9-3），完美融合了徕卡高精度的测角测距技术、WFD 波形数字化技术、Mixed Pixels 混合像元技术和 HDR 高动态范围图像技术以及徕卡卓越的硬件品质，使得 P30/P40 具有更高的性能和稳定性，扫描距离可达 270m，满足各种扫描任务需求。同时推出融合高质量和高性能于一体、坚固耐用的入门级三维激光扫描仪——徕卡 ScanStation P16。它具有超高性价比，最大扫描范围可达 40m，采用向导式操作界面，是一款专业工程型扫描仪。

图 9-3　徕卡 ScanStation P30/P40 新一代超高速三维激光扫描仪

仪器系列产品主要技术参数见表 9-3。

表 9-3　徕卡地面三维激光扫描仪系列产品主要技术参数

面市时间	2001 年	2004 年	2005 年	2005 年	2006 年	2008 年
产品型号	Cyrax2500	HDS3000	HDS4500	ScanStation	HDS6000	ScanStation2
点位精度 /mm	6/50m	6/50m	3/50m	3/60m	6/50m	6/50m
距离精度 /mm	1	4/50m	—	4/50m	6/50m	4/50m
角度精度 / (″)	0.5	12	—	12	25	12
扫描距离 /m	150	300	100	300	79	300
扫描速度 / (点 /s)	1000	4000	500000	5000	500000	50000
扫描视场角 / (°)	40/40	360/270	360/310	360/270	360/310	360/270
扫描模式	脉冲式	脉冲式	相位式	脉冲式	相位式	脉冲式
扫描数据存储	笔记本式 计算机	笔记本式 计算机	笔记本式 计算机	笔记本式 计算机	60GB 内置 硬盘	笔记本式 计算机
尺寸	401mm× 336mm× 429mm	401mm× 336mm× 429mm	180mm× 300mm× 350mm	265mm× 370mm× 510mm	244mm× 190mm× 352mm	265mm× 370mm× 510mm
质量 /kg	20.5（含手柄）	20.5（含手柄）	13	18.5	12	18.5
面市时间	2009 年	2009 年	2010 年	2011 年	2011 年	2011 年
产品型号	HDS4400	HDS6100	ScanStation C10	HDS6200	ScanStation C10	HDS7000
点位精度 /mm	10/50m	9/50m	6/50m	9/50m	6/50m	9/50m
距离精度 /mm	20/50m	4/50m	4/50m	4/50m	4	—
角度精度 / (″)	288	25	12	26	12	12
扫描距离 /m	700	79	300	79	35	187
扫描速度 / (点 /s)	4400	508000	50000	1000000	25000	1000000
扫描视场角 / (°)	360/80	360/310	360/270	360/310	360/270	360/320
扫描模式	脉冲式	相位式	脉冲式	相位偏移	脉冲式	相位式
扫描数据存储	笔记本式 计算机	60GB 内置硬盘	80GB 内置 硬盘	60GB 内置 硬盘	80GB 固态 硬盘	64GB 内置 硬盘
尺寸	431mm× 271mm× 356mm	244mm× 190mm× 352mm	238mm× 358mm× 395mm	199mm× 294mm× 360mm	238mm× 358mm× 395mm	286mm× 170mm× 395mm
质量 /kg	14（含电池）	14（含电池）	13	14（含电池）	13	13（不含电池）

（续）

面市时间	2011 年	2012 年	2015 年	2015 年
产品型号	HDS8800	ScanStation P20	ScanStation P30/P40	ScanStation P16
点位精度 /mm	—	3/50m	3/50m	3/40m
距离精度 /mm	10/200m 50/2000m	1.5/50m	1.2mm+10ppm	1.2mm+10ppm
扫描距离 /m	2000	120	270	40
扫描速度 /（点 /s）	8800	1000000	1000000	1000000
扫描视场角 /（°）	360/80	360/270	360/270	360/270
扫描模式	脉冲式	相位式	脉冲式	相位偏移
扫描数据存储	笔记本式计算机	256GB 固态硬盘	256GB 固态硬盘	256GB 固态硬盘
尺寸	455mm × 246mm × 378mm	238mm × 358mm × 395mm	238mm × 358mm × 395mm	238mm × 358mm × 395mm
质量 /kg	14	11.9	12.25	12.25
内置相机分辨率	—	—	400 万像素	400 万像素
像素大小 / μm	—	—	2.2	2.2

2013 年，徕卡公司推出徕卡 Nova MS50 综合测量工作站（图 9-4），集成了高精度全站仪技术、高速 3D 扫描技术、高分辨率数字图像测量技术以及超站仪技术等多项先进的测量技术，能够以多种方式获得高精度的测量结果，应用范围得到空前的扩大。徕卡 Infinity、MultiWorx、Cyclone、GeoMoS 等软件，都可以与 MS50 结合使用，可以根据自己的实际需求进行选择，以获得需要的测量结果。

四、了解其他公司产品

1. 澳大利亚 I-Site Pty 公司

2014 年推出 Maptek I-Site 系列超长距离三维激光扫描仪 I-Site8820。

2. 美国 FARO（法如）公司

2013 年推出新型的 FARO Focus 3D X 330。

3. 德国 Z+F 公司

2015 年德国 Z+F 公司推出了 IMAGER 5010X 三维激光扫描仪。

4. 美国 Basis 公司

主要产品是 Surphaser 50HSX 和 Surphaser 100HSX。

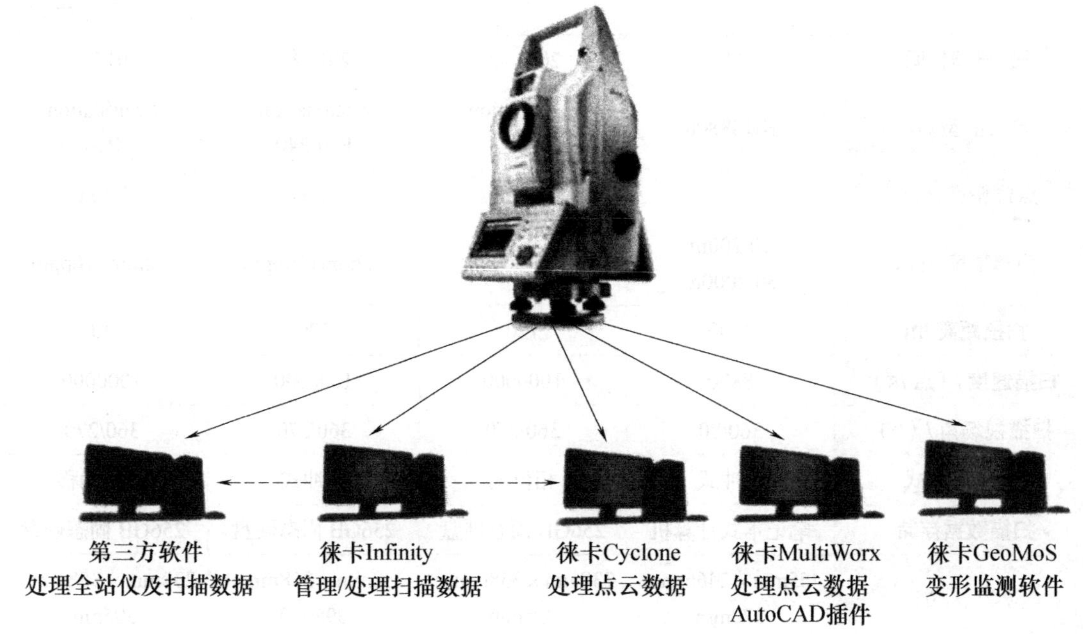

图 9-4　徕卡 Nova MS50 综合测量工作站

5. 日本 PENTAX（宾得）公司

2013 年推出了高精度、高速度、一体化的高性价比扫描仪器。PENTAX S-3180/S-3180V 由德国 Z+F 公司生产，在 LFM 与 LaserControl 软件处理的基础上，PENTAX 公司开发了三维激光隧道施工与安全监测软件。

另外，还有法国 Mensi 公司、日本 Konica Minolta（柯尼卡美能达）公司。

任务六　了解国内地面三维激光扫描仪

想一想：

大家了解哪些国内三维激光扫描仪产品？其性能如何？

知识回忆：

国外的三维激光扫描仪主流品牌。

目前，生产地面三维激光扫描仪的公司逐渐增多。随着地面三维激光扫描技术应用普及程度的不断提高，国内产品在我国的市场处于快速发展阶段。以下简要介绍有代表性的公司设备性能指标。

一、了解广州中海达卫星导航技术股份有限公司的 HS 系列产品

广州中海达卫星导航技术股份有限公司（以下简称中海达）成立于 1999 年，2011 年 2 月 15 日在深圳创业板上市。2012 年公司与自然人王少华合作，投资设立武汉海达数云技术有限公司，用以主营研发、生产及销售三维激光扫描仪系列产品。

2012 年成功研发 iScan 一体化移动三维测量系统与 LS-300 三维激光扫描仪。LS-300 是国内第一台完全自主知识产权的高精度地面三维激光扫描仪，具有高效扫描、远距离测量、I 级安全激光、智能化操作、符合工程测量流程的业务化软件设计等特点。还配套自主研发了系列激光点云数据处理软件和三维全景影像点云应用平台。

2014 年 10 月，中海达推出了 HS 300 三维激光扫描仪，同年推出 HS 450。2015 年 4 月推出的 HS 650 高精度三维激光扫描仪（图 9-5）是中海达完全自主研发的脉冲式、全波形、高精度、高频率三维激光扫描仪，配套中海达自主研发的全业务流程三维激光点云处理系列软件，具备测量精度高、点云处理效率高、成果应用多样化等特点，并广泛应用于数字文化遗产、数字城市、地形测绘、形变监测、数字工厂、隧道工程、建筑 BIM 等领域。

图 9-5　HS 650 高精度三维激光扫描仪

仪器的主要技术参数见表 9-4。

表 9-4　中海达三维激光扫描仪主要技术参数

面市时间	2013 年	2014 年	2015 年
产品型号	LS-300	HS450	HS650
扫描距离 /m	0.5~250	0.5~450	0.5~650
扫描速度 /（点 /s）	14400	300000	300000
测距精度 /mm	25/100m	10/100m	5/100m
水平角度分辨率 /（″）	18	7.2	3.6
扫描视场 /（°）	360/300	360/100	360/100

（续）

扫描数据存储	60GB 固态硬盘	240GB 固态硬盘	240GB 固态硬盘
主 机 尺 寸	400mm × 300mm × 200mm	ϕ 199mm × 360mm	ϕ 199mm × 360mm
质量 /kg	14.2（含电池）	12.8	10.0
激光波长 /nm	905	1545	1545
扫 描 模 式	脉冲式	脉冲式	脉冲式

二、了解北京北科天绘科技有限公司的 U-Arm 系列产品

北京北科天绘科技有限公司（以下简称北科天绘）于 2005 年初成立。公司产品系列包括：基于飞行平台的激光扫描测量设备 A-Pilot 系列，基于车载平台的激光扫描测量设备 R-Angle 系列，地面全向三维激光扫描设备 U-Arm 系列。

2011 年北科天绘成功研制第一代地面激光扫描仪（U-machine），2012 年成功研制第二代地面设备（UA 系列），2012—2013 年年初改进第二代设备为第三代地面设备，同为 UA 系列。其中第二代与第三代为第一代的改进型号，同时 UA-0100、UA-0500、UA-1000、UA-2000 在 2013 年初相继面世。2014 年推出 UA-1500 和 TP-3000（图 9-6）。

U-Arm 系列产品包括 UA-0150、UA-0500、UA-1500 和 TP-3000 四个型号，另外可以根据行业需求进行定制。U-Arm 系列三维激光扫描仪支持工程测量作业，支持建站作业模式。同时，U-Arm 产品内置全视角数字相机，可同步获取目标场景的全方位摄像。激光测量数据与影像数据全部实现内部标定，可以得到高精度的点云数据及全景影像拼接。U-Arm 系列三维激光扫描仪产品硬件配置完备，支持与各种 GPS 天线的实时通信，实现目标场景的精确定位。UIUA 软件是北科天绘针对 U-Arm 地面三维激光扫描仪自主研发的配套软件，实现了从设备控制到数据采集、数据解算、点云滤波、点云分类、点云与影像融合等的一体化操作流程，形成了一套完整的数据处理解决方案。

图 9-6　U-Arm 系列三维激光扫描仪

仪器主要技术参数见表 9-5。

表 9-5　U-Arm 系列三维激光扫描仪主要技术参数

仪器型号	UA-0150	UA-0500	UA-1500	TP-3000
扫描距离 /m（$\rho \leqslant 60\%$）	0.5~300	1.5~1000	10~1500	50~5000
回波模式	N/A	多回波	多回波	多回波
激光波长 /mm	红外	1550	1550	1064
扫描视场角 /（°）	360/300	360/300	360/300	360/70
扫描线频 /Hz	10~50	10~50	10~50	200~300
测角分辨率 /（°）	0.001	0.001	0.001	0.001
测距精度 /mm	2~5/50m	5~8/10m	5~8/100m	20~30/500m
质量 /kg	6	9	12	18

三、了解广州思拓力测绘科技有限公司的 X 系列产品

广州思拓力测绘科技有限公司（以下简称广州思拓力）于 2012 年推出 X9 三维激光扫描系统，STONEX X9 运用 LFM 软件提供了从点云拼接到建模的完整数据解决方案。

2013 年推出的 X300 三维激光扫描仪（图 9-7）完全由广州思拓力设计，性能优异、简单易操作，适合我国市场，符合我国测量用户的传统与习惯，适应野外复杂的工作环境。X300 内置相机输出真彩色点云数据，自建长距离 Wi-Fi 热点，通过平板式计算机、笔记本式计算机、三维建模、PDA 或智能手机进行无线操控，可以直接地扫描、组织工作、检查数据存储和创建输出现实和视景文件。

图 9-7　X300 三维激光扫描仪

仪器主要技术参数见表 9-6。

表 9-6　STONEX 系列三维激光扫描仪主要技术参数

产品型号	X9	X300
测量距离 /m	187	300（80% 反射率）
扫描速度 /（点 /s）	101.6 万	4 万
最小测程 /m	0.3	2

（续）

垂直视野范围 /（°）	320	180
水平视野范围 /（°）	360	360
扫描精度 /mm	1/50m	4/50m
主机质量 /kg	9.8	6.15

四、了解其他公司产品

1. 深圳市华朗科技有限公司

2009 年公司推出 HL1000 三维激光扫描仪，基于 Windows 平台自主开发配套点云处理软件 Cloud Processor，集大场景数据管理、智能化编辑操作、多站拼接及色彩匹配以及笔记本式计算机、三维建模、DSM、DTM、DEM、特效制作引擎于一身，为快速三维场景重建、漫游、虚拟现实和视景仿真提供了全面的解决方案。

2. 武汉迅能光电科技有限公司

公司相继开发了 SC70（2011 年）、SC500（2012 年）及 VS1000（2013 年）三种型号三维激光扫描仪。

3. 杭州中科天维科技有限公司

2013 年下半年开始，全视景三维成像激光扫描仪 TW-Z1000 进入试生产，产品技术指标达到国际同期同类产品先进水平，填补了国内空白。

任务七　三维激光扫描技术研究概述

想一想：

近年来，国内外对三维激光扫描技术的研究取得了哪些进展？其硬件及数据处理软件主要取得了哪些进步？

知识回忆：

国内的三维激光扫描仪代表公司及主流品牌有哪些？

一、国外研究概述

欧美国家在三维激光扫描技术行业中起步较早，始于20世纪60年代。发展最快的是机载三维激光扫描技术，目前该技术正逐渐走向成熟。早期斯坦福大学在1998年进行了地面固定激光扫描系统的集成试验，取得了良好的效果，至今仍在开展较大规模的研究工作。1999年在意大利的佛罗伦萨，来自华盛顿大学的30人小组利用三维激光扫描系统对米开朗琪罗的大卫雕像进行测量，包括激光扫描和拍摄彩色数码相片，之后三维激光扫描系统逐步产业化。目前，国际上许多公司及研究机构对地面三维激光扫描系统进行研发，并推出了自己的相关产品。

三维激光扫描技术开始于20世纪80年代，由于激光具有方向性、单色性、相干性等优点。将其引入到测量设备中，在效率、精度和易操作性等方面都展示了巨大的优势，它的出现也引发了现代测绘科学和技术的一场革命，引起许多学者的广泛关注。很多高科技公司和高等院校的研究机构将研究方向和重点都放在三维激光扫描设备的研究中。

随着三维激光扫描设备在精度、效率和易操作性等方面性能的提升以及成本方面的逐步下降，20世纪90年代，它成为测绘领域的研究热点，扫描对象和应用领域也在不断扩大，逐渐成为空间三维模型快速获取的主要方式之一。许多设备制造商也相继推出了各种类型的三维激光扫描系统，现在三维激光扫描系统已经形成颇具规模的产业。

目前，国际上已有许多三维激光扫描仪制造商，制造了各种型号的三维激光扫描仪，包括微距离、短距离、中距离、长距离的三维激光扫描仪。微距离、短距离的三维激光扫描技术已经很成熟。长距离的三维激光扫描技术在获取空间目标点的三维数据信息方面取得了新的突破，并应用于大型建筑物的测量、数字城市、地形测量、矿山测量和机载激光测高等方面，并且有着广阔的应用前景。

手持式三维激光扫描仪的研究方面，国外公司起步较早，其产品在我国销售的有加拿大Creaform公司和NDI公司、美国Artec集团和FARO公司等。

拍照式三维扫描仪的研究较早，产品在我国销售的公司是德国Breuckmann（博尔科曼）公司。2012年9月3日，Breuckmann公司被Aicon三维系统有限公司收购。主要产品有StereoScan 3D-HE、SmartSCAN 3D-C5、SmartSCAN 3D-HE。

在特殊用途的三维激光扫描仪开发应用方面，国外的技术还是比较先进的，代表性的产品有：加拿大Optech公司CMS空区三维扫描系统、英国MDL公司专门为矿山采空区测量而生产的一种基于激光的空区测量系统 Void Scanner（VS150）MK3 和 C-ALS MK3、加拿大 GeoSight 公司的矿晴（MINEi）集成式三维激光测量系统、德国 SICK（西克）激光扫描测量系统。

在软件方面，不同厂家的三维激光扫描仪都带有自己的系统软件。三维激光扫描数据处理软件，如 Geomagic Studio、PolyWorks 软件等，都各有所长，主要用于逆向工程产品建模。

二、国内研究概述

在国内，三维激光扫描技术的研究起步较晚，研究的内容主要集中在微短距离的领域中，但随着三维激光扫描技术在国内应用逐步增多，国内很多科研院所以及高等院校已推进三维激光扫描技术的理论与技术方面的研究，并取得了一定的成果。

我国第一台小型的三维激光扫描系统是由华中科技大学与邦文文化发展公司合作研制的。在堆体变化的监测方面，原武汉测绘科技大学（2000 年与武汉大学合并）地球空间信息技术研究组开发的激光扫描测量系统可以达到良好的分析效果，武汉大学自主研制的多传感器集成的 LD 激光自动扫描测量系统，实现了通过多传感器对目标断面的数据匹配来获取被测物的表面特征的目标。清华大学提出了三维激光扫描仪国产化战略，并且研制出了三维激光扫描仪样机，通过了国家 863 项目验收。北京大学的视觉与听觉信息处理国家重点实验室三维视觉计算小组在三维激光扫描技术的实际应用方面进行了不少研究，“三维视觉与机器人实验室”使用不同性能的三维激光扫描设备、全方位摄像系统和高分辨率相机采集了建模对象的三维数据与纹理信息，并最终通过这些数据的配准和拼接完成了物体和场景三维模型的建立。凭借中国和意大利政府合作协议，北京故宫博物院 2003 年将从意大利引进的激光扫描技术应用到故宫古建筑群的三维扫描中。加拿大 Optech 公司生产的 ILRIS-3D 三维激光扫描仪在北京建筑工程学院（现为北京建筑大学）的故宫数字化项目中起到了重要作用。2006 年 4 月，西安四维航测遥感中心与秦始皇兵马俑博物馆合作建立了 2 号坑的三维数字模型。此外，北京天远三维科技股份有限公司的 OKIO 三维扫描仪、上海精迪测量的 JDSCAN 三维扫描仪都有自己的市场竞争力。

在手持式三维激光扫描仪的研究方面，国内的企业紧跟国外的步伐，已经有多家公司研发和销售，有代表性的公司是杭州先临三维科技股份有限公司、杭州思看科技有限公司、深圳市华朗科技有限公司、北京天远三维科技股份有限公司等。

在拍照式三维扫描仪的研究方面，国内的企业跟踪国际前沿技术，已经有多家公司研发和销售，有代表性的公司是深圳市精易迅公司、深圳市华朗科技有限公司、上海汇像信息技术有限公司等。

在特殊用途的扫描设备方面，目前主要有激光盘煤仪、人像扫描仪等。激光盘煤仪已经有多家公司研发和销售，有代表性的公司是北京三维麦普导航测绘技术有限公司、西安科灵节能环保仪器有限公司、中科科能（北京）技术有限公司。

针对激光点云数据的管理和处理技术，不同行业应用的数据分析技术等技术难点，激光数据处理还存在设备精度标定、坐标拼接和转换、点云构网、植被分类、行业应用标准等问题。尽管国内外学者进行了大量的研究，取得了一定成果，但仍不能满足生产需要。

尽管三维激光扫描技术在各行业中得到广泛应用，但大多数都是直接应用国外成熟的软件进行数据采集和处理工作。目前国外成熟的地面激光扫描软件相对丰富。在国内，林业科学院针对林业的特点开发了用于林业方面的处理软件。中国水利水电科学研究院的刘昌军开发了海量激光点云数据处理软件和三维显示及测绘出图软件。在国内针对点云数据建模软件开发的还比较少。

近几年，基于地面的激光扫描技术及其应用的研究也取得了一些成果，二维激光扫描仪目前在国内的应用逐渐增多，尤其是在古建筑重建、虚拟现实、立体量测等领域的应用。

三、扫描仪硬件发展

距世界上第一台三维激光扫描仪开发问世，到现在已有将近30年的时间了，随着仪器技术的不断进步以及各行各业的科研及工程人员的不断实践，该项技术已经逐渐成为广大科研和工程技术人员全新的解决问题的手段，并逐渐取代一些传统的测绘手段，为工程、研究提供更准确的数据。扫描仪硬件的进步主要体现在以下八个方面：

1）扫描速度从最初的每秒几千点，发展到今天已经达到每秒百万点。速度的变化主要带来外业数据采集时间的缩短，直接提高了工作效率，并缩短了在危险环境下数据采集的时间，从而让外业更安全。

2）扫描仪结构从原来的分体式，发展到今天的高度一体化集成。高度一体化集成主要包括：扫描仪电池内置，高分辨率数码相机内置，高分辨率彩色触摸屏控制面板内置，数据存储内置。一体化让仪器携带、工作中的迁站更方便，操作也更便捷。不再需要携带更多的附件，仪器也不需要过多的外部电缆进行连接。

3）视场角也从原来的几十度发展到现在几乎全景的扫描。视场角的改变主要带来两方面的帮助：一方面让扫描仪的架设更灵活，并提高工作效率，如果视场角小，要达到理想的扫描结果，仪器架设的方位都会有更多的限制，而且有时需要多次扫描才能达到效果；另一方面，因为视场角的增加，带来扫描架站数量的减少，从而减少数据的后续拼接，减少后处理工作量和避免不必要的误差累积，从而提高了扫描的整体精度。

4）最高测量精度也提高到 2mm 左右，扫描点间隔可以细小到 1mm。测量精度的提高直接带来数据结果准确性的提高，使三维激光扫描仪对大型结构、建筑测量以及监测成为可能。扫描点间隔的细小，让细微的结构可以通过扫描表达出来，也增加了仪器可用的范围。

5）有效扫描距离不断加大。有效扫描距离从几十米增加到几百米，目前奥地利 Riegl 公司的 VZ-6000 与 LPM-321 扫描仪最大测程已经达到 6000m。这为在特殊环境下应用提供了设备保障。

6）中文操作菜单，简便易学。虽然多数扫描仪的操作界面是英文，但是针对我国已经出现中文操作菜单，例如，徕卡 ScanStation 系列的 C10、C5、P20，大大方便了我国用户的使用。

7）国内研制的扫描仪开始投入市场。中国科研院所及相关公司研制的仪器从样机逐渐走向市场，与国外仪器 100 万元以上的价格相比，一般市场价格在 100 万元以内，例如中海达开发的 LS-300 三维激光扫描仪，是国内第一台完全自主知识产权的高精度地面三维激光扫描仪。北科天绘研制的三维激光扫描设备 U-Arm 系列，共有 4 个型号。还有广州思拓力、深圳市华朗科技有限公司、武汉迅能光电科技有限公司、杭州中科大维科技有限公司都已研发出相关产品。

8）手持（拍照）式扫描仪技术先进。目前已经有多家公司研发多系列相关产品以及特殊用途的扫描仪，技术先进，应用广泛。

四、扫描仪数据处理软件的发展

扫描数据后处理软件的进步体现在以下四个方面：

1）可处理更大的数据量。随着软件算法的改进以及计算机硬件性能的提高，目前优秀的三维扫描后处理软件可以存储和处理多达十几亿点的数据。这种性能的提升，可以同时处理更大区域的数据，并在扫描时可以进行更加精细的扫描。

2）功能更丰富，涵盖更多行业的需要。软件已经可以成熟地提供从工业设备管道的建模，建筑物的建模，到非规则复杂形体的建模，并可以直观准确地进行地形、形变分析等计算，还可以提供二维特征线条的提取等功能。

3）操作简便，人性化，易于掌握。

4）除随机扫描控制与数据处理软件外，近年来可应用于三维建模的商业软件数量较多，为用户提供了更多的选择。中海达与北科天绘公司自主研发了系列激光点云数据处理软件和三维全景影像点云应用平台，为我国用户创造了良好的应用环境。

任务八　存在的问题与发展趋势

想一想：

三维激光扫描技术的应用目前存在的主要问题体现在哪些方面？其发展趋势如何？

知识回忆：

扫描仪硬件和软件的进步的主要体现。

一、存在的主要问题

三维激光扫描仪作为测绘界的最新技术和仪器，其在国内的应用还处于发展阶段。虽然在国内对三维激光扫描仪的应用研究取得了一定的成果，但是目前还存在以下问题：

1）仪器价格比较昂贵，难以满足普通用户的需求。目前，国外品牌的仪器在我国的销售价格都在 100 万元以上。国内品牌的销售价格在几十万元，甚至上百万元。目前用户主要集中在高校与科研院所，企业购买的较少。一般而言，地面三维激光扫描仪是一个很难实现检校的黑箱系统，并且仪器的价格非常昂贵，属于市场上的高档仪器设备。

2）仪器系统的精度检测方法还处于一个起步阶段。目前地面三维激光扫描技术在面向测绘需求的理论研究和工程应用方面才刚刚起步，还没有形成一套完整的理论体系和数据处理方法。各种工程应用也正迫切希望得到地面三维激光扫描技术的支持，但在数据质量的控制方面仍然依靠仪器厂商提供的参考，没有可靠的理论依据和规范。在仪器的检测方面研究较少，系统的设备检测方法尚处于起步阶段。仪器自身和精度的检校存在困难，目前检校方法单一，基准值求取复杂。缺乏设备精度评定的基本方法，国内也没有有效的检定手段和公认的检定机构。

3）工程应用技术规范执行不到位。国家相关技术规范已经出台，主要有 2013 年 8 月 13 日开始实施的《地面激光扫描仪校准规范》（JJF 1406—2013），2015 年 8 月 1 日开始实施的《地面三维激光扫描作业技术规程》（CH/Z 3017—2015)。目前设备在企业普及程度还比较低，制作产品的应用还比较少，因此以上两个规范的执行还未达到强制的程度。

4）扫描的野外作业相对简单，但是点云数据的后处理费时费力。随着仪器性能的不断提高，扫描的野外作业操作比较简单，花费的时间较少。点云数据处理软件没有统一化，各个厂家都有自带软件，互不兼容，对点云数据处理和建模等工作造成了很大的困难。

目前已有的后处理软件功能偏少（特别是专业应用功能)、数据处理量有限，且很多算法不够完善，造成了现场扫描容易，后期数据处理及应用较为困难。数据后处理的自动化程度较低，人力投入较大，软件研发任重道远，特别是适合我国用户的中文版处理与应用软件种类和功能更少，难以满足市场需求。另外，基于软件的三维建模具有一定程度上的主观性，因此在三维建模中各要素的量测性较差。

另外，还存在的问题有产品技术参数不统一，导致不同品牌的产品难以进行有效对比；测量精度的研究还相对较少；点云数据质量评价研究有限。

二、发展趋势

随着对地面三维激光扫描技术应用研究的不断深入，未来的发展趋势主要表现在以下四个方面：

1）仪器价格会逐步下降。目前在国内销售的国外品牌仪器超过十个，仪器价格竞争是占领市场的重要手段，相信随着竞争的加剧，仪器价格会逐步下降，出现 100 万元以内的价格不会太久。国内研制的仪器（中海达、北科天绘等公司）已经投入市场。与国外品牌相比价格上有较大的优势，随着性能与用户认知度的提高，市场占有率也将逐步提高，迫使国外品牌的仪器价格下降。

2）积极推进仪器检校和应用技术标准与规范的执行。目前已经有两个相关规范出台，随着仪器价格的下降与用户数量的增加，在不同领域的技术应用不断扩大，相信技术规范能起到促进的积极作用，从而会变成强制执行的国家规范。

3）数据处理软件功能会不断加强，三维建模与应用精度会不断提高。目前点云数据的处理所用时间是数据采集时间的 10 倍以上，主要原因就是后处理软件问题。未来的发展趋势就是研制更加成熟、更加通用的数据处理软件，尽可能地缩短数据处理时间。进一步完善和开发后处理软件，使处理的数据量更大、数据处理的速度更快，软件操作更容易。点云数据处理软件的公用化和多功能化，实现了实时数据共享及海量数据处理。特别是适合我国用户的中文版软件。通过三维建模达到逼真的视觉效果，还需要有良好的纹理粘贴，如何有效地融合曲面模型和纹理数据，是值得研究的一项重要内容。

4）进一步改进硬件，使激光扫描仪有更高的测量精度、更快的采样速度以及低廉的价格。进一步扩大扫描范围，实现全圆球扫描，获得被测景物空间三维虚拟实体显示。与摄像机集成，在扫描的同时获得物体影像，提高点云数据和影像的匹配精度。

另外，扫描仪与其他测量设备（如 GPS、IMU、全站仪等）联合测量，实时定位、导航，并扩大测程和提高精度；三维激光扫描技术与 GIS 结合方面的应用会快速发展。相信在不远的将来三维激光扫描技术的应用领域和范围必定会不断扩大。

思考与习题

1. LiDAR 的英文全称是什么？中文含义是什么？

2. 点云数据中包含哪些信息？其主要特点有哪些？

3. 地面三维激光扫描技术有哪些特点？它与全站仪测量技术的区别主要体现在哪些方面？

4. 扫描仪硬件和软件的进步主要体现在哪些方面？

5. 三维激光扫描技术的应用目前存在的主要问题体现在哪些方面？其发展趋势如何？

项目十 拓展训练

项目概述

测量实习是“建筑工程测量”课程理论教学和试验教学之后的一门独立的、综合性、实践性教学课程。实习的目的是巩固、扩大和加深同学们所学的理论知识，通过实习的全过程，进一步提高测绘仪器的操作能力、测量计算和绘图能力，掌握测量技术工作的原则、步骤和基本技能，培养学生独立工作的本领。

思政目标

通过本项目的学习让学生切身体会到建筑工程测量工作的魅力及成就感，激发学生学习的内在驱动力，磨炼专业素养。

任务一 测绘训练

想一想：

1. 地形图是如何画出来的？
2. 如果要将自己所在的校园绘制到图纸上，需要做哪些测量工作？
3. 测绘工作的基本原则是什么？

一、训练任务

1. 基本内容

测图比例尺为 1∶500，等高距为 1m，测图面积以 150m×150m 为宜（可按自己所在校园实际情况而定)。

2. 图根控制测量

(1)平面控制测量 在一般地区可布设成闭合导线形式,按图根导线要求进行施测。对每个内角观测一测回,半测回差不得超过 $\pm 40''$。边长用钢尺丈量,其相对误差不得超过 1/3000。然后进行导线坐标计算,其角度闭合差不得超过 $\pm 60''\sqrt{n}$,导线全长相对闭合差不得超过 1/2000,否则应进行重测。最后计算各导线点的坐标。

(2)高程控制测量 用普通水准测量方法测定各导线点的高程,高差闭合差不得超过 $\pm 12\sqrt{n}$(mm),否则应进行重测。最后计算各导线点的高程。

3. 地形图测绘

(1)绘制坐标格网 在绘图纸上以 0.1mm 粗的线条,用对角线法绘制 30cm × 30cm 的格网。方格边长误差不得大于 0.2mm,对角线误差不得大于 0.3mm。然后根据控制点坐标依测图比例尺逐点展绘,控制点边长误差不得超过 0.3mm。

(2)碎部测量 采用经纬仪测绘法测量,并对各地形点进行详细记录,以便内业检查。坚持边测边绘、站站清。

高程点密度必须保证图上 2~3cm 的点间距。竖盘读数和水平角均用盘左读记到分。

每站施测碎部前应对另一图根点进行检测,其方向偏差应小于 0.5mm,高程较差应小于 $0.2h$(h 为基本等高距),否则应查找原因。每站施测 20~30 个原单位点后归零一次,归零限差为 $\pm 4'$,若超限,应废弃归零前所测的那批点。

(3)地形图的拼接、检查和整饰

1)拼接。如果各组所测图幅不同,图的四周应与相邻图幅接边,相邻图幅地物、地貌接边误差在允许范围内,则取平均位置进行修改。否则应到实地检测纠正。

2)检查。先对图面进行室内检查,查看图面接边是否正确,连线是否矛盾,符号是否搞错,名称注记有无遗漏,等高线与点的高程是否矛盾等。发现问题应记录下来,便于野外检查时核对。野外检查是到实地详细进行核对,发现问题应设站检测或补测。

3)整饰。按照地形图图式的规定,用铅笔对原图进行整饰,整饰顺序为:内图廓线(包括格网顶点线),控制点,高程点,独立地物,线状地物,面状地物

（植被）等高线，外图廓线及图廓外注记等。经整饰后的图面，要求准确、清晰、美观。

二、训练地点

训练地点为校园内。

三、训练时间安排

训练时间安排见表 10-1。

表 10-1　训练时间安排（一）

序号	拓展训练内容	天数	附注
1	训练动员、布置任务、借领仪器、检校仪器	0.5	熟悉任务，准备工具
2	控制测量外业（选点、测角、量距、测高程）	1	经纬仪测角、钢尺量距、水准仪测控制点高程
3	控制测量内业计算，绘格网、展点	0.5	
4	测绘地形图	1.5	碎部测量
5	地形图检查与整饰	0.5	
6	小组整理拓展训练资料。个人实习小结（日志）	1	提交测绘资料，归还仪器设备，答辩

四、训练准备工作

1）训练动员：由指导教师讲明此项拓展训练的重要性和必要性；介绍训练场地情况，训练任务和计划，训练纪律，分组名单，借领仪器、工具办法和损坏、丢失的赔偿规定；指出拓展训练中的注意事项等，以保证拓展训练的顺利进行。

2）借领仪器：水准仪 1 台，经纬仪 1 台，钢尺、皮尺各 1 盒，水准尺 2 根（一对），尺垫 2 个，花杆 1 根，小铁架 1 个，垂球 1 个，小钉若干，量角器 1 个。各组自备绘图纸 1 张、计算器、三角板、铅笔、橡皮、小刀等。

3）每组由 5~6 人组成，设正、副组长各 1 名，各工序轮换操作。

五、训练要求

拓展训练的外业工作在校园内开展，车辆和行人干扰因素较多，训练工作以组为单位，独立作业，工作强度大。为了按计划圆满完成教学任务，必须有高度的组织纪律性，团结一致完成此项拓展训练的各项工作。

1）每位同学在训练前须认真阅读训练任务书，并复习本学期所学内容。

2）拓展训练期间，组长全面负责各项工作。各小组训练工作计划可按训练时间安排表详细制订，并严格执行。每组同学应支持组长的工作，在组长的带领下，同心协力、认真完成当天工作。

3）严格遵守纪律和考勤制度。

4）注意安全，爱护仪器工具，防止事故。

5）协商一致，团结互助，积极主动做好各项工作。

六、训练成果要求

1. 小组成果

1）平面与高程控制测量记录手簿（有专用手簿）、碎部测量记录表。

2）平面与高程控制测量内业计算表。

3）图根控制点（x，y，H）成果表（表格自制）和示意图。

4）1∶500 地形图一幅。

2. 个人成果

上交一份测量实习日志。

七、训练成绩考核

拓展训练的成绩评定：学生需通过答辩，由指导教师对学生随机抽题口试或以操作仪器方式进行，并综合学生在拓展训练期间的训练态度、训练中的主要工作、成果报告的质量以及考勤情况确定考核成绩（按优、良、中、及格、不及格五级记分制评定成绩）。两次以上点名未到者或缺勤超过训练天数的 1/5、损坏仪器、违反训练纪律、未交成果或伪造成果等均做不及格处理。考核表见表 10-2。

表 10-2　考核表

序号	姓名	出勤（20%）	工作态度（20%）	平时成绩（20%）	口试成绩（20%）	操作成绩（20%）
1						
2						
3						
4						
…						

八、训练注意事项

1）仪器借领、使用和保管应严格遵守有关规定。

仪器工具，每组由组长全权负责、组员配合协调，妥善保管好仪器工具，防止丢失损坏。

2）仪器、工具若有损坏、丢失，应如实报告指导教师，写出报告交学校。经查明原因，分清责任，根据有关规定赔偿和处理。

3）拓展训练期间，同学们应克服困难，充分利用早晚抓紧时间测量，按室外作业时间作息，不准迟到，不准早退。事假应经指导教师批准，各小组组长和指导教师应严格考勤，每天考勤内容将作为拓展训练成绩的重要部分。

九、训练记录表格

相关训练记录表格见表 10-3~ 表 10~8。

表 10-3　普通水准测量记录（双面尺）

日期________ 班级________ 小组________ 姓名________

测站	点号	尺面	水准尺读数		高差 /m		平均高差 /m		改正高差 /m		高程 /m	点号
			后视	前视	+	−	+	−	+	−		
		红										
		黑										
		红 - 黑										
		红										
		黑										
		红 - 黑										
		红										
		黑										
		红 - 黑										
		红										
		黑										
		红 - 黑										
		红										
		黑										
		红 - 黑										

（续）

测站	点号	尺面	水准尺读数		高差 /m		平均高差 /m		改正高差 /m		高程 /m	点号
			后视	前视	+	−	+	−	+	−		
		红										
		黑										
		红 - 黑										
		红										
		黑										
		红 - 黑										
验算											f_h= $f_{容}$=	

指导教师：

表 10-4 高程误差分配表

日期________________ 班级________________ 小组________________ 姓名______________

点号	距离（或站数）	平均高差 /m		改正数 /m	改正后高差 /m	高程 /m
		+	−			

指导教师：

表 10-5　测回法观测水平角

日期______________ 班级______________ 小组______________ 姓名______________

<table>
<tr><th>测站</th><th>竖盘位置</th><th>目标</th><th>水平度盘读数 /
(°) (′) (″)</th><th>半测回角值 /
(°) (′) (″)</th><th>一测回角值 /
(°) (′) (″)</th></tr>
<tr><td rowspan="4"></td><td rowspan="2">左</td><td></td><td></td><td rowspan="2"></td><td rowspan="4"></td></tr>
<tr><td></td><td></td></tr>
<tr><td rowspan="2">右</td><td></td><td></td><td rowspan="2"></td></tr>
<tr><td></td><td></td></tr>
<tr><td rowspan="4"></td><td rowspan="2">左</td><td></td><td></td><td rowspan="2"></td><td rowspan="4"></td></tr>
<tr><td></td><td></td></tr>
<tr><td rowspan="2">右</td><td></td><td></td><td rowspan="2"></td></tr>
<tr><td></td><td></td></tr>
<tr><td rowspan="4"></td><td rowspan="2">左</td><td></td><td></td><td rowspan="2"></td><td rowspan="4"></td></tr>
<tr><td></td><td></td></tr>
<tr><td rowspan="2">右</td><td></td><td></td><td rowspan="2"></td></tr>
<tr><td></td><td></td></tr>
<tr><td rowspan="4"></td><td rowspan="2">左</td><td></td><td></td><td rowspan="2"></td><td rowspan="4"></td></tr>
<tr><td></td><td></td></tr>
<tr><td rowspan="2">右</td><td></td><td></td><td rowspan="2"></td></tr>
<tr><td></td><td></td></tr>
<tr><td rowspan="4"></td><td rowspan="2">左</td><td></td><td></td><td rowspan="2"></td><td rowspan="4"></td></tr>
<tr><td></td><td></td></tr>
<tr><td rowspan="2">右</td><td></td><td></td><td rowspan="2"></td></tr>
<tr><td></td><td></td></tr>
<tr><td colspan="2">备注</td><td colspan="4"></td></tr>
</table>

指导教师：

表 10-6 距离丈量记录表

日期______________ 班级______________ 小组______________ 姓名______________

线段名称	起讫点号	次数	前端读数 /m	后端读数 /m	（前 – 后）/m	平均值 /m	段线总长 /m	备注
	——	1						
		2						
	——	1						
		2						
	——	1						
		2						
	——	1						
		2						
	——	1						
		2						
	——	1						
		2						
	——	1						
		2						
	——	1						
		2						
	——	1						
		2						
	——	1						
		2						
	——	1						
		2						

指导教师：

表 10-7　导线坐标计算表

日期________　班级________　小组________　姓名________

点号	观测角 /(°)(′)(″)	改正数 /(°)(′)(″)	改正角 /(°)(′)(″)	坐标方位角 α/(°)(′)(″)	距离 D/m	增量计算值		改正后增量		x/m	y/m	备注
						Δx/m	Δy/m	$\Delta x'$/m	$\Delta y'$/m			
1	2	3	4=2+3	5	6	7	8	9	10	11	12	13

指导教师：

表 10-8 碎部测量记录

日期______________ 班级______________ 小组______________ 记录者______________

测量______________ 后视点____________ 仪器高 i=__________ 测站高程 H=____________

点号	视距间隔 ($l=a-b$)/m	瞄准高 v/m	竖盘读数 L/(°)(′)(″)	竖直角 α/(°)(′)(″)	初算高差 h'/m	改正差 ($t-v$)/m	改正高差 h/m	水平角 β/(°)(′)(″)	水平距离 D/m	高程 H/m	备注

指导教师：

任务二 测设训练

想一想：

1. 在施工中，如何将拟建建筑物的位置在地面上确定下来？
2. 高层建筑施工中，如何将一层的轴线投测到二层？再如何投测到三层？

一、训练目的

测设工作是根据工程设计图纸上待建的建筑物、构筑物的轴线位置、尺寸及其高程，算出待建建筑物、构筑物的各特征点（或轴线交点）与控制点（或已建成建筑物特征点）之间的距离、角度、高差等测设数据，然后以地面控制点为根据，将待建的建筑物或构筑物的特征点在实地标定出来，以便施工。

1. 民用建筑施工测量

掌握民用建筑物的定位、控制桩测设以及基础施工测量的方法。

2. 高层建筑施工测量

熟悉高层建筑物平面轴线投测及高程传递的方法。

二、训练任务

1. 图纸的应用

在地形图上设计建筑基线，根据基线主点在图上的位置确定其坐标；熟读图纸，了解拟建建筑物的平面位置和尺寸，并了解房屋角点的设计坐标，室内地坪的设计高程等。

2. 建筑施工测量

按照图纸中的建筑基线和房屋的设计坐标、高程，根据图上的控制点和高程，计算所需的放样数据并进行实地放样。

1）计算放样数据和绘制放样略图。

2）建筑基线放样。

3）房屋轴线放样。

4）室内地坪高程的测设。

5）轴线的投测。

三、训练地点

训练地点为校园内或根据具体情况而定（较为空旷的场地）。

四、训练时间安排

训练时间安排见表 10-9。

表 10-9 训练时间安排（二）

序号	拓展训练内容	天数	附注
1	训练动员、布置任务、借领仪器、检校仪器、踏勘测设区及选点	0.5	熟悉任务，准备工具
2	计算建筑施工测量数据	1	设计图纸
3	建筑施工测量（定位与放线）	2	
4	现场参观与示范施工测量	0.5	
5	小组整理拓展训练资料。个人实习小结（日志）	1	提交测绘资料，归还仪器设备，答辩

五、训练准备工作

1）训练动员：由指导教师讲明此项拓展训练的重要性和必要性；介绍训练场地情况，训练任务和计划，训练纪律，分组名单，借领仪器、工具办法和损坏、丢失的赔偿规定；指出拓展训练中的注意事项等，以保证拓展训练的顺利进行。

2）借领仪器：水准仪 1 台，经纬仪 1 台，钢尺、皮尺各 1 盒，水准尺 2 根（一对），尺垫 2 个，花杆 1 根，小铁架 1 个，垂球 1 个，小钉若干，量角器一个。各组自备白纸、计算器、三角板、铅笔、橡皮、小刀等。

3）每组由 5~6 人组成，设正、副组长各 1 名，各工序轮换操作。

六、训练要求

拓展训练的外业工作在校园内开展，车辆和行人干扰因素较多，训练工作以组为单位，独立作业，工作强度大。为了按计划圆满完成教学任务，必须有高度的组织纪律性，团结一致完成此项拓展训练的各项工作。

1）每位同学在训练前须认真阅读训练任务书，并复习本学期所学内容。

2）拓展训练期间，组长全面负责各项工作。各小组训练工作计划可按训练时间安排表详细制订，并严格执行。每组同学应支持组长的工作，在组长的带领下，同心协力、认真完成当天工作。

3）严格遵守纪律和考勤制度。

4）注意安全，爱护仪器工具，防止事故。

5）协商一致，团结互助，积极主动做好各项工作。

七、训练成果要求

1. 小组成果

1）实地上标定出建筑物的各轴线的位置。

2）建筑基线放样略图和检测记录。

3）房屋轴线放样略图及检测记录。

2. 个人成果

1）建筑基线放样数据计算。

2）房屋放样数据计算。

3）上交一份测量实习日志。

八、训练成绩考核

拓展训练的成绩评定：学生需通过答辩，由指导教师对学生随机抽题口试或以操作仪器的方式进行，并综合学生在拓展训练期间的训练态度、训练中的主要工作、成果报告的质量以及考勤情况确定考核成绩（按优、良、中、及格、不及格五级记分制评定成绩）。两次以上点名未到者或缺勤超过训练天数的1/5、损坏仪器、违反训练纪律、未交成果或伪造成果等均做不及格处理。

九、训练注意事项

1）仪器借领、使用和保管应严格遵守有关规定。

2）仪器、工具由组长全权负责、组员配合协调，妥善保管好，防止丢失损坏。

3）仪器、工具若有损坏、丢失，应如实报告指导教师，写出报告交学校。经查明原因，分清责任，根据有关规定赔偿和处理。

4）拓展训练期间，同学们应克服困难，充分利用早晚抓紧时间测量，按室外作业时间作息，不准迟到，不准早退。事假应经指导教师批准，各小组组长和指导教师应严格考勤，每天考勤内容将作为拓展训练成绩的重要部分。

参考文献

[1] 魏静，李明庚 . 建筑工程测量［M］. 北京：高等教育出版社，2004.

[2] 周相玉 . 建筑工程测量［M］.2 版 . 武汉：武汉理工大学出版社，2004.

[3] 杨莹 . 建筑工程测量［M］. 武汉：武汉理工大学出版社，2015.